U0385447

数控铣床加工实训

主 编　庞 勇

副主编　李　伟　李　霄

中国水利水电出版社
www.waterpub.com.cn

内 容 提 要

近年来，随着我国制造业的发展，数控加工技术特别是数控铣及加工中心的加工技术，在我国制造业特别是机械制造业中处于越来越重要的地位，数控铣及加工中心的加工技术是机床的操作能力，数控编程能力以及数控加工工艺的运用能力的综合体现，在我国职业院校对学生的数控铣及加工中心的综合运用能力，进行符合数控加工教育规律的教学对于当今数控加工职业教育是非常重要的。

本书采用以工作任务为导向的项目式教学方法，全书分为十四个项目，主要讲述数控铣及加工中心的操作，G 代码编程指令、数控工艺以及加工案例的教学内容，通过本书的学习以及用书后所附的习题在铣床上或仿真软件进行加工练习后，可以初步达到数控铣床的操作及编程的能力。

本书可以作为高等职业院校以及中等职业院校数控加工实训的专业教材，也可以供相关技术人员学习和参考。

图书在版编目（CIP）数据

数控铣床加工实训 / 庞勇主编. -- 北京 ：中国水利水电出版社，2015.8（2025.2 重印）
ISBN 978-7-5170-3537-4

Ⅰ．①数… Ⅱ．①庞… Ⅲ．①数控机床－铣床－加工工艺－高等职业教育－教材 Ⅳ．①TG547

中国版本图书馆CIP数据核字(2015)第186938号

策划编辑：杨庆川　责任编辑：张玉玲　加工编辑：高双春　封面设计：李　佳

书　　　名	**数控铣床加工实训**	
作　　　者	主　编　庞勇 副主编　李伟　李霄	
出版发行	中国水利水电出版社 （北京市海淀区玉渊潭南路 1 号 D 座　100038） 网址：www.waterpub.com.cn E-mail：mchannel@263.net（答疑） 　　　　　sales@mwr.gov.cn 电话：(010) 68545888（营销中心）、82562819（组稿）	
经　　　售	北京科水图书销售有限公司 电话：(010) 68545874、63202643 全国各地新华书店和相关出版物销售网点	
排　　　版	北京万水电子信息有限公司	
印　　　刷	三河市鑫金马印装有限公司	
规　　　格	184mm×260mm　16 开本　18 印张　461 千字	
版　　　次	2015 年 8 月第 1 版　2025 年 2 月第 9 次印刷	
定　　　价	32.80 元	

前　　言

自从 1952 年世界上第一台数控铣床产生以来，数控技术飞速发展，数控铣及加工中心的编程与操作的技术随着数控系统的变革而改进。在数控加工的教学领域，德国职业教育的以工作任务为导向的项目式教学法与数控教育的结合就是本书的编写背景。

本书共十四个项目，按照数控铣教学的从认识机床到熟悉操作面板，到刀具补偿指令的讲解应用以及简化编程及固定循环指令的使用，直到最后的加工实例。

本书由西安航空职业技术学院庞勇负责统稿并担任主编，李伟、李霄担任副主编。参加本书编写的有：西安航空职业技术学院庞勇（项目七、项目八、项目九、项目十二），西安航空职业技术学院李伟（项目五、项目六、项目十、项目十一、项目十四），西安航空职业技术学院李霄（项目一、项目二、项目三、项目四、项目十三）。

西安航空职业技术学院庞勇、李伟、李霄老师分别对书中相关部分章节进行了仔细审阅。编写过程中，西安航空职业技术学院冯娟、马海国、李佳南、周娟利、田小静、李敦建等老师提出了一些宝贵意见并提供帮助。编写过程中，还参阅了许多作者的文献资料。在此，对他们表示衷心的感谢。

本书可作为高等职业院校或中等职业学校数控加工专业师生实训用教材，也可供相关人员学习和参考。

由于作者水平所限，书中的错误和不足之处在所难免，敬请使用本书的师生和读者批评指正，以便教材再版时修正。

庞勇

2015 年 7 月于西安航空职业技术学院

目 录

项目一　我需要学习数控铣/加工中心操作工的知识吗

项目任务

1. 学习数控铣/加工中心的产生和发展
2. 了解数控机床的组成及分类
3. 数控机床的发展前景

项目描述

1. 对数控铣/加工中心的产生和发展作相应的了解
2. 对本情境任务进行描述
3. 完成本项目要具备的知识能力要求细化

知识及能力要求

1. 了解数控机床的发展史
2. 了解数控机床的组成部分及作用

知识及能力讲解

近年来，随着计算机技术的发展，数字控制技术已经广泛应用于工业控制的各个领域，尤其是机械制造业中，普通机械正逐渐被高效率、高精度、高自动化的数控机械所代替。目前国外机械设备的数控化率已达到 85% 以上，而我国机械设备的数控化率不足 20%。随着我国机制行业新技术的应用，我国世界制造业加工中心地位的形成，数控机床的使用、维修、维护人员在全国各工业城市都非常紧缺，再加上数控加工人员从业面非常广，可在现代制造业的模具业、钟表业、五金行业、中小制造业、从事相应企业的电脑绘图、数控编程设计、加工中心操作、模具设计与制造、电火花及线切割工作，所以目前现有的数控技术人才无法满足制造业的需求，而且人才市场上的这类人才储备并不大，企业要在人才市场上寻觅合适的人才比较困难，以至于模具设计、CAD/CAM 工程师、数控编程、数控加工等职位已成为我国各人才市场招聘频率最高的职位之一。在各种招聘会上，数控专业人才更是企业热衷于标注"急聘""高薪诚聘"等字样的少数职位之一，以致出现了"月薪 6000 元难聘数控技工"，"年薪 16 万元招不到数控技工"的现象。据报载，我国高级技工正面临着"青黄不接"的严重局面——原有技工年龄已大，中年技工为数不多，青年技工尚未成熟。在制造业，能够熟练操作现代化机床的人才极为稀缺，据统计，目前，我国技术工人中，高级技工占 3.5%，中级技工占 35%，初级技工占 60%。而发达国家技术工人中，高级技工占 35%、中级技工占 50%、初级技工占 15%。这表明，我们的高级技工在未来 5～10 年内仍会有大量的人才缺口。

随着产业布局、产品结构的调整，就业结构也将发生变化。企业对较高层次的第一线应用型人才的需求将明显增加。而借助国外的发展经验来看，当进入产业布局、产品结构调整时期，培养相当数量的与产业结构高度化匹配、具有高等文化水平的职业人才，成为迫切要求。

而对于数控加工专业，不仅要求从业人员有过硬的实践能力，更要掌握系统而扎实的机加工理论知识。因此，既有学历又有很强操作能力的数控加工人才更是成为社会较紧缺、企业最急需的人才。

数控机床编程对实践能力和理论能力都有着很高的要求，因此，在学习过程中必须理论结合实践才能达到好的效果。具体来讲，数控机床编程的学习内容和过程分为以下几个阶段：

第一阶段：相关基础知识的学习，包括数控加工原理、数控程序、数控加工工艺等方面的基础知识。

第二阶段：数控编程技术的学习，在掌握手工编程的基础上，学习基于 CAD/CAM 软件的交互式图形编程技术，常用的 CAM 软件包括 MasterCAM、UG、CIMATRON 等软件。

第三阶段：数控编程与实际操作练习，包括一定数量的实际产品的数控编程练习和实际加工练习。

1.1　数控机床

1.1.1　数控机床的产生

随着科学技术和社会生产的迅速发展，社会对机械产品的质量和生产率提出了越来越高的要求。而且随着科学技术和社会生产的发展，机械零件性状复杂、改型频繁、精度要求高的情况日渐突出，为了解决上述问题，一种灵活、通用、高精度、高效率的生产设备（即数控机床）便应运而生。

1947 年美国巴森兹（Parsons）公司提出了数控机床的初步设想，1949 年与麻省理工学院（MIT）合作，于 1952 年试制成功世界上第一台数控机床——三坐标立式铣床。经过几年的试用和改进，数控机床于 1955 年进入实用化阶段。之后，其他一些国家也开始研制数控机床，其中日本发展得最快。当今世界著名的数控厂家有日本的法那科（FANUC）公司、德国的西门子（SIEMENS）公司、美国的 A-B 公司、意大利的 A-BOSZA 公司等。1959 年，美国 Keaney&Treckre 公司开发研制成功了具有刀库和自动换刀机构的新类型数控机床——加工中心。

我国从 1958 年开始研究数控技术，20 世纪 60 年代末至 70 年代初研制成功 X53K-G 立式数控铣床、CJK-18 数控系统和数控非圆齿轮插齿机。80 年代，我国从日本、美国、德国引进一系列数控系统和直流伺服电机、直流主轴电机技术，推动了我国数控技术的快速稳定发展，使我国数控机床在性能和质量上产生了一个质的飞跃。目前国产系统有华中数控、广州数控等。

1.1.2　数控机床的发展

由于微电子和计算机技术的不断发展，数控机床的数控系统一直在不断更新，到目前为止已经历过以下几代变化：

第一代数控系统（1952~1959 年）：采用电子管构成的硬件数控系统。

第二代数控系统（1959~1965 年）：采用晶体管电路为主的硬件数控系统。

第三代数控系统（1965 年开始）：采用小、中规模集成电路的硬件数控系统。

第四代数控系统（1970 年开始）：采用大规模集成电路的小型通用电子计算机数控系统。

第五代数控系统（1974 年开始）：采用微型计算机控制的数控系统。

第六代数控系统（1990 年开始）：采用工控 PC 机的通用 CNC 系统。

前三代为第一阶段，数控系统主要是由硬件连接构成，称为硬件数控系统；后三代称为计算机数控系统，其功能主要由软件完成。

近 20 年来，随着科学技术的发展，先进制造技术的兴起和不断成熟，对数控技术提出了更高的要求。目前数控技术主要朝以下方向发展：

（1）向高速度、高精度方向发展。

速度和精度是数控机床的两个重要指标，直接关系到产品的质量与档次、产品的生产周期和在市场上的竞争能力。

在加工精度方面，近 10 年来，普通级数控机床的加工精度已由 10μm 提高到 5μm，精密级加工中心则从 3~5μm 提高到 1~1.5μm，并且超精密加工精度已开始进入纳米级（0.001μm）。加工精度的提高不仅在于采用了滚珠丝杠副、静压导轨、直线滚动导轨、磁浮导轨等部件，提高了 CNC 系统的控制精度，应用了高分辨率位置检测装置，而且也在于使用了各种误差补偿技术，如丝杠螺距误差补偿、刀具误差补偿、热变形误差补偿、空间误差综合补偿等。

在加工速度方面，高速加工源于 20 世纪 90 年代初，以电主轴与直线电机的应用为特征，使主轴转速大大提高，进给速度达 60m/min 以上，进给加速度和减速度达到 1~2g 以上，主轴转速达 100000r/min 以上。高速进给要求数控系统的运算速度快、采样周期短，还要求数控系统具有足够的超前路径加（减）速优化预处理能力（前瞻处理），有些系统可提前处理 5000 个程序段。为保证加工速度，高档数控系统可在每秒内进行 2000~10000 次进给速度的改变。

（2）向柔性化、功能集成化方向发展。

数控机床在提高单机柔性化的同时，朝单元柔性化和系统化方向发展，如出现了数控多轴加工中心、换刀换箱式加工中心等具有柔性的高效加工设备；出现了由多台数控机床组成底层加工设备的柔性制造单元（Flexible Manufacturing Cell，FMC）、柔性制造系统（Flexible Manufacturing System，FMS）、柔性加工线（Flexible Manufacturing Line，FML）。

在现代数控机床上，自动换刀装置、自动工作台交换装置等已成为基本装置。随着数控机床向柔性化方向的发展，功能集成化更多地体现在：工件自动装卸，工件自动定位，刀具自动对刀，工件自动测量与补偿，集钻、车、镗、铣、磨为一体的"万能加工"和集装卸、加工、测量为一体的"完整加工"等。

（3）向智能化方向发展。

随着人工智能在计算机领域不断渗透和发展，数控系统向智能化方向发展。在新一代的数控系统中，由于采用"进化计算"（Evolutionary Computation）、"模糊系统"（Fuzzy System）和"神经网络"（Neural Network）等控制机理，性能大大提高，具有加工过程的自适应控制、负载自动识别、工艺参数自生成、运动参数动态补偿、智能诊断、智能监控等功能。

1）引进自适应控制技术。由于在实际加工过程中，影响加工精度的因素较多，如工件余量不均匀、材料硬度不均匀、刀具磨损、工件变形、机床热变形等。这些因素事先难以预知，以致在实际加工中，很难用最佳参数进行切削。引进自适应控制技术的目的是使加工系统能根据切削条件的变化自动调节切削用量等参数，使加工过程保持最佳工作状态，从而得到较高的加工精度和较小的表面粗糙度，同时也能提高刀具的使用寿命和设备的生产效率。

2）故障自诊断、自修复功能。在系统整个工作状态中，利用数控系统内装程序随时对数控系统本身以及与其相连的各种设备进行自诊断、自检查。一旦出现故障，立即采取停机等措施，并进行故障报警，提示发生故障的部位和原因等，并利用"冗余"技术，自动使故障模块脱机，接通备用模块。

3）刀具寿命自动检测和自动换刀功能。利用红外、声发射、激光等检测手段，对刀具和工件进行检测。发现工件超差、刀具磨损和破损等现象，及时进行报警、自动补偿或更换刀具，确保产品质量。

4）模式识别技术。应用图像识别和声控技术，使机床自己辨识图样，按照自然语言命令进行加工。

5）智能化交流伺服驱动技术。目前已研究能自动识别负载并自动调整参数的智能化伺服系统，包括智能化主轴交流驱动装置和进给伺服驱动装置，使驱动系统获得最佳运行状态。

（4）向高可靠性方向发展。

数控机床的可靠性一直是用户最关心的指标，它主要取决于数控系统各伺服驱动单元的可靠性。为提高可靠性，目前主要采取以下措施：

1）采用更高集成度的电路芯片，采用大规模或超大规模的专用及混合式集成电路，以减少元器件的数量，提高可靠性。

2）通过硬件功能软件化，以适应各种控制功能的要求，同时通过硬件结构的模块化、标准化、通用化及系列化，提高硬件的生产批量和质量。

3）增强故障自诊断、自恢复和保护功能，对系统内硬件、软件和各种外部设备进行故障诊断、报警。当发生加工超程、刀损、干扰、断电等各种意外时，自动进行相应的保护。

（5）向网络化方向发展。

数控机床的网络化将极大地满足柔性生产线、柔性制造系统、制造企业对信息集成的需求，也是实现新的制造模式，如敏捷制造（Agile Manufacturing，AM）、虚拟企业（Virtual Enterprise，VE）、全球制造（Global Manufacturing，GM）的基础单元。目前先进的数控系统为用户提供了强大的联网能力，除了具有 RS232C 接口外，还带有远程缓冲功能的 DNC 接口，可以实现多台数控机床间的数据通信和直接对多台数控机床进行控制。有的已配备与工业局域网通信的功能以及网络接口，促进了系统集成化和信息综合化，使远程在线编程、远程仿真、远程操作、远程监控及远程故障诊断成为可能。

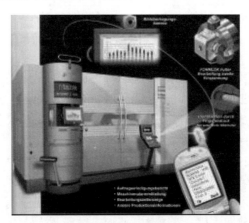

图 1-1   自主管理

（6）向标准化方向发展。

数控标准是制造业信息化发展的一种趋势。数控技术诞生后的 50 多年间的信息交换都是基于 ISO6983 标准，即采用 G、M 代码对加工过程进行描述。显然，这种面向过程的描述方法已越来越不能满足现代数控技术高速发展的需要。为此，国际上正在研究和制定一种新的

CNC 系统标准 ISO14649（STEP-NC），其目的是提供一种不依赖于具体系统的中性机制，能够描述产品整个生命周期内的统一数据模型，从而实现整个制造过程，乃至各个工业领域产品信息的标准化。

（7）向驱动并联化方向发展。

并联机床（又称虚拟轴机床）是 20 世纪最具革命性的机床运动结构的突破，引起了普遍关注。并联机床（参见图 1-2）由基座、平台、多根可伸缩杆件组成，每根杆件的两端通过球面支承分别将运动平台与基座相连，并由伺服电机和滚珠丝杠按数控指令实现伸缩运动，使运动平台带动主轴部件或工作台部件作任意轨迹的运动。并联机床结构简单但数学复杂，整个平台的运动牵涉到相当庞大的数学运算，因此并联机床是一种知识密集型机构。并联机床与传统串联式机床相比具有高刚度、高承载能力、高速度、高精度、重量轻、机械结构简单、制造成本低、标准化程度高等优点，在许多领域都得到了成功的应用。

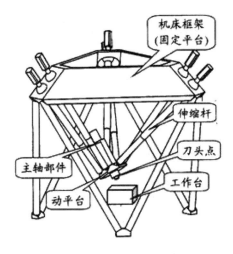

图 1-2　并联运动机床

由并联、串联同时组成的混联式数控机床，不但具有并联机床的优点，而且在使用上更具实用价值，是一类很有前途的数控机床。

1.2　数控铣床和加工中心

数控铣床是发展最早的一种数控机床，数控铣床有卧式和立式两种，它的特点是能够完成直线、斜线、曲线轮廓等铣削加工；可以组成各种往复循环和框式循环；还可以加工具有复杂型面的工件，如凸轮、样板、模具、叶片、螺旋槽等。以主轴垂直方向位移的立式铣床居多，主轴上装刀具，刀具作旋转运动，工件装于工作台，工作台做进给运动。当工作台完成纵向、横向和垂直三个方向的进给运动，主轴只做旋转运动时，机床属于升降台式机床；为了提高刚度，目前多采用主轴既旋转，又随主轴箱作垂直升降的进给运动，工作台作纵、横两向的进给运动，这时机床工作台不升降式机床。

数控升降台铣床的坐标设定和坐标轴的确定方法以及机床坐标系和工件坐标系的有关知识，可参阅数控机床中坐标系的确定方法。

加工中心（Machining Center）简称 MC，是备有刀库，并能自动更换刀具，对工件进行多工序加工的数字控制机床。加工中心最初是从数控铣床发展而来的。与数控铣床相同的是，加工中心同样是由计算机控制系统（CNC）、伺服系统、机床本体、液压系统等各部分组成。但立式加工中心又不等同于数控铣床，加工中心和数控铣床最大的区别在于加工中心具有自动交换刀具的功能，工件经过一次装夹后，数字控制系统能控制机床按不同工序，自动选择和更换刀具，自动改变机床主轴转速、进给量和刀具相对于工件的运动轨迹及其他辅助机能，依次完成工件几个面上多工序的加工。

加工中心由于加工工序的集中和自动换刀，减少了工件的装夹、测量和机床调整等时间，使机床的切削时间达到机床开动时间的 80%左右（普通机床仅为 15%~20%）；同时也减少了工序之间的工件周转、搬运和存放时间，缩短了生产周期，具有明显的经济效益。加工中心适用于零件形状比较复杂、精度要求较高、产品更换频繁的中小批量生产。

1.2.1 数控铣床的分类

数控铣床的种类繁多，规格不一，其分类方法尚无统一规定，人们可以从不同的角度对其进行分类。下面介绍几种常用的分类方法。

1.2.1.1 按主轴的布置形式分类

按主轴的布置形式可将数控铣床分为立式数控铣床、卧式数控铣床和龙门数控铣床三种，如图 1-3 至图 1-5 所示。

图 1-3　立式数控铣床

图 1-4　卧式数控铣床

图 1-5　龙门数控铣床

1.2.1.2 按数控系统的功能分类

按数控系统的功能可将数控铣床分为经济型数控铣床、全功能数控铣床和高速铣削数控铣床三种，如图 1-6 至图 1-8 所示。

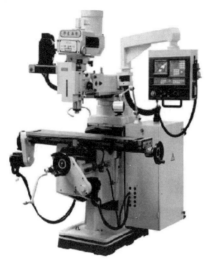

图 1-6 经济型数控铣床

图 1-7 全功能数控铣床

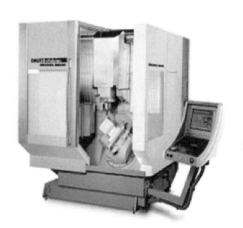

图 1-8 高速铣削数控铣床

1.2.1.3 按伺服系统分类

按进给伺服系统有无位置检测反馈装置及位置检测反馈装置安装位置，可将数控铣床分为开环数控铣床、闭环数控铣床和半闭环数控铣床三种。

1. 开环数控铣床

开环数控铣床没有位置检测反馈，伺服驱动装置主要是步进电动机。每给一脉冲信号，步进电动机就转过一定的角度，工作台就走过一个脉冲当量的距离，如图 1-9 所示。移动部件的移动速度和位移量是由输入脉冲的频率和数量所决定的。

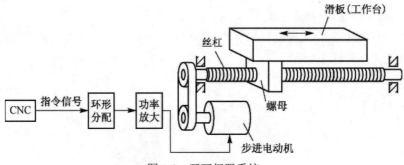

图 1-9　开环伺服系统

2. 闭环数控铣床

闭环数控铣床上装有位置检测反馈装置,直接对工作台的位移量进行测量。如图 1-10 所示为闭环伺服系统。

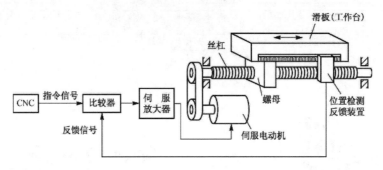

图 1-10　闭环伺服系统

3. 半闭环数控铣床

半闭环数控铣床的位置检测反馈装置安装在进给丝杠的端部或伺服电动机轴上并不直接反馈铣床的位移量,而是用转角测量元件测量丝杠或电动机的旋转角度,进而推算出工作台的实际位移量,如图 1-11 所示。

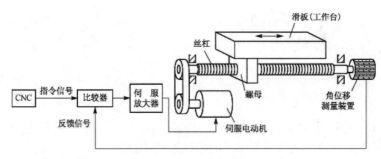

图 1-11　半闭环伺服系统

1.2.2　数控铣床的主要功能

不同的数控铣床所配置的数控系统虽然各有不同,但除了一些特殊的功能不尽相同外,其主要功能基本相同:

(1)控制功能。

（2）插补功能。

（3）刀具补偿功能。

（4）固定循环功能。

（5）比例及镜像功能。

（6）子程序调用功能。

（7）通信功能。

（8）数据采集功能。

（9）自诊断功能。

1.2.3　数控铣床的特点与应用

1.2.3.1　数控铣床的特点

数控铣床与普通铣床加工零件的区别在于数控铣床是按照程序自动加工零件，即通过数字（代码）指令来自动完成铣床各个坐标的协调运动，正确地控制铣床运动部件的位移量，并且按加工的动作顺序要求自动控制铣床各个部件的动作，如主轴转速、进给速度、换刀、工件夹紧放松、冷却液开关等。在数控铣床上只要改变控制铣床动作的程序，就可以达到加工不同零件的目的。

由于数控铣床加工是一种程序控制过程，因此，相应地形成以下几个特点：

（1）适应性强。

（2）质量稳定，精度高。

（3）生产效率高。

（4）降低劳动强度，改善生产条件。

（5）实现复杂零件的加工。

（6）有利于现代化生产管理。

1.2.3.2　数控铣床的应用

数控铣床与普通铣床相比具有许多优点，应用范围还在不断扩大。但是数控铣床设备的初始投资费用较高、技术复杂，对编程、维修人员的素质要求也比较高。在实际选用中，需要充分考虑其技术经济效益。一般来说，数控铣床特别适用于加工零件较复杂、精度要求高和产品更新频繁、生产周期要求短的场合。

根据国内数控铣床技术应用实践，可对数控铣床加工的适用范围作定性分析。如图 1-12（a）所示为随零件复杂程度和生产批量的不同，通用铣床、专用铣床和数控铣床应用范围的变化。如图 1-12（b）所示为通用铣床、专用铣床和数控铣床零件加工批量与生产成本的关系。

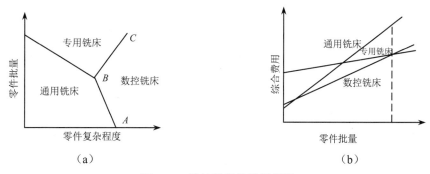

（a）　　　　　　　　　　　　　（b）

图 1-12　数控铣床的适用范围

以上分析说明，数控铣床通常最适合加工具有以下特点的零件：

（1）多品种、小批量生产的零件或新产品试制中的零件。

（2）轮廓形状复杂，对加工精度要求较高的零件。

（3）用普通铣床加工时，需要有昂贵的工艺装备（工具、夹具和模具）的零件。

（4）需要多次改型的零件。

（5）价格昂贵，加工中不允许报废的关键零件。

（6）需要最短生产周期的急需零件。

1.2.4 数控铣床的发展前景

数控铣床加工的缺点是设备费用较高。尽管如此，随着高新技术的迅速发展、数控铣床的普及和人们对数控铣床认识上的提高，其应用范围必将日益扩大。

（1）中国数控机床仍然较为落后。中国数控机床市场巨大，与国外产品相比，中国的差距主要在机床的高速高效化和精密化上。目前中国正处于工业化中期，即从解决短缺为主的经济开放逐步向建设经济强国转变，从脱贫向致富转变。煤炭、汽车、钢铁、房地产、建材、机械、电子、化工等一批以重工业为基础的高增长行业发展势头强劲，构成了对机床市场尤其是数控机床的巨大需求。

"十一五"期间，随着一系列关键技术的突破和自主生产能力的形成，我国开始突出"外国制造"的"重围"，进入世界高速数控机床和高精度数控机床生产国的行列。在需求的拉动下，我国数控机床产量保持高速增长，年均复合增长率达到 37.4%。2010 年我国数控机床产量达到 23.6 万台，同比增长 62.2%；2010 年我国数控机床消费超过 60 亿美元，台数超过 10 万台，数控机床已成为机床消费的主流。

随着我国经济发展的不断需求，国内机床消费将持续增长。据称，2013 年我国机床消费将达到 380 亿美元。

2013 年有关大型基础设施的投资将拉动中国经济增长，尤其是对高速铁路、城市轨道交通、机场和电网扩展的投资。中国的工业基础设施现代化进程加速，对高效现代制造技术的需求随之提高。中国的机床采购因此将持续上涨，预计 2013 年涨幅近 12%，达到 381 亿美元。

展望"十二五"，我国数控机床的发展将努力解决主机大而不强、数控系统和功能部件发展滞后、高档数控机床关键技术差距大、产品质量稳定性不高、行业整体经济效益差等问题，将培育核心竞争力、自主创新、量化融合以及品牌建设等方面提升到战略高度，实现工业总产值 8000 亿元的目标。并力争通过 10～15 年的时间，实现由机床工具生产大国向机床工具生产强国转变，实现国产中高档数控机床在国内市场占有主导地位等一系列中长期目标。

但是目标是目标，现实是现实，我国机床行业加速转型面临四大制约因素。我国的数控机床技术目前最多只能做到五轴联动，并且据有关人士说这个五轴还是作秀成份居多，五轴以上几乎全部是进口，并且在多点联动的技术上也和国外技术水准存在非常大的差距。

（2）国内市场国际化竞争加剧。由于中低档数控机床市场萎缩和生产能力过剩，加之国外产品低价涌入，市场竞争将进一步加剧。而高档产品由于长期以来一直依赖进口，国内产品更加面临着国际化竞争的严峻挑战。

（3）以技术领先的策略正在向以客户为中心的策略转变。经济危机往往会催生大规模的产业升级和企业转型，机床工具行业实现制造业服务化，核心在于要以客户为中心，积极提供客户需要的个性化服务。因此，从简单的卖产品转向提供整体解决方案；从以技术为中心向以客户为中心转变成为当今的趋势。

（4）我国的产品与中国市场需求反差较大，产品结构亟待快速调整。我国机床行业虽然保持多年持续快速发展，但是产业和产品结构不合理的现象依然存在，整个行业大而不强，高档产品还大量依赖进口。目前，国产机床的国内市场占有率虽然已经有一定的提高，但是高档数控机床、核心功能部件在国内市场占有率还很低，全行业替代进口的潜力非常巨大。

（5）企业技术创新模式有待完善。由于中国机床企业的地位、工业化水平和品牌影响力在逐步提升，要成为工业强国，其技术的获得再也不能依赖别人。过去，我们走了一条从模仿到引进的道路，从现在开始必须走自主创新的道路。企业技术遇到新的封锁，建立自主、新型、战略性的产学研创新模式是支持产品结构调整技术来源的唯一途径。

1.2.5　数控专业的就业前景

1. 数控人才市场需求

在发达国家中，数控机床已经大量普遍使用。我国制造业与国际先进工业国家相比存在着很大的差距，机床数控化率还不到 2%，对于目前我国现有的有限数量的数控机床（大部分为进口产品）也未能充分利用。原因是多方面的，数控人才的匮乏无疑是主要原因之一。由于数控技术是最典型的、应用最广泛的机电光一体化综合技术，我国迫切需要大量的从研究开发到使用维修的各个层次的技术人才。

数控人才的需求主要集中在以下企业和地区：

（1）国有大中型企业，特别是目前经济效益较好的军工企业和国家重大装备制造企业，军工制造业是我国数控技术的主要应用对象。例如杭州发电设备厂用 6000 元月薪招不到数控操作工。

（2）随着民营经济的飞速发展，我国沿海经济发达地区（如广东、浙江、江苏、山东），数控人才更是供不应求，主要集中在模具制造企业和汽车零部件制造企业。

具有数控知识的模具技工的年薪已开到了 30 万元，超过了"博士"。

2. 数控人才的知识结构

现在处于生产一线的各种数控人才主要有两个来源：一是大学、高职和中职的机电一体化或数控技术应用等专业的毕业生，他们都很年轻，具有不同程度的英语、计算机应用、机械和电气基础理论知识和一定的动手能力，容易接受新工作岗位的挑战。他们最大的缺陷就是学校难以提供的工艺经验。同时，由于学校教育的专业课程分工过窄，仍然难以满足某些企业对加工和维修一体化的复合型人才的要求。

另一个来源就是从企业现有员工中挑选人员参加不同层次的数控技术中、短期培训，以适应企业对数控人才的急需。这些人员一般具有企业所需的工艺背景、比较丰富的实践经验，但是他们大部分是传统的机类或电类专业的各级毕业生，知识面较窄，特别是对计算机应用技术和计算机数控系统不太了解。

对于数控人才，有以下三个需求层次，所需掌握的知识结构也各不同。

（1）蓝领层。

数控操作技工：精通机械加工和数控加工工艺知识，熟练掌握数控机床的操作和手工编程，了解自动编程和数控机床的简单维护维修。适合中职学校组织培养。此类人员市场需求量大，适合作为车间的数控机床操作技工。但由于其知识较单一，其工资待遇不会太高。

（2）灰领层。

1）数控编程员：掌握数控加工工艺知识和数控机床的操作，掌握复杂模具的设计和制造专业知识，熟练掌握三维 CAD/CAM 软件，如 UG、Pro/E 等；熟练掌握数控手工和自动编程技术，适合高职、本科学校组织培养。适合作为工厂设计处和工艺处的数控编程员。此类人员需求量大，尤其在模具行业非常受欢迎，待遇也较高。

2）数控机床维护、维修人员：掌握数控机床的机械结构和机电联调，掌握数控机床的操作与编程，熟悉各种数控系统的特点、软硬件结构、PLC 和参数设置。精通数控机床的机械和电气的调试和维修。适合作为工厂设备处工程技术人员。此类人员需求量相对少一些，但培养此类人员非常不易，知识结构要求很广，适应与数控相关的工作能力强，需要大量实际经验的积累，目前非常缺乏，其待遇也较高。

（3）金领层。

数控通才：具备并精通数控操作技工、数控编程员和数控维护、维修人员所需掌握的综合知识，并在实际工作中积累了大量实际经验，知识面很广。精通数控机床的机械结构设计和数控系统的电气设计，掌握数控机床的机电联调。能自行完成数控系统的选型、数控机床电气系统的设计、安装、调试和维修。能独立完成机床的数控化改造。这类人才是企业（特别是民营企业）的抢手人才，其待遇很高。适合本科、高职学校组织培养。但必须通过提供特殊的实训措施和名师指导等手段，促其成才。适合于担任企业的技术负责人或机床厂数控机床产品开发的机电设计主管。

本工作任务试解

根据本工作任务教师进行解题，包括编程及操作进行讲解。

学生练习指导

（一）安全操作规程

（1）数控系统的编程、操作和维护人员必须经过专门的技术培训，熟悉所用数控机床的使用环境、条件和工作参数等，严格按照机床和系统的使用说明书要求正确、合理地操作机床。

（2）数控机床的使用环境要避免光的直接照射和其他热辐射，避免太潮湿或粉尘过多的场所，特别要避免有腐蚀气体的场所。

（3）为避免电源不稳定给电子元器件造成损坏，数控机床应采用专线供电或增设稳压装置。

（4）数控机床的开机、关机顺序，一定要按照机床说明书的规定操作。

（5）主轴启动开始切削之前一定要关好防护罩门，程序正常运行中严禁开启防护罩门。

（6）在每次电源接通后，必须先完成各轴的返回参考点操作，然后再进入其他运行方式，以确保各轴坐标的正确性。

（7）机床在正常运行时不允许打开电器柜的门。

（8）加工程序必须经过严格的检查后方可进行操作运行，启动运行程序后，手不能离开进给保持按钮，如有紧急情况立即按下进给保持按钮。

（9）手动对刀时，应注意选择合适的进给速度；手动换刀时，刀具和工件之间要有足够的距离不至于发生碰撞。

（10）加工过程中，如出现异常危急情况，可按下"急停"按钮，以确保人身和设备的安全。

（11）机床发生事故，操作者要注意保留现场，并向维修人员如实说明事故发生前后的情况，以利于分析问题，查找事故原因。

（12）数控机床的使用一定要有专人负责，严禁其他人员随意动用数控设备。学生必须在老师的指导下进行数控机床操作，严禁多个人同时操作机床，必须是一个人操作。

（13）要认真填写数控机床的工作日志，作好交接工作，消除事故隐患。

（14）不得随意更改数控系统内部制造厂家设定的参数，并及时做好备份。

（15）要经常润滑机床导轨、防止导轨生锈，并做好机床的清洁保养工作。

（二）机床的保养

对数控机床进行日常维护、保养的目的是延长元器件的使用寿命；延长机械部件的变换周期，防止发生意外的恶性事故；使机床始终保持良好的状态，并保持长时间的稳定工作。不同型号的机床日常保养的内容和要求不完全一样，机床说明书已有明确的规定，但总的来说主要包括以下几个方面：

（1）保持良好的润滑状态，定期检查、清洗自动润滑系统，添加或更换油脂、油液，使丝杠导轨等各运动部位始终保持良好的润滑状态，以降低机械的磨损速度。

（2）进行机械精度的检查调整，以减少各运动部件之间的形状和位置偏差，包括换刀系统、工作台交换系统、丝杠、反向间隙等的检查调整。

（3）经常清扫卫生。机床周围环境太脏、粉尘太多，均会影响机床的正常运行；电路板上太脏，可能发生短路现象；油水过滤器、完全过滤网等太脏，会发生压力不够、散热不好等情况，造成故障。所以必须定期进行卫生清扫。数控机床日常保养一览表见表1-1。

表 1-1　数控机床日常保养一览

序号	检查周期	检查部位	检查要求
1	每天	导轨润滑油箱	检查油标，油量，润滑泵能定时启动打油及停止
2	每天	X、Y、Z轴向导轨面	清除切屑及脏物，检查润滑油是否充分
3	每天	压缩空气气源压力	检查气动控制系统压力，应在正常范围
4	每天	气源自动分水滤气器	及时清理分水器中滤出的水分，保证工作正常
5	每天	气液转换器和增压器油面	发现油面不够时及时补足油
6	每天	主轴润滑恒温油箱	工作正常，油量充足并调节温度范围
7	每天	机床液压系统	油箱、液压泵无异常噪声，压力指示正常，管路及各接头无泄漏，工作油面高度正常
8	每天	液压平衡系统	平衡压力指示正常，快速移动时平衡阀工作正常
9	每天	CNC的输入/输出单元	RS-232接口连线正常
10	每天	各种电器柜散热通风装置	各电柜冷却风扇工作正常，风道过滤网无堵塞
11	每天	各种防护装置	导轨、机床防护罩等应无松动、无泄漏
12	每半年	滚珠丝杠	清洗丝杠上旧的润滑脂，涂上新油脂
13	每半年	液压油路	清洗溢流阀、减压阀、滤油器，清洗油箱底，更换或过滤液压油
14	每半年	主轴润滑恒温油箱	清洗过滤器，更换润滑脂
15	每年	检查并更换直流伺服电动机电刷	检查换向器表面，吹净粉尘，去除毛刺，更换长度过短的电刷，并应跑合后才能使用
16	每年	润滑液压泵，滤油器清洗	清理润滑油池底，更换滤油器

续表

序号	检查周期	检查部位	检查要求
17	不定期	检查各轴导轨上镶条、压滚轮松紧状态	按机床说明书调整
18	不定期	冷却水箱	检查液面高度，冷却液太脏时需要更换并清理水箱底部，经常清洗过滤器
19	不定期	排屑器	经常清理切屑，检查有无卡住等
20	不定期	清理废油池	及时取走滤油池中废油，以免外溢
21	不定期	调整主轴驱动带松紧	按机床说明书调整

练习题

简述题：

（1）数控机床的发展经历了哪几个阶段？

（2）数控机床的发展趋势是什么？

（3）数控铣床由哪几部分构成？各有什么作用？

（4）数控机床的优点有哪些？

项目二　学习数控铣/加工中心操作工技能应具备的基础知识

项目任务

1. 常用测量仪器及使用
2. 对本项目做出具体描述

知识及能力讲解

2.1　量块

2.1.1　概述

1. 长度量块

量块是一种没有刻度的平行平面端面量具，又称块规。它是保证长度量值统一的重要常用实物量具。

量块具有经过精密加工很平整很光滑的两个平行平面，叫做量测面。量块就是以其两量测面之间的距离作为长度的实物基准，是一种单值量具。其两量测面之间的距离为工作尺寸，又称为标称尺寸，该尺寸具有很高的精度。为了消除量块量测面的平面度误差和两量测面间的平行度误差对量块长度的影响，将量块的工作尺寸定义为量块的中心长度，即两个量测面中心点的长度。

量块的标称尺寸大于或等于 10mm 时，其量测面尺寸为 35mm×9mm；标称尺寸在 10mm 以下时，其量测面的尺寸为 30mm×9mm。量块通常都用铬锰钢、铬钢和轴承钢制成，其材料与热处理工艺可以满足量块的尺寸稳定、硬度高、耐磨性好的要求，线胀系数与普通钢材相同，即为$(11.5\pm1)\times10^{-6}/℃$，其稳定性约为年变化量不超出 $\pm0.5\sim1.0\mu m$。

绝大多数量块制成直角平行六面体，如图 2-1 所示，也有制成 $\phi20mm$ 的圆柱体。每块量块的两个量测面非常光洁，平面度精度很高，用少许压力推合两块量块，使它们的量测面紧密接触，两块量块就能黏合在一起，量块的这种特性称为研合性。利用量块的研合性，就可用不同尺寸的量块组合成所需的各种尺寸。

量块的应用较为广泛，除了作为量值传递的媒介以外，还用于检定和校准其他量具、量仪，相对量测时调整量具和量仪的零位，以及用于精密机床的调整、精密划线和直接量测精密零件等。

2. 角度量块

角度量块有三角形（一个工作角）和四边形（四个工作角）两种。三角形角度量块只有一个工作角（10°～79°）可以用作角度量测的标准量，而四边形角度量块则有四个工作角（80°～100°）也可以用作角度量测的标准量。

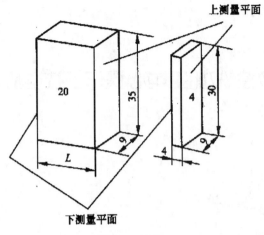

图 2-1   量块

2.1.2   量块的等和级

在实际生产中，量块是成套使用的，每套量块由一定数量的不同标称尺寸的量块组成，以便组合成各种尺寸，满足一定尺寸范围内的量测需求，GB/T 6093—1985 共规定了 17 套量块，常用成套量块（91 块、83 块、46 块、38 块等）的级别、尺寸系列、间隔和块数。

根据标准规定，量块按其制造精度分为 5 个"级"：00，0，1，2 和 3 级。00 级精度最高，其余依次降低，3 级最低，分级的依据是量块长度的极限偏差和长度变动量允许值。用户按量块的标称尺寸使用量块，这样必然受到量块中心长度实际偏差的影响，将制造误差带入量测结果。同时标准还对量块的检定精度规定了 6 等：1，2，3，4，5，6。其中 1 等最高，精度依次降低，6 等最低。量块按"等"使用时，所根据的是量块的实际尺寸，因而按"等"使用时可获得更高的精度，可用较低级别的量块进行较高精度的量测。

2.1.3   量块的使用

长度量块的分等，其量值按长度量值传递系统进行，即低一等的量块检定，必须用高一等的量块作基准进行量测。

单个量块使用很不方便，故一般都按序列将许多不同标称尺寸的量块成套配置，使用时根据需要选择多个适当的量块研合起来使用。为了减少量块组合的累计误差，使用量块时，应该尽量减少使用的块数，通常组成所需尺寸的量块总数不应超过 4 块。选用量块时，应根据所需要的组合尺寸，从最后一位数字开始选择，每选一块量块，应使尺寸数字的位数少一位。依此类推，直到组合成完整的尺寸。

按"等"使用量块，在量测上需要加入修正值，虽麻烦一些，但消除了量块尺寸制造误差的影响，便可使用精度较低的量块进行较精密的量测。例如，标称长度为 30mm 的 0 级量块，其长度的极限偏差为±0.00020mm，若按"级"使用，不管该量块的实际尺寸如何，按 30mm 计，则引起的量测误差为±0.00020mm。但是，若该量块经检定后，确定为 3 等，其实际尺寸为 30.00012mm，量测极限误差为±0.00015mm。显然，按"等"使用比按"级"使用量测精度高。

量块是一种精密量具，在使用时一定要十分注意，不能划伤和碰伤表面，特别是其量测面。量块在使用过程中应注意以下几点。

（1）量块必须在有效期内使用，否则应及时送专业部门检定。

（2）量块应存放在干燥处，如存放在干燥缸内，房间湿度应不大于 25%。

（3）当气温高于恒温室内温度时，量块从恒温室取出后，应及时清洗干净，并涂一层薄油后存放在干燥处。

（4）使用前应清洗，洗涤液应经过化验，酸碱度应符合规定要求，洗后应立即擦干净。

（5）使用前对量块、仪器工作台、平晶等接触表面应进行检查，清除杂质，并将接触表面擦干净。

（6）使用时必须戴上手套，不准直接用手拿量块，并避免面对量块讲话，避免碰撞和跌落。

（7）使用时，应尽可能地减少摩擦。

（8）使用后，应涂防锈油，防锈油或防锈油纸应经化验，酸碱度应符合规定要求。

（9）研合时应保持动作平稳，以免量测面被量块棱角刮伤，应用推压的方法将量块研合。

2.2　游标类量具

2.2.1　游标类量具的种类及结构

游标类量具是利用游标读数原理制成的一种常用量具，主要用于机械加工中量测工件内外尺寸、宽度、厚度和孔距等。它具有结构简单、使用方便、量测范围大等特点。

常用的游标量具有游标卡尺（图 2-2（a）所示）、游标齿厚尺（图 2-2（b）所示）、游标深度尺（图 2-2（c）所示）、游标高度尺（图 2-2（d）所示）、游标角度规等。

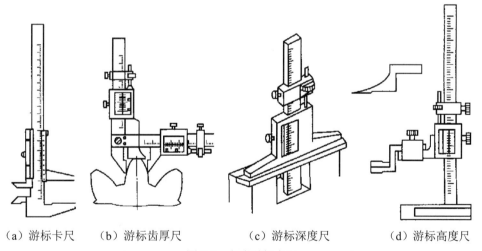

（a）游标卡尺　　　（b）游标齿厚尺　　　　（c）游标深度尺　　　　（d）游标高度尺

图 2-2　各类游标卡尺

前 4 种用于长度量测，后一种用于角度量测。游标齿厚尺，由两把互相垂直的游标卡尺组成，用于量测直齿、斜齿圆柱齿轮的固定弦齿厚；游标深度尺，主要用于量测孔、槽的深度和阶台的高度；游标高度尺，主要用于量测工件的高度尺寸或进行画线。

最常用的三种游标卡尺的结构和量测指标见表 2-1，从结构图中可以看出，游标量具在结构上的共同特征是都有主尺、游标尺以及量测基准面。主尺上有 mm 刻度，游标尺上的分度值有 0.1mm、0.05mm、0.02mm 三种。游标卡尺的主尺是一个刻有刻度的尺身，其上有固定量爪。有刻度的部分称为尺身，沿着尺身可移动的部分称为尺框。尺框上有活动量爪，并装有游标和紧固螺钉。有的游标卡尺上为调节方便还装有微动装置。在尺身上的滑动尺框，可使两量爪的距离改变，以完成不同尺寸的量测工作。游标卡尺通常用来量测内外径尺寸、孔距、壁厚、沟槽及深度等。

表 2-1　常用的游标卡尺

种类	结构图	测量范围/mm	游标读数值/mm
三用卡尺（Ⅰ）型		0～125 0～150	0.02 0.05
双面卡尺（Ⅱ）型		0～200 0～300	0.02 0.05
单面卡尺（Ⅲ）型		0～200 0～300	0.02 0.05
		0～500	0.02 0.05 0.1
		0～1000	0.05 0.1

2.2.2　游标卡尺的刻线原理和读数方法

游标卡尺的读数部分由尺身与游标组成。游标读数（或称为游标细分）原理是利用尺身刻线间距与游标刻线间距的间距差 $b=(n-1)a/n$ 实现的。通常尺身刻线间距 a 为 1mm，尺身刻线（$n-1$）格的长度等于游标刻线 n 格的长度。常用的有 $n=10$、$n=20$ 和 $n=50$ 三种，相应的游标刻线间距分别为 0.90mm、0.95mm 和 0.98mm 三种。尺身刻线间距与游标刻线间距之差，即 $i=a-b$ 为游标读数值（游标卡尺的分度值），此时 i 分别为 0.10mm、0.05mm 和 0.02mm。根据这一原理，在量测时，尺框沿着尺身移动，根据被测尺寸的大小尺框停留在某一确定的位置，此时游标上的零线落在尺身的某一刻度间，游标上的某一刻线与尺身上的某一刻线对齐，由以上两点，得出被测尺寸的整数部分和小数部分，两者相加，即得量测结果。

为了方便读数，有的游标卡尺装有测微表头，图 2-3 所示为带表游标卡尺，它是通过机械传动装置，将两量爪的相对移动转变为指示表的回转运动，并借助尺身刻度和指示表，对两量爪相对位移所分隔的距离进行读数。

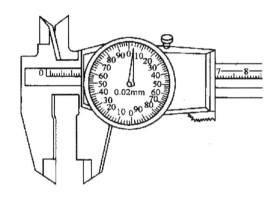

图 2-3 带表游标卡尺

图 2-4 所示为电子数显卡尺，它具有非接触性电容式量测系统，由液晶显示器显示，其外形结构各部分名称如图中所示，电子数显卡尺量测方便可靠。

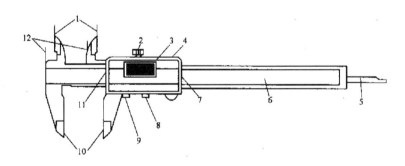

1—内量测爪；2—紧固螺钉；3—液晶显示器；4—数据输出端口；5—深度尺；6—尺身；
7～11—防尘板；8—置零按钮；9—米制、英制转换按钮；10—外量爪；12—台阶量测面

图 2-4 电子数显卡尺

2.2.3 使用游标卡尺的注意事项

（1）使用前，应先把量爪和被测工件表面的灰尘和油污等擦干净，以免碰伤量爪面和影响量测精度，同时检查各部件的相互作用，如尺框和基尺装置移动是否灵活，紧固螺钉是否能起作用等。

（2）使用前，还应检查游标卡尺零位，使游标卡尺两量爪紧密贴合，用眼睛观察时应无

明显的光隙，同时观察游标零刻线与尺身零刻线是否对准，游标的尾刻线与尺身的相应刻线是否对准。最好把量爪闭合 3 次，观察各次读数是否一致。如果 3 次读数虽然不是"零"，但却一样，可把这一数值记下来，在量测时加以修正。

（3）使用时，要掌握好量爪面同工件表面接触时的压力，做到既不太大，也不太小，刚好使量测面与工件接触，同时量爪还能沿着工件表面自由滑动。有微动装置的游标卡尺，应使用微动装置。

（4）在读数时，应把游标卡尺水平拿着朝光亮的方向，使视线尽可能地和尺上所读的刻线垂直，以免由于视线的歪斜而引起读数误差（即视差）。必要时，可用 3 倍至 5 倍的放大镜帮助读数。最好在工件的同一位置上多量测几次，取其平均读数，以减小读数误差。

（5）量测外尺寸读数后，切不可从被测工件上用猛力抽下游标卡尺，否则会使量爪的量测面加快磨损。量测内尺寸读数后，要使量爪沿着孔的中心线滑出，防止歪斜，否则将使量爪扭伤、变形或使尺框走动，影响量测精度。

（6）不准用游标卡尺量测运动中的工件，否则容易使游标卡尺受到严重磨损，也容易发生事故。

（7）不准以游标卡尺代替卡钳在工件上来回拖拉，使用游标卡尺时不可用力同工件撞击，防止损坏游标卡尺。

（8）游标卡尺不要放在强磁场附近（如磨床的工作台上），以免使游标卡尺感应磁性，影响使用。

（9）使用后，应当注意把游标卡尺平放，尤其是大尺寸的游标卡尺，否则会使主尺弯曲变形。

（10）使用完毕之后，应安放在专用盒内，注意不要使它弄脏或生锈。

（11）游标卡尺受损后，不能用锤子、锉刀等工具自行修理，应交专门修理部门修理，并经检定合格后才能使用。

2.3　千分尺类量具

千分尺类量具又称为测微螺旋量具，它是利用螺旋副的运动原理进行量测和读数的一种测微量具。可分为外径千分尺、内径千分尺、深度千分尺、杠杆千分尺以及专用的量测螺纹中径尺寸的螺纹千分尺和量测齿轮公法线长度的公法线千分尺。

2.3.1　千分尺类量具的读数原理

通过螺旋传动，将被测尺寸转换成丝杆的轴向位移和微分筒的圆周位移，并以微分筒上的刻度对圆周位移进行计量，从而实现对螺距的放大细分。

当量测丝杆连同微分筒转过中角时，丝杆沿轴向位移量为上。因此千分尺的传动方程式为

$$L=p\times\varphi/2\pi$$

式中：P 为丝杆螺距；φ 为微分筒转角度。

一般 $P=0.5mm$，而微分套筒的圆周刻度数为 50 等分，故每一等份所对应的分度值为 0.01mm。

读数的整数部分由固定套筒上的刻度给出，其分度值为 1mm，读数的小数部分由微分筒上的刻度给出。

读数方法：在千分尺的固定套管上刻有轴向中线，作为微分筒读数的基准线。在中线的两侧，刻有两排刻线，每排刻线间距为 1mm，上下两排相互错开 0.5mm。测微螺杆的螺距为 0.5mm，微分筒的外圆周上刻有 50 等份的刻度。当微分筒转一周时，螺杆轴向移动 0.5mm。如微分筒只转动一格时，则螺杆的轴向移动为 0.5/50=0.01mm，因而 0.01mm 就是千分尺分度值。

读数时，从微分筒的边缘向左看固定套管上距微分筒边缘最近的刻线，从固定套管中线上侧的刻度读出整数，从中线下侧的刻度读出 0.5mm 小数，再从微分筒上找到与固定套管中刻度对齐的刻线，将此刻线数乘以 0.01mm 就是小于 0.5mm 的小数部分的读数，最后把以上几部分相加即为量测值。

例 1-1　如图 2-5 所示，请读出图中千分尺所示读数。

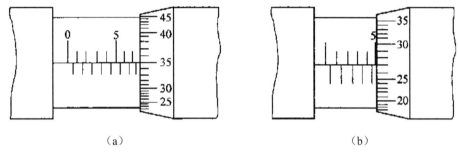

|(a)|(b)|

图 2-5　千分尺读数示例

解：在图 2-5（a）中，距微分筒最近的刻线为中线下侧的刻线，表示 0.5mm 的小数，中线上侧距微分筒最近的为 7mm 的刻线，表示整数，微分筒上的 35 刻线对准中线，所以外径千分尺的读数为 7+0.5+0.01×35=7.85mm。

在图 2-5（b）中，距微分筒最近的刻线为 5mm 的刻线，而微分筒上数值为 27 的刻线对准中线，所以外径千分尺的读数为 5+0.01×27=5.27mm。

2.3.2　外径千分尺

1. 外径千分尺的结构及其特点

外径千分尺由尺架、微分筒、固定套筒、测力装置、量测面、锁紧机构等组成，如图 2-6 所示。其结构特征包括以下几个方面：

（1）结构设计符合阿贝原则。

（2）以丝杆螺距作为量测的基准量，丝杆和丝母的配合应该精密，配合间隙应能调整。

（3）固定套筒和微分筒作为示数装置，用刻度线进行读数。

（4）有保证一定测力的棘轮棘爪机构。

图 2-6 中测微装置由固定套管用螺钉固定在螺纹轴套上，并与尺架紧密结合成一体。微螺杆的一端为量测杆，它的中部外螺纹与螺纹轴套上的内螺纹精密配合，并可通过螺母调节配合间隙；另一端的外圆锥与接头的内圆锥相配，并通过顶端的内螺纹与测力装置连接。当此螺纹旋紧时，测力装置通过垫片紧压接头，而接头上开有轴向槽，能沿着测微螺杆上的外圆锥胀大，使微分筒与测微螺杆和测力装置结合在一起。当旋转测力装置时，就带动测微螺杆和微分筒一起旋转，并沿精密螺纹的轴线方向移动，使两个量测面之间的距离发生变化。千分尺测微螺杆

的移动量一般为 25mm，有少数大型千分尺制成 50mm 的。

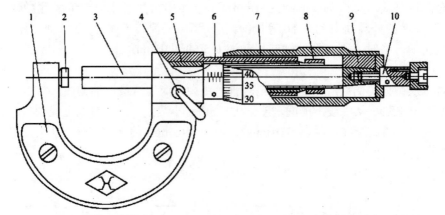

1—尺架；2—砧座；3—测微螺杆；4—锁紧装置；5—螺纹轴套；
6—固定套筒；7—微分筒；8—螺母；9—接头；10—测力装置

图 2-6   外径千分尺

外径千分尺使用方便，读数准确，其量测精度比游标卡尺高，在生产中使用广泛。但千分尺的螺纹传动间隙和传动副的磨损会影响量测精度，因此主要用于量测中等精度的零件。常用的外径千分尺的量测范围有 0～25mm，25～50mm，50～75mm 等多种，最大的可达 2500～3000mm。

千分尺的制造精度主要由它的示值误差（主要取决于螺纹精度和刻线精度）和量测面的平行度误差决定。制造精度可分为 0 级和 1 级两种，0 级精度最高。

2. 外径千分尺的使用方法

（1）使用前，必须校对外径千分尺的零位。对量测范围为 0～25mm 的外径千分尺，校对零位时应使两量测面接触；对量测范围大于 25mm 的外径千分尺，应在两量测面间安放尺寸为其量测下限的校对用的量杆后，进行对零。如零位不准，按下述步骤调整。

1）使用测力装置转动测微螺杆，使两量测面接触。

2）锁紧测微螺杆。

3）用外径千分尺的专用扳手，插入固定套管的小孔内，扳转固定套管，使固定套管纵刻线与微分筒上的零刻线对准。

4）若偏离零刻线较大时，需用螺钉旋具将固定套管上的紧固螺钉松脱，并使测微螺杆与微分筒松动，转动微分筒，进行粗调，然后锁紧紧固螺钉，再按上述步骤 3）进行微调并对准。

5）调整零位，必须使微分筒的棱边与固定套管上的"0"刻线重合，同时要使微分筒上的"0"线对准固定套管上的纵刻线。

（2）使用时，应手握隔热装置。如果手直接握住尺架，会使外径千分尺和工件温度不一致，而增加量测误差。

（3）量测时，要使用测力装置，不要直接转动微分筒使量测面与工件接触。应先用手转动千分尺的微分筒，待测微螺杆的量测面接近工件被测表面时，再转动测力装置上的棘轮，使测微螺杆的量测面接触工件表面，听到 2～3 声"咔咔"声后即停止转动，此时已得到合适的量测力，可读取数值。不可用手猛力转动微分筒，以免使量测力过大而影响量测精度，严重时还会损坏螺纹传动副。

（4）量测时，外径千分尺量测轴线应与工件被测长度方向一致，不要斜着量测。

（5）外径千分尺量测面与被测工件相接触时，要考虑工件表面几何形状，以减少量测误差。

（6）在加工过程中量测工件时，应在静态下进行量测。不要在工件转动或加工时量测，否则容易使量测面磨损，测杆弯曲，甚至折断。

（7）按被测尺寸调整外径千分尺时，要慢慢地转动微分筒或测力装置，不要握住微分筒挥动或摇转尺架，以免使精密螺杆变形。

2.3.3　内径千分尺

如图 2-7（a）所示为内径千分尺的结构样式。内径千分尺可以用来量测 50mm 以上的实体内部尺寸，其读数范围为 50～63mm，也可用来量测槽宽和两个内端面之间的距离。内径千分尺附有成套接长杆，如图 2-7（b）所示，必要时可以连接接长杆，以扩大其量程。连接时去掉保护螺帽，把接长杆右端与内径千分尺左端旋合，可以连接多个接长杆，直到满足需要。

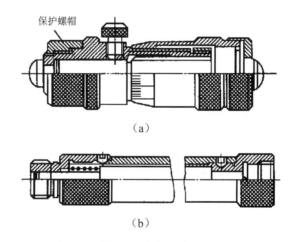

保护螺帽

（a）

（b）

图 2-7　内径千分尺

使用时的注意事项包括以下几个方面：

（1）使用前，应用调整量具（校对卡规）校对微分头零位，若不正确，则应进行调整。

（2）选取接长杆时，应尽可能选取数量最少的接长杆来组成所需的尺寸，以减少累积误差。

（3）连接接长杆时，应按尺寸大小排列。尺寸最大的接长杆应与微分头连接，依次减小，这样可以减少弯曲，减少量测误差。

（4）接长后的大尺寸内径千分尺，量测时应支撑在距两端距离为全长的 0.211 处，使其变形量为最小。

（5）当使用量测下限为 75（或 150）mm 的内径千分尺时，被量测面的曲率半径不得小于 25（或 60）mm，否则可能产生内径千分尺的测头球面边缘接触被测件，造成量测误差。

2.3.4　深度千分尺

深度千分尺如图 2-8 所示，其主要结构与外径千分尺相比较，多一个基座而没有尺架。深度千分尺主要用来量测孔和沟槽的深度及两平面间的距离。在测微螺杆的下面连接着可换量测杆，以增加量程。量测杆有 4 种尺寸规格，加量测杆后的量测范围分别为 0～25mm，25～50mm，50～75mm，75～100mm。深度千分尺量测工件的最高公差等级为 IT10。

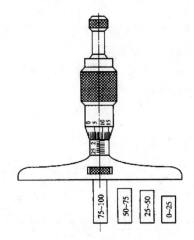

图 2-8　深度千分尺

使用时的注意事项包括以下几个方面：

（1）量测前，应将底板的量测面和工件被测面擦干净，并去除毛刺，被测表面应具有较细的表面粗糙度。

（2）应经常校对零位是否正确，零位的校对可采用两块尺寸相同的量块组合体进行。

（3）在每次更换测杆后，必须用调整量具校正其示值，如无调整量具，可用量块校正。

（4）量测时，应使量测底板与被测工件表面保持紧密接触。量测杆中心轴线与被测工件的量测面保持垂直。

（5）用完之后，放在专用盒内保存。

2.3.5　杠杆千分尺

1. 杠杆千分尺的结构

杠杆千分尺是一种带有精密杠杆齿轮传动机构的指示式测微量具（如图 2-9 所示），它的用途与外径千分尺相同，但因其能进行相对量测，故量测效率较高，适用于较大批量、精度较高的中、小零件量测。

杠杆千分尺的结构如图 2-9 所示。杠杆千分尺与外径千分尺相似，只是尺架的刚性比外径千分尺好，可以较好地保证量测精度和量测的稳定性。其测砧可以微动调节，并与一套杠杆测微机构相连。被测尺寸的微小变化，可引起测砧的微小位移，此微小位移带动与之相连的杠杆偏转，从而在刻度盘中将微小位移显示出来。

2. 杠杆千分尺的特点

杠杆千分尺的量程有 0～25mm，25～50mm，50～75mm，75～100mm 四种。其螺旋读数装置的分度值是 0.01mm，而杠杆齿轮机构的表盘分度值有 0.001mm 和 0.002mm 两种，指示表的示值范围为 ±0.02mm，其量测精度比外径千分尺高。若使用标准量块辅助做相对量测，还可进一步提高其量测的精度。分度值为 0.001mm 的杠杆千分尺，可量测的尺寸公差等级为 6 级；分度值为 0.002mm 的杠杆千分尺可测公差等级为 7 级。

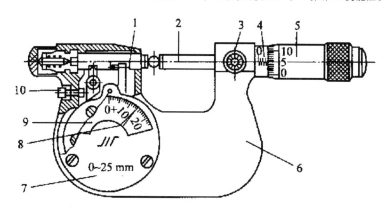

1－测砧；2－测微螺杆；3－锁紧装置；4－固定轴套；5－微分筒；
6－尺架；7－盖板；8－指针；9－刻度盘；10－按钮

图 2-9　杠杆千分尺

3．杠杆千分尺使用时的注意事项

（1）使用前应校对杠杆千分尺的零位。首先校对微分筒零位和杠杆指示表零位。0～25mm 杠杆千分尺可使两量测面接触，直接进行校对；25mm 以上的杠杆千分尺用 0 级调整量棒或用 1 级量块来校对零位。

刻度盘可调整式杠杆千分尺零位的调整，先使微分筒对准零位，指针对准零刻度线即可。刻度盘固定式杠杆千分尺零位的调整，须先调整指示表指针零位，此时若微分筒上零位不准，应按通常千分尺调整零位的方法进行调整。即将微分筒后盖打开，紧固止动器，松开微分筒后，将微分筒对准零刻线，再紧固后盖，直至零位稳定。

在上述零位调整时，均应多次拨动拨叉，示值必须稳定。

（2）直接量测时将工件正确置于两量测面之间，调节微分筒使指针有适当示值，并应拨动拨叉几次，示值必须稳定。此时，微分筒的读数加上表盘上的读数，即为工件的实测尺寸。

（3）相对量测时可用量块做标准，调整杠杆千分尺，使指针位于零位，然后紧固微分筒，在指示表上读数，比较量测可提高量测精度。

（4）成批量测时应按工件被测尺寸，用量块组调整杠杆千分尺示值，然后根据工件公差，转动公差带指标调节螺钉，调节公差带。

量测时只需观察指针是否在公差带范围内，即可确定工件是否合格，这种量测方法不但精度高且检验效率亦高。

（5）使用后，放在专用盒内保存。

2.4　机械量仪

游标卡尺和千分尺虽然结构简单，使用方便，但由于其示值范围较大及机械加工精度的限制，故其量测准确度不易提高。

机械式量仪是借助杠杆、齿轮、齿条或扭簧的传动，将量测杆的微小直线位移经传动和放大机构转变为表盘上指针的角位移，从而指示出相应的数值，所以机械式量仪又称指示式量仪。

机械式量仪主要用于相对量测，可单独使用，也可将它安装在其他仪器中做测微表头使用。这类量仪的示值范围较小，示值范围最大的（如百分表）不超出 10mm，最小的（如扭簧比较仪）只有±0.015mm，其示值误差在±0.01～0.0001mm 之间。此外，机械式量仪有体积小、重量轻、结构简单、造价低等特点，不需附加电源、光源、气源等，也比较坚固耐用。因此，应用十分广泛。

机械式量仪按其传动方式的不同，可以分为以下四类：

（1）杠杆式传动量仪：刀口式测微仪。

（2）齿轮式传动量仪：百分表。

（3）扭簧式传动量仪：扭簧比较仪。

（4）杠杆式齿轮传动量仪：杠杆齿轮式比较仪、杠杆式卡规、杠杆式千分尺、杠杆百分表和内径百分表。

本节就最常用的各种百分表做一简要介绍。

2.4.1 百分表

1. 百分表的结构

百分表是一种应用最广的机械量仪，其外形及传动如图 2-10 所示。从图 2-10 可以看到，当切有齿条的量测杆 5 上下移动时，带动与齿条相啮合的小齿轮 1 转动，此时与小齿轮固定在同一轴的大齿轮也跟着转动。通过大齿轮即可带动中间齿轮 3 及与中间齿轮固定在同一轴上的指针 6。这样通过齿轮传动系统就可将量测杆的微小位移放大变为指针的偏转，并由指针在刻度盘上指出相应的数值。

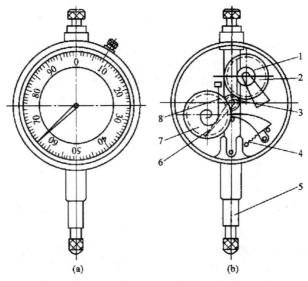

1—小齿轮；2、7—大齿轮；3—中间齿轮；4—弹簧；5—量测杆；6—指针；8—游丝

图 2-10 百分表

为了消除由齿轮传动系统中齿侧间隙引起的量测误差，在百分表内装有游丝，由游丝产生的扭矩作用在大齿轮 7 上，大齿轮 7 也和中间齿轮啮合，这样可以保证齿轮在正反转时都在齿的同一侧面啮合，因而可消除齿侧间隙的影响。大齿轮 7 的轴上装有小指针，以显示大指针的转数。

百分表体积小、结构紧凑、读数方便、量测范围大、用途广，但齿轮的传动间隙和齿轮的磨损及齿轮本身的误差会产生量测误差，影响量测精度。百分表的示值范围通常有 0～3mm、

0～5mm 和 0～10mm 三种。

百分表的量测杆移动 1mm，通过齿轮传动系统，使大指针沿着刻度盘转过一圈。刻度盘沿圆周刻有 100 个刻度，当指针转过一格时，表示所量测的尺寸变化为 1mm/100=0.01mm，所以百分表的分度值为 0.01mm。

2. 百分表的使用

量测前应该检查表盘玻璃是否破裂或脱落，量测头、量测杆、套筒等是否有碰伤或锈蚀，指针有无松动现象，指针的转动是否平稳等。

量测时应使量测杆与零件被测表面垂直。量测圆柱面的直径时，量测杆的中心线要通过被量测圆柱面的轴线。量测头开始与被量测表面接触时，为保持一定的初始量测力，应该使量测杆压缩 0.3～1mm，以免当偏差为负时，得不到量测数据。

量测时应轻提量测杆，移动工件至量测头下面（或将量测头移至工件上），再缓慢放下与被测表面接触。不能急于放下量测杆，否则易造成量测误差。不准将工件强行推至量测头下，以免损坏量仪。

使用百分表座及专用夹具，可对长度尺寸进行相对量测。量测前先用标准件或量块校对百分表和转动表圈，使表盘的零刻度线对准指针，然后再量测工件，从表中读出工件尺寸相对标准件或量块的偏差，从而确定工件尺寸。

使用百分表及相应附件还可用来量测工件的直线度、平面度及平行度等误差，以及在机床上或者其他专用装置上量测工件的各种跳动误差等。

3. 使用百分表的注意事项

（1）测头移动要轻缓，距离不要太大，量测杆与被测表面的相对位置要正确，提压量测杆的次数不要过多，距离不要过大，以免损坏机件及加剧零件磨损。

（2）量测时不能超量程使用，以免损坏百分表内部零件。

（3）应避免剧烈震动和碰撞，不要使量测头突然撞击在被测表面上，以防量测杆弯曲变形，更不能敲打表的任何部位。

（4）表架要放稳，以免百分表落地摔坏。使用磁性表座时要注意表座的旋钮位置。

（5）表体不得猛烈震动，被测表面不能太粗糙，以免齿轮等运动部件损坏。

（6）严防水、油、灰尘等进入表内，不要随便拆卸表的后盖。百分表使用完毕，要擦净放回盒内，使量测杆处于自由状态，以免表内弹簧失效。

2.4.2　内径百分表

内径百分表由百分表和专用表架组成，用于量测孔的直径和孔的形状误差，特别适宜于深孔的量测。

内径百分表的构造如图 2-11 所示，百分表的量测杆与传动杆始终接触，弹簧是控制量测力的，并经过传动杆、杠杆向外顶住活动测头。量测时，活动测头的移动使杠杆回转，通过传动杆推动百分表的量测杆，使百分表指针回转。由于杠杆是等臂的，百分表量测杆、传动杆及活动测头三者的移动量是相同的，所以，活动测头的移动量可以在百分表上读出来。

使用时的注意事项包括以下几个方面：

（1）量测前必须根据被测工件尺寸，选用相应尺寸的测头，安装在内径百分表上。

（2）使用前应调整百分表的零位。根据工件被测尺寸，选择相应精度标准环规或用量块及量块附件的组合体来调整内径百分表的零位。调整时表针应压缩 1mm 左右，表针指向正上方为宜。

（3）调整及量测中，内径百分表的测头应与环规及被测孔径轴线垂直，即在径向找最大值，在轴向找最小值。

（4）量测槽宽时，在径向及轴向均找其最小值。

（5）具有定心器的内径百分表，在量测内孔时，只要将其按孔的轴线方向来回摆动，其最小值即为孔的直径。

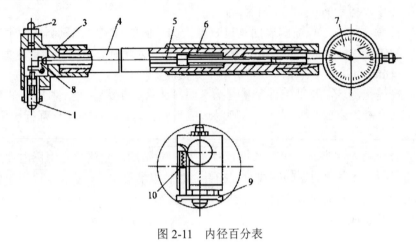

图 2-11　内径百分表

2.4.3　杠杆百分表

杠杆百分表又称靠表，是把杠杆测头的位移（杠杆的摆动），通过机械传动系统转变为指针在表盘上的偏转。杠杆百分表表盘圆周上有均匀的刻度，分度值为 0.01mm，示值范围一般为±0.4mm。

杠杆百分表的外形和传动原理如图 2-12 所示。它是由杠杆和齿轮传动机构组成。杠杆测头位移时，带动扇形齿轮绕其轴摆动，使与其啮合的齿轮转动，从而带动与齿轮同轴的指针偏转。当杠杆测头的位移为 0.01mm 时，杠杆齿轮传动机构使指针正好偏转一格。

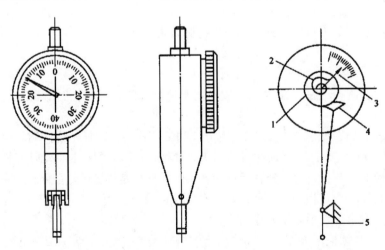

1—齿轮；2—游丝；3—指针；4—扇形齿轮；5—杠杆测头

图 2-12　杠杆百分表

杠杆百分表体积较小，杠杆测头的位移方向可以改变，因而在校正工件和量测工件时都很方便。尤其是对小孔的量测和在机床上校正零件时，由于空间限制，百分表放不进去或量测杆无法垂直于工件被测表面，使用杠杆百分表则十分方便。

若无法使测杆的轴线垂直被测工件尺寸时，量测结果按下式修正：

$$A=B\cos\alpha$$

式中：A 为正确的量测结果；B 为量测读数；α 为量测线与工件尺寸的夹角。

2.4.4 千分表

千分表的用途、结构形式及工作原理与百分表相似，但千分表的传动机构中齿轮传动的级数要比百分表多，因而放大比更大，分度值更小，量测精度也更高，可用于较高精度的量测。千分表的分度值为 0.001mm，其示值范围为 0～1mm。示值误差在工作行程范围内不大于 5μm，在任意 0.2mm 范围内不大于 3μm，示值变化不大于 0.3μm。

2.4.5 杠杆齿轮比较仪

它是将量测杆的直线位移，通过杠杆齿轮传动系统变为指针在表盘上的角位移。表盘上有不满一周的均匀刻度。图 2-13 所示为杠杆齿轮比较仪的外形和传动示意图。

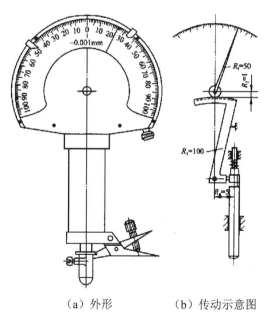

（a）外形 　　（b）传动示意图

图 2-13 杠杆齿轮比较仪

当量测杆移动时，使杠杆绕轴转动，并通过杠杆短臂 R_4 和长臂 R_3 将位移放大，同时扇形齿轮带动与其啮合的小齿轮转动，这时小齿轮分度圆半径 R_2 与指针长度 R_1 又起放大作用，使指针在标尺上指示出相应量测杆的位移值。

2.4.6 扭簧比较仪

扭簧比较仪是利用扭簧作为传动放大机构，将量测杆的直线位移转变为指针的角位移。图 2-13 所示为它的外形与传动原理示意图。

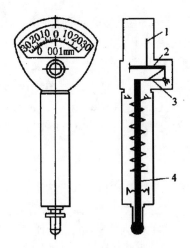

(a) 外形   (b) 传动原理

1一指针；2一灵敏弹簧片；3一弹性杠杆；4一量测杆

图 2-13   扭簧比较仪

灵敏弹簧片 2 是截面为长方形的扭曲金属带，一半向左，一半向右扭曲成麻花状，其一端被固定在可调整的弓形架上，另一端则固定在弹性杠杆 3 上。当量测杆 4 有微小升降位移时，使弹性杠杆 3 动作而拉动灵敏弹簧片 2，从而使固定在灵敏弹簧片中部的指针 1 偏转一个角度，其大小与弹簧片伸长成比例，在标尺上指示出相应的量测杆位移值。

扭簧比较仪的结构简单，它的内部没有相互摩擦的零件，因此灵敏度极高，可用作精密量测。

2.5   角度量具

2.5.1   万能角度尺

万能角度尺是用来量测工件 0°～320°内外角度的量具。按最小刻度（即分度值）可分为 2′ 和 5′ 两种，按尺身的形状可分为圆形和扇形两种。本节以最小刻度为 2′ 的扇形万能角度尺为例介绍万能角尺的结构、刻线原理、读数方法和量测范围。

万能角度尺的结构如图 2-14 所示，万能角度尺由尺身、角尺、游标、制动器、扇形板、基尺、直尺、夹块、捏手、小齿轮和扇形齿轮等组成。游标固定在扇形板上，基尺和尺身连成一体。扇形板可以与尺身作相对回转运动，形成和游标卡尺相似的读数机构。角尺用夹块固定在扇形板上，直尺又用夹块固定在角尺上。根据所测角度的需要，也可拆下角尺，将直尺直接固定在扇形板上。制动器可将扇形板和尺身锁紧，便于读数。

量测时，可转动万能角度尺背面的捏手，通过小齿轮转动扇形齿轮，使尺身相对扇形板产生转动，从而改变基尺与角尺或直尺间的夹角，满足各种不同情况量测的需要。

2.5.2   正弦规

正弦规是量测锥度的常用量具。

使用正弦规检测圆锥体的锥角 α 时，应先使用计算公式 $h=L \times \sin\alpha$ 算出量块组的高度尺寸。

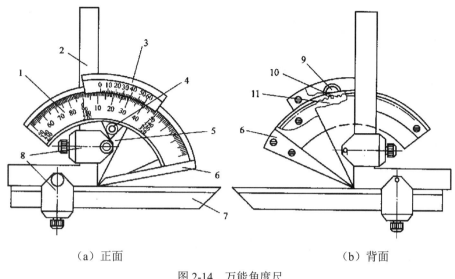

（a）正面   （b）背面

图 2-14 万能角度尺

量测方法如图 2-15 所示。如果被测角正好等于锥角，则指针在 a、b 两点指示值相同；

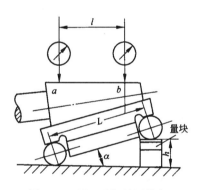

图 2-15 用正弦规量测锥角

如果被测锥度有误差 $\triangle K$，则 a、b 两点必有差值 n，n 与被测长度的比即为锥度误差，即

$$\triangle K = n/L$$

2.5.3 水平仪

1. 水平仪的用途

水平仪是量测被测平面相对水平面微小倾角的一种计量器具，在机械制造中，常用来检测工件表面或设备安装的水平情况。如检测机床、仪器的底座、工作台面及机床导轨等的水平情况，还可以用水平仪检测导轨、平尺、平板等的直线度和平面度误差，以及量测两工作面的平行度和工作面相对于水平面的垂直度误差等。

2. 水平仪的分类

水平仪按其工作原理可分为水准式水平仪和电子水平仪两类。水准式水平仪又有条式水平仪、框式水平仪和合像水平仪三种。水准式水平仪目前使用最为广泛，以下仅介绍水准式水平仪。

3. 水准式水平仪

水准式水平仪的主要工作部分是管状水准器，它是一个密封的玻璃管，其内表面的纵剖面是一曲率半径很大的圆弧面。管内装有精馏乙醚或精馏乙醇，但未注满，形成一个气泡。玻璃管的外表面刻有刻度，不管水准器的位置处于何种状态，气泡总是趋向于玻璃管圆弧面的最高位置。当水准器处于水平位置时，气泡位于中央。水准器相对于水平面倾斜时，气泡就偏向高的一侧，倾斜程度可以从玻璃管外表面上的刻度读出，如图 2-16 所示，经过简单的换算，就可得到被测表面相对水平面的倾斜度和倾斜角。

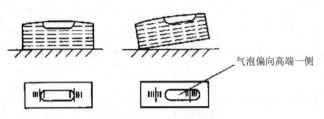

图 2-16　水准式水平仪

4. 水准式水平仪的结构和规格

（1）条式水平仪。条式水平仪的外形如图 2-17 所示。它由主体、盖板、水准器和调零装置组成。在量测面上刻有 V 形槽，以便放在圆柱形的被测表面上量测。图 2-17（a）中的水平仪的调零装置在一端，而图 2-17（b）中的调零装置在水平仪的上表面，因而使用更为方便。条式水平仪工作面的长度有 200mm 和 300mm 两种。

（2）框式水平仪。框式水平仪的外形如图 2-18 所示。它由横水准器、主体把手、主水准器、盖板和调零装置组成。它与条式水平仪的不同之处在于：条式水平仪的主体为一条形，而框式水平仪的主体为一框形。框式水平仪除有安装水准器的下量测面外，还有一个与下量测面垂直的侧量测面，因此框式水平仪不仅能量测工件的水平表面，还可用它的侧量测面与工件的被测表面相靠，检测其对水平面的垂直度。框式水平仪的框架规格有 150mm×150mm，200mm×200mm，250mm×250mm，300mm×300mm 四种，其中 200mm×200mm 最为常用。

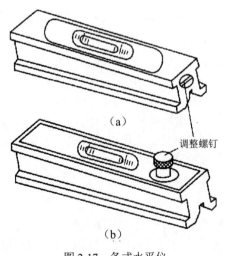

（a）

调整螺钉

（b）

图 2-17　条式水平仪

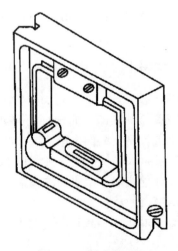

图 2-18　框式水平仪

（3）合像水平仪。合像水平仪主要应用于量测平面和圆柱面对水平的倾斜度，以及机床与光学机械仪器的导轨或机座等的平面度、直线度和设备安装位置的正确度等。其工作原理是利用棱镜将水准器中的气泡影像经过放大，来提高读数的瞄准精度，利用杠杆、微动螺杆等传动机构进行读数。

使用方法：合像水平仪的结构如图 2-19 所示，合像水平仪的水准器安装在杠杆架的底板上，它的位置可用微动旋钮通过测微螺杆与杠杆系统进行调整。水准器内的气泡，经两个不同位置的棱镜反射至观察窗放大观察（分成两半合像）。当水准器不在水平位置时，气泡 A、B 两半不对齐，当水准器在水平位置时，气泡 A、B 两半就对齐，如图 2-19（b）所示。

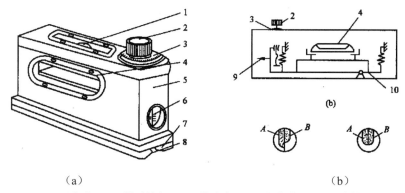

（a）　　　　　　　　　　　　　　　　　（b）

1—观察窗；2—微动旋钮；3—微分盘；4—主水准器；5—壳体；

6—毫米/米刻度；7—底面工作面；8—V 形工作面；9—指针；10—杠杆

图 2-19　合像水平仪结构

合像水平仪主要用于精密机械制造中，其最大特点是使用范围广、量测精度较高、读数方便、准确。

5. 使用水准式水平仪的注意事项

（1）使用前工作面要清洗干净。

（2）湿度变化对仪器中的水准器位置影响很大，必须隔离热源。

（3）量测时旋转度盘要平稳，必须等两气泡像完全符合后方可读数。

2.6　其他常用量测仪器简介

除了上述量测仪器外，利用光学原理制成的光学量仪应用得也比较广泛，如在长度量测中的光学计、测长仪等。光学计是利用光学杠杆放大作用将量测杆的直线位移转换为反射镜的偏转，使反射光线也发生偏转，从而得到标尺影像的一种光学量仪。

2.6.1　立式光学计

立式光学计主要是利用量块与零件相比较的方法来量测物体外形的微差尺寸，是量测精密零件的常用量测器具。

1. LC-1 型立式光学计主要技术参数

（1）总放大倍数：约 1000 倍。

（2）分度值：0.001mm。

（3）示值范围：±0.1mm。

（4）量测范围：最大长度180mm。

（5）仪器的最大不确定度：±0.00025mm。

（6）示值稳定性：0.0001mm。

（7）量测的最大不确定度：±(0.5＋L/100)μm。

2. 工作原理

利用光学杠杆的放大原理，将微小的位移量转换为光学影像的移动。

3. 结构

立式光学比较仪外形结构如图2-20所示，主要由以下部分组成：

（1）光学计管：量测读数的主要部件。

（2）零位调节手轮：可对零位进行微调整。

（3）测帽：根据被测件形状，选择不同的测帽套在测杆上，其选择原则为测帽与被测件的接触面积要最小。

（4）工作台：对不同形状的测件，应选用尺寸不同的工作台，选择原则与（3）基本相同。

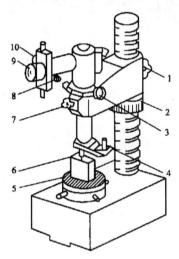

1－悬臂锁紧装置；2－升降螺母；3－光管细调手轮；4－拨叉；5－工作台；
6－被测工件；7－光管锁紧螺母；8－测微螺母；9－目镜；10－反光镜

图2-20 立式光学比较仪外形结构

4. 使用方法

（1）粗调：仪器放在平稳的工作台上，将光学计管安在横臂的适当位置。

（2）测帽选择：量测时被测件与测帽间的接触面应最小，即近似于点或线接触。

（3）工作台校正：工作台校正的目的是使工作面与测帽平面保持平行。一般是将与被测件尺寸相同的量块放在测帽边缘的不同位置，若读数相同，则说明其平行。否则可调工作台旁边的4个调节旋钮。

（4）调零：将选用的量块组放在一个清洁的平台上，转动粗调节环使横臂下降至测头刚好接触量块组时，将横臂固定在立柱上。再松开横臂前端的锁紧装置，调整光管与横臂的相对位置，当从光管的目镜中看到零刻线与指示虚线基本重合后，固定光管。调整光管微调旋钮，使零刻线与指示虚线完全对齐。拨动提升器几次，若零位稳定，则仪器可进行工作。

5. 仪器保养

（1）使用精密仪器应注意保持清洁，不用时宜用罩子套上防尘。

（2）使用完毕后必须在工作台、量测头以及其他金属表面用航空汽油清洗、拭干，再涂上无酸凡士林。

（3）光学计管内部构造比较复杂精密，不宜随意拆卸，出现故障应送专业部门修理。

（4）光学部件避免用手指碰触，以免影响成像质量。

2.6.2　万能测长仪

万能测长仪是由精密机械、光学系统和电气部分结合起来的长度量测仪器。既可用来对零件的外形尺寸进行直接量测和比较量测，也可以使用仪器的附件进行各种特殊量测工作。

1. 主要技术参数

（1）分度值：0.001mm。

（2）量测范围包括以下几个方面：

1）直接量测：0～100mm。

2）外尺寸量测：0～500mm。

3）内尺寸量测：10～200mm。

4）电眼装置量测：1～20mm。

5）外螺纹中径量测：0～180mm。

6）内螺纹中径量测：10～200mm。

（3）仪器误差包括以下方面：

1）测外部尺寸：$\pm(0.5+L/100)\mu m$。

2）测内部尺寸：$\pm(2+L/100))\mu m$。

2. 量测原理

万能测长仪是按照阿贝原则设计制造的，其量测精度较高。在万能测长仪上进行量测，是直接把被测件与精密玻璃尺做比较，然后利用补偿式读数显微镜观察刻度尺，进行读数。玻璃刻度尺被固定在测体上，因其在纵向轴线上，故刻度尺在纵向上的移动量完全与被测件之长度一致，而此移动量可在显微镜中读出。

3. 仪器结构

如图 2-21 所示，卧式万能测长仪主要由底座、万能工作台、量测座、手轮、尾座和各种量测设备附件等组成。

底座的头部和尾部分别安装着量测座和尾座，它们可在导轨沿量测轴线方向移动，在底座中部安装着万能工作台，通过底座尾部的平衡装置，可使工作台连同被测零件一起轻松地升降。平衡装置是通过尾座下方的手柄使弹簧产生不同的伸长和拉力，再通过杠杆机构和工作台升降机构连接，使与工作台的重量相平衡。

万能工作台可有 5 个自由度的运动。中间手轮调整其升降运动，范围为 0～105mm，并可在刻度盘上读出；旋转前端微分筒可使工作台产生 0～25mm 的横向移动；扳动侧面两手柄可使工作台具有±3°的倾斜运动或使工作台绕其垂直轴线旋转±4°；在量测轴线上工作台可自由移动±5mm。

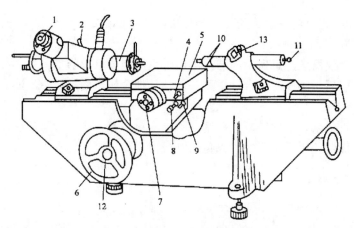

图 2-21　卧式万能测长仪

量测座是量测过程中感应尺寸变化并进行读数的重要部件,主要由测杆、读数显微镜、照明装置及微动装置组成。它可以通过滑座在底座床面的导轨上滑动,并能用手轮在任何位置上固定。量测座的壳体由内六角螺钉与滑座紧固成一体。

尾座是放在底座右侧的导轨面上,它可以用手柄固定在任意位置上,尾管装在尾管的相应孔中,并能用手柄固定,旋转其后面的手轮时可使尾座测头作轴向微动。测头上可以装置各种测帽,同时通过螺钉调节,可使其测帽平面与测座上的测帽平面平行,尾座上的测头是量测中的一个固定测点。

量测附件主要包括内尺寸量测附件、内螺纹量测附件和电眼装置 3 类。

4. 仪器的使用

卧式万能测长仪可量测两平行平面间的长度、圆柱体的直径、球体的直径、内尺寸长度、外螺纹中径和内螺纹中径等。由于万能测长仪能量测的被测件类型较多,量测方法各不相同,其基本步骤为选择并装调测头、安放被测件、校正零位、寻找被测件的最佳量测点、量测读数,在具体操作仪器前须仔细阅读使用说明书。

5. 维护保养

(1)仪器室不得有灰尘、振动及各种腐蚀性气体。

(2)室温应维持在 20℃ 左右,相对湿度最好不超过 60%,防止光学部件产生霉斑。

(3)每次使用完毕后,必须在工作台、测帽以及其他附属设备的表面用汽油清洗,并涂上无酸凡士林,盖上仪器罩。

2.6.3　JJI-22A 型表面粗糙度量测仪

该仪器主要用于量测各种型面的表面粗糙度。其结构简单小巧,传感器灵敏度高。由于该仪器采用了计算机进行信号处理技术,量测精度高,量测人员只需按一个量测键即可进行量测,仪器自动显示量测结果。

1. 主要技术指标

(1)传感器种类:压电式标准传感器。

(2)触针圆弧半径:10±2.5μm。

(3)触针材料:金刚石。

(4)驱动器移动长度:15mm。

（5）量测长度：4mm、12.5mm。

（6）移动速度：3.2mm/s。

（7）量测范围：Ra 0.1～3.2μm、Rz 0.5～30μm、Ry 0.5～30μm。

（8）仪器误差：<±15%。

（9）可测零件形状：长度>15mm、内孔直径>10mm。

2. 工作原理

驱动器带动压电式传感器在零件表面移动进行采样，信号经放大器及计算机的处理，通过显示屏同时读出被量测表面的粗糙度及 Ra、Rz、Ry 实测值。

3. 仪器的使用

基本步骤为：①安装仪器；②校准仪器放大倍数；③安放被测件；④采集数据；⑤数据处理。

4. 维护与保养

（1）被测表面温度不得高于 40℃，且不得有水、油、灰尘、切屑、纤维及其他污物。

（2）使用现场不得有振动，仪器不得发生跌撞。

（3）传感器在使用中避免撞击触尖，触尖不能用酒精清洗，必要时只能用无水汽油清洗。

（4）随仪器附带的多刻线样板如有严重划伤时，应及时更换，否则会造成校准的误差增大。

2.6.4 19JA 型万能工具显微镜

万能工具显微镜是一种在工业生产和科学研究部门中使用十分广泛的光学量测仪器。它具有较高的量测精度，适用于长度和角度的精密量测。同时由于配备多种附件，使其应用范围得到充分的扩大。仪器可用影像法、轴切法或接触法按直角坐标或极坐标对机械工具和零件的长度、角度和形状进行量测。主要的量测对象有刀具、量具、模具、样板、螺纹和齿轮类零件等。

1. 仪器结构

仪器外形如图 2-22 所示，主要由底座、x 轴滑台、y 轴滑台、立臂、横梁、瞄准显微镜、投影读数装置组成。

2. 量测原理

工具显微镜主要是应用直角或极坐标原理，通过主显微镜瞄准定位和读数系统读取坐标值而实现量测的。

根据被测件的形状、大小及被测部位的不同，一般有以下三种量测方法：

（1）影像法。中央显微镜将被测件的影像放大后，成像在"米"字分划板上，利用"米"字分划板对被测点进行瞄准，由读数系统读取其坐标值，相应点的坐标值之差即为所需尺寸的实际值。

（2）轴切法。为克服影像法量测大直径外尺寸因出现衍射现象，而造成的较大量测误差，利用仪器所配附件量测刀上的刻线，来替代被测表面轮廓进行瞄准，从而完成量测。

（3）接触法。用光学定位器直接接触被测表面来进行瞄准、定位并完成量测。适用于影像成像质量较差或根本无法成像的零件的量测，如有一定厚度的平板件、深孔零件、台阶孔、台阶槽等。

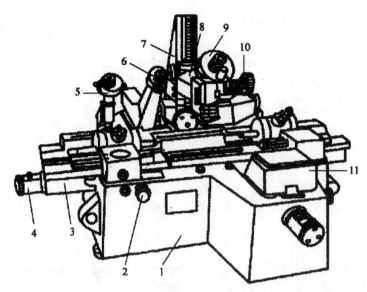

1—基座；2—纵向锁紧手轮；3—工作台纵滑板；4—纵向滑动微调；5—纵向读数显微镜；
6—横向读数显微镜；7—立柱；8—支臂；9—测角目镜；10—立柱倾斜手轮；11—小平台

图 2-22　万能工具显微镜

3．使用方法

不同的被测件所采用的量测原理各不相同，详细的操作使用方法可查阅其使用说明书和有关的参考书。

4．维护保养

与立式光学比较仪、万能测长仪、光切法显微镜等光学仪器相似。

2.7　新技术在量测中的应用

随着科学技术的迅速发展，量测技术已从应用机械原理、几何光学原理发展到应用更多的新的物理原理，引进了最新的技术成就。如光栅、激光、感应同步器、磁栅以及射线技术等。特别是计算机技术的发展和应用，使得计量仪器跨越到一个新的领域。三坐标量测机和计算机完美的结合，使之成为一种愈来愈引人注目的高效率、新颖的几何量精密量测设备。

这里主要简单介绍光栅技术、激光技术和三坐标量测机。

2.7.1　光栅技术

1．计量光栅

在长度计量测试中应用的光栅称为计量光栅。它一般是由很多间距相等的不透光刻线和刻线间透光缝隙构成。光栅尺的材料有玻璃和金属两种。

计量光栅一般可分为长光栅和圆光栅。长光栅的刻线密度有每毫米 25、50、100 和 250 条等。圆光栅的刻线数有 10800 条和 21600 条两种。

2．莫尔条纹的产生

如图 2-23（a）所示，将两块具有相同栅距 W 的光栅的刻线面平行地叠合在一起，中间保持 0.01～0.1mm 间隙，并使两光栅刻线之间保持一很小夹角 θ。于是在 a-a 线上，两块光栅的刻线相互重叠，而缝隙透光（或刻线间的反射面反光），形成一条亮条纹。而在 *b-b* 线上，两块光栅的刻线彼此错开，缝隙被遮住，形成一条暗条纹。由此产生的一系列明暗相间的条纹称为莫尔条纹，如图 2-23（b）所示。图中莫尔条纹近似地垂直于光栅刻线，图 2-23 莫尔条纹线因此称为横向莫尔条纹。两亮条纹或暗条纹之间的宽度 *B* 称为条纹间距。

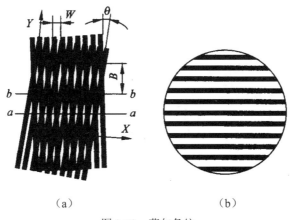

（a）　　　　　　　　　　　（b）

图 2-23　莫尔条纹

3．莫尔条纹的特征

（1）对光栅栅距的放大作用。根据图 2-23 的几何关系可知，当两光栅刻线的交角 θ 很小

$$B \approx \omega / \theta$$

式中 θ 以弧度为单位。

此式说明，适当调整夹角 θ 可使条纹间距 B 比光栅栅距 W 放大几百倍甚至更大，这对莫尔条纹的光电接收器接收非常有利。如 $W=0.04\text{mm}$，$\theta=0°13'15''$ 时，$B=10\text{mm}$，相当于放大了 250 倍。

（2）对光栅刻线误差的平均效应。由图 2-23（a）可以看出，每条莫尔条纹都是由许多光栅刻线的交点组成，所以个别光栅刻线的误差和疵病在莫尔条纹中得到平均。设 θ_0 为光栅刻线误差，n 为光电接收器所接收的刻线数，则经莫尔条纹读出系统后的误差为

$$\theta = \theta_0 / \theta_n^{1/2}$$

由于 n 一般可以达几百条刻线，所以莫尔条纹的平均效应可使系统量测精度提高很多。

（3）莫尔条纹运动与光栅副运动的对应性。在图 2-23（a）中，当两光栅尺沿 *X* 方向相对移动一个栅距 *W* 时，莫尔条纹在 *Y* 方向也随之移动一个莫尔条纹间距 *B*，即保持着运动周期的对应性；当光栅尺的移动方向相反时，莫尔条纹的移动方向也随之相反，即保持了运动方向的对应性。利用这个特性，可实现数字式的光电读数和判别光栅副的相对运动方向。

2.7.2　激光技术

激光是一种新型的光源，它具有其他光源所无法比拟的优点，即很好的单色性、方向性、相干性和能量高度集中性。所以一出现很快就在科学研究、工业生产、医学、国防等许多领域中获得广泛的应用。现在，激光技术已成为建立长度计量基准和精密测试的重要手段。它不但可以用干涉法量测线位移，还可以用双频激光干涉法量测小角度，用环形激光量测圆周分度，以及用激光准直技术来量测直线度误差等。这里主要介绍应用广泛的激光干涉测长仪的基本原理。

常用的激光测长仪实质上就是以激光作为光源的迈克尔逊干涉仪，如图 2-24 所示。从激光器发出的激光束，经透镜 L、L_1 和光阑 P_1 组成的准直光管扩束成一束平行光，经分光镜 M 被分成两路，分别被角隅棱镜 M_1 和 M_2 反射回到 M 重叠，被透镜 L_2 聚集到光电计数器 PM 处。当工作台带动棱镜 M_2 移动时，在光电计数处由于两路光束聚集产生干涉，形成明暗条纹，通过计数就可以计算出工作台移动的距离 $S=N\lambda/2$（式中，N 为干涉条纹数，又为激光波长）。

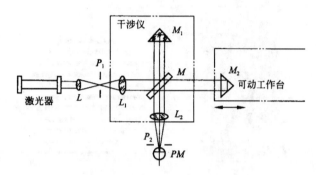

图 2-24　激光干涉测长仪原理

激光干涉测长仪的电子线路系统原理框图如图 2-25 所示。

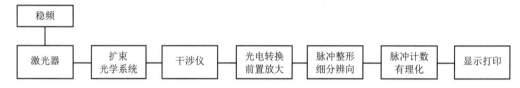

图 2-25　激光干涉测长仪电路原理图

2.7.3　三坐标测量机

1. 三坐标量测机的结构类型

三坐标测量机（如图 2-26 所示）一般都具有相互垂直的三个量测方向，水平纵向运动方向为 x 方向（又称 x 轴）；水平横向运动方向为 y 方向（又称 y 轴）；垂直运动方向为 z 方向（又称 z 轴）。它的结构类型如图 2-27 所示，其中图（a）为悬臂式 z 轴移动，特点是左右方向开阔，操作方便。但因 z 轴在悬臂 y 轴上移动，易引起 y 轴挠曲，使 y 轴的量测范围受到限制（一般不超过 500mm）。图（b）为悬臂式 y 轴移动，特点是 z 轴固定在悬臂 y 轴上，随 y 轴一起前后移动，有利于工件的装卸。但悬臂在 y 轴方向移动，重心的变化较明显。图（c）、（d）为桥式，以桥框作为导向面，x 轴能沿 y 方向移动，它的结构刚性好，适用于大型量测机。图（e）、（f）为龙门移动式和龙门固定式两种，其特点是当龙门移动或工作台移动时，装卸工件非常方便，操作性能好，适宜于小型量测机，精

图 2-26　三坐标测量机

度较高。图（g）、（h）是在卧式镗床或坐标镗床的基础上发展起来的坐标机，这种形式精度也较高，但结构复杂。

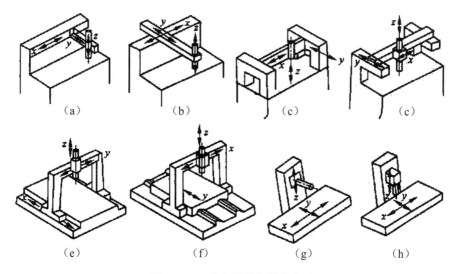

（a）　　　　　（b）　　　　　（c）　　　　　（c）

（e）　　　　　（f）　　　　　（g）　　　　　（h）

图 2-27　三坐标测量机构的类型

2. 三坐标测量机的量测系统

量测系统是坐标测量机的重要组成部分之一，它关系着坐标测量机的精度、成本和寿命。

对于 CNC 三坐标测量机一定要求量测系统输出的坐标值为数字脉冲信号，才能实现坐标位置闭环控制。坐标测量机上使用的量测系统种类很多，按其性质可分为机械式、光学式和电气式量测系统，各种量测系统精度范围如表 2-2 所示。

表 2-2　各种量测系统的精度范围

测量系统	精度范围/μm	测量系统	精度范围/μm
丝杠或齿条	10～50	感应同步器	2～10
刻线尺	光屏投影 1～10	磁尺	2～10
	光电扫描 0.2～1	码尺（绝对测量系统）	10
光栅	1～10	激光干涉仪	0.1

3. 三坐标测量机的量测头

三坐标测量机的量测头按量测方法分为接触式和非接触式两大类。

接触式量测头可分为硬测头和软测头两类。硬测头多为机械测头，主要用于手动量测和精度要求不高的场合。软测头是目前三坐标测量机普遍使用的量测头。软测头有触发式测头和三维测微头，这里只介绍触发式测头。

触发式测头亦称电触式测头，其作用是瞄准。它可用于"飞越"量测，即在检测过程中，测头缓缓前进，当测头接触工件并过零时，测头即自动发出信号，采集各坐标值，而测头则不需要立即停止或退回，即允许若干毫米的超程。

图 2-28 是触发式测头的典型结构之一，其工作原理相当于零位发信开关。当 3 对由圆柱销组成的接触副均匀接触时，测杆处于零位。当测头与被测件接触时，测头被推向任一方向后，3 对圆柱销接触副必然有一对脱开，电路立即断开，随即发出过零信号。当测头与被测件脱离后，外力消失，由于弹簧的作用，测杆回到原始位置。这种测头的重复精度可达±1μm。

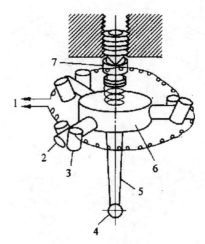

1—信号线；2—销；3—形销；4—红宝石测头；5—测杆；6—块规；7—陀螺

图 2-28　触发式测头

4. 三坐标测量机的应用

三坐标测量机集精密机械、电子技术、传感器技术、电子计算机等现代技术之大成。对坐标测量机，任何复杂的几何表面与几何形状，只要测头能感受（或瞄准）到的地方，就可以测出它们的几何尺寸和相互位置关系，并借助于计算机完成数据处理。如果在三坐标测量机上设置分度头、回转台（或数控转台），除采用直角坐标系外，还可采用极坐标、圆柱坐标系量测，使量测范围更加扩大。对于有 x、y、z、φ（回转台）四轴坐标的测量机，常称为四坐标测量机。增加回转轴的数目，还有五坐标或六坐标测量机。

三坐标测量机与"加工中心"相配合，具有"量测中心"的功能。在现代化生产中，三坐标测量机已成为 CAD/CAM 系统中的一个量测单元，它将量测信息反馈到系统主控计算机，进一步控制加工过程，提高产品质量。

正因如此，三坐标测量机越来越广泛地应用于机械制造、电子、汽车和航空航天等工业领域。

思考与练习

（1）根据标准，量块具体分为哪些等级？

（2）量块在使用过程中应注意哪些问题？

（3）深度千分尺的注意事项有哪些？

（4）使用百分表的注意事项有哪些？

（5）水平仪的分类有哪些？

（6）杠杆千分尺使用的注意事项有哪些？

（7）坐标测量机上使用的量测系统种类有哪些？

（8）水准式水平仪的使用注意事项有哪些？

附录：

职业技能鉴定中级工（应会）知识试卷

一、单项选择题（第 1 题—第 160 题，选择一个正确的答案，将相应的字母填入题内括号中。每题 0.5 分，满分 80 分。）

1. 在企业的经营活动中，下列选项中的（　　）不是职业道德功能的表现。
   A. 激励作用　　　　B. 决策能力　　　　C. 规范行为　　　　D. 遵纪守法

2. 为了促进企业的规范化发展，需要发挥企业文化的（　　）功能。
   A. 娱乐　　　　　　B. 主导　　　　　　C. 决策　　　　　　D. 自律

3. 正确阐述职业道德与人的事业的关系的选项是（　　）。
   A. 没有职业道德的人不会获得成功
   B. 要取得事业的成功，前提条件是要有职业道德
   C. 事业成功的人往往并不需要较高的职业道德
   D. 职业道德是人获得事业成功的重要条件

4. 在商业活动中，不符合待人热情要求的是（　　）。
   A. 严肃待客，表情冷漠　　　　　　B. 主动服务，细致周到
   C. 微笑大方，不厌其烦　　　　　　D. 亲切友好，宾只如归

5. （　　）是企业诚实守信的内在要求。
   A. 维护企业信誉　　　　　　　　　B. 增加职工福利
   C. 注重经济效益　　　　　　　　　D. 开展员工培训

6. 下列事项中属于办事公道的是（　　）。
   A. 顾全大局，一切听从上级　　　　B. 大公无私，拒绝亲戚求助
   C. 知人善任，努力培养知己　　　　D. 坚持原则，不计个人得失

7. 对于金属的属性描述正确的是（　　）。
   A. 良好的导电、导热性　　　　　　B. 强度普遍降低
   C. 塑性差，无光泽　　　　　　　　D. 导热、导电性差

8. （　　）不属于压入硬度试验法。
   A. 布氏硬度　　　B. 洛氏硬度　　　C. 莫氏硬度　　　D. 维氏硬度

9. 铁素体是溶解在（　　）的间隙固溶体。
   A. D-Fe　　　　　B. α-Fe　　　　C. Z-Fe　　　　　D. P-Fe

10. 奥氏体冷却到（　　）开始析出珠光体。
    A. 420℃　　　　B. 148℃　　　　C. 727℃　　　　D. 127℃

11. 特级质量钢的含磷量（　　），含硫量 0.015%。
    A. 0.025%　　　B. 等于 0.22%　　C. 等于 0.15%　　D. 0.725%

12. 低合金工具钢多用于制造（　　）。
    A. 板牙　　　　　B. 车刀　　　　　C. 铣刀　　　　　D. 高速切削刀具

13. 灰铸铁的断口（　　）。
    A. 呈银白色　　　B. 呈石墨黑色　　C. 呈灰色　　　　D. 呈灰白相间的麻点

14. QT400-18 属于（　　）铸铁的牌号。

A．球墨铸铁　　　B．可锻铸铁　　　C．灰铸铁　　　D．蠕墨铸铁

15．黄铜（　　）。
A．又称纯铜　　　　　　　　　B．是铜和硅的合金
C．是铜与锌的合金　　　　　　D．包括吕青铜和硅青铜

16．退火工艺最适用于（　　）。
A．铝合金　　　B．低碳钢　　　C．高碳钢　　　D．铜

17．为改善低碳钢加工性能应采用（　　）。
A．淬火或回火　　B．退火或调质　　C．正火　　　D．调质或回火

18．淬火的主要目的是将奥氏体化的工件淬成（　　）。
A．马氏体　　　B．索氏体　　　C．卡氏体　　　D．洛氏体

19．经回火后，不能使工件（　　）。
A．获得适当的硬度　　　　　　B．提高内应力
C．获得满意的综合力学性能　　D．减小脆性

20．感应加热淬火时，若频率为1-10KHZ，则淬硬层深度为（　　）。
A．17.5-22.5 mm　　B．16-18 mm　　C．11-12.5 mm　　D．2-8 mm

21．钢件发蓝处理可以使工件表面形成以（　　）为主的多孔氧化膜。
A．FeO　　　B．Fe_2O_3　　　C．Fe_3O_4　　　D．$Fe(OH)_2$

22．判别某种材料的切削加工性能是以 $б_b$=0.637Gpa（　　）的 v65 为基准。
A．95 钢　　　B．35 钢　　　C．25 钢　　　D．45 钢

23．黑色金属测量疲劳极限时，应力循环周次应为（　　）次。
A．10　　　B．10　　　C．10　　　D．10

24．钛的熔点是（　　）摄氏度。
A．712　　　B．1668　　　C．789　　　D．199

25．低温回火是指加热温度为（　　）。
A．<250℃　　　B．<350℃　　　C．350℃-500℃　　　D．>500℃

26．中温回火是指加热温度为（　　）。
A．>370℃　　　B．320℃　　　C．350℃-500℃　　　D．150℃-450℃

27．高温回火是指加热温度为（　　）。
A．<250℃　　　B．>500℃　　　C．300℃-450℃　　　D．>150℃

28．中温回火得到的组织为（　　）。
A．回火洛氏体　　B．奥氏体　　　C．回火索氏体　　　D．回火卡氏体

29．高温回火后得到的组织为（　　）。
A．回火洛氏体　　B．奥氏体　　　C．回火索氏体　　　D．回火卡氏体

30．有色金属、不锈钢测疲劳极限时，应力循环周次应为（　　）。
A．10^{15}　　　B．10^{16}　　　C．10^{13}　　　D．10^8

31．感应加热淬火时，若频率为50KHZ，则淬硬层深度为（　　）。
A．0.5-2mm　　　B．2-8mm　　　C．10-15mm　　　D．18-25mm

32．加工中心按照功能特征分类，可分为复合、（　　）和钻削加工中心。
A．刀库 主轴换刀　　　　　　B．卧式　　　C．镗铣　D．三轴

33．关于加工中心描述不正确的是（　　）。

A．工序集中　　　　　　　　　　B．加工精度高

C．加工对象适应性强　　　　　　D．加大了劳动者强度

34．加工中心执行顺序控制动作和控制加工过程的中心是（　　）。

A．基础部件　　　B．主轴部件　　　C．数控系统　　　D．ATC

35．中小型加工中心常采用（　　）立柱。

A．凸面式实心　　B．移动式空心　　C．旋转式　　　　D．固定式空心

36．加工中心进给系统的驱动方式主要有（　　）。

A．气压服进给系统　　　　　　　B．电气伺服进给系统和液压伺服进给系统

C．气动伺服进给系统　　　　　　D．液压电气联合式

37．加工中心的刀具由（　　）管理。

A．DOV　　　　　B．主轴　　　　　C．可编程序控制器　D．机械手

38．端面多齿盘数为72，则分度最小单位为（　　）度。

A．5　　　　　　　B9　　　　　　　C．47　　　　　　　D．32

39．加工中心的自动换刀装置由驱动机构、（　　）组成。

A．刀库和机械手　　　　　　　　B．刀库和控制系统

C．机械手和控制系统　　　　　　D．控制系统

40．按主轴的种类分类，加工中心可分为单轴、双轴、（　）加工中心。

A．不可换主轴箱　　　　　　　　B．三轴、五面

C．复合、四轴　　D．三轴、可换主轴箱

41．转塔头加工中心的主轴数一般为（　　）个。

A．3-5　　　　　　B．24　　　　　　C．28　　　　　　D．6-12

42．逐点比较法直线插补的判别式函数是（　　）。

A．F= XiYe +XeYi　　　　　　　B．F=XeYi-XiYe

C．F= XiYi+XeYe　　　　　　　D．F=Ye-Yi

43．逐点比较法圆弧插补的判别式函数为（　　）。

A．F=Xi^2+Yi^2-R^2　　　　　　　B．F= XiYi- XeYi

C．F= XiYi-XeYe　　　　　　　D．F=XeYe-XiYi

44．某系统在（　　）处拾取反馈信息，该系统属于闭环伺服系统。

A．校正仪　　　　B．角度控制器　　C．旋转仪　　　　D．工作台

45．某系统在电动机轴端拾取反馈信息，该系统属于（　　）。

A．开环伺服系统　　　　　　　　B．联动环或闭环伺服系统

C．半闭环伺服系统　　　　　　　D．联动环或定环伺服系统

46．直流小惯量电动机在 1S 内可承受的最大转矩为额定转矩的（　　）。

A．1 倍　　　　　B．3 倍　　　　　C．2/3 倍　　　　D．10 倍

47．为了使机床达到热平衡状态必须使机床运转（　　）。

A．15min 以上　　B．8min　　　　　C．2min　　　　　D．6min

48．对一些有试刀要求的刀具，应采用（　　）的方式进行。

A．快进　　　　　B．慢进　　　　　C．渐进　　　　　D．工进

49．尺寸链中每（　　）个尺寸为一环。

A．21　　　　　　B．30　　　　　　C．1　　　　　　　D．15

50. 在形状公差中"—"表示（　　）。

    A. 直线度　　　　　B. 圆度　　　　　C. 圆柱度　　　　　D. 平面度

51. 符号"⊥"在位置公差中表示（　　）。

    A. 垂直度　　　　　B. 高度　　　　　C. 平面度　　　　　D. 全跳动

52. 在粗糙度的表示中，数值的单位是（　　）。

    A. m　　　　　　　B. μm　　　　　　C. mm　　　　　　D. km

53. 基轴制的孔是配合的基准件，称为基准轴，其代号为（　　）。

    A. o　　　　　　　B. y　　　　　　　C. H　　　　　　　D. g

54. 标准公差用 IT 表示，共有（　　）个等级。

    A. 45　　　　　　　B. 10　　　　　　　C. 20　　　　　　　D. 9

55. 国家对孔和轴规定了（　　）个基本偏差。

    A. 5　　　　　　　　B. 6　　　　　　　　C. 4　　　　　　　　D. 28

56. 一个尺寸链有（　　）个封闭环。

    A. 0　　　　　　　　B. 1　　　　　　　　C. 2　　　　　　　　D. 3

57. 封闭环是在装配或加工过程的阶段自然形成的（　　）环。

    A. 增环　　　　　　B. 组成　　　　　　C. 一　　　　　　　D. 五

58. 基准代号由基准符号、（　　）和字母组成。

    A. 圆圈、连线　　B. 数字　　　　　C. 弧线　　　　　D. 三角形

59. 符号"∠"在位置公差中表示（　　）。

    A. 倾斜度　　　　　B. 高度　　　　　C. 平面度　　　　　D. 全跳动

60. 一个零件投影最多可以有（　　）个视图。

    A. 13　　　　　　　B. 24　　　　　　　C. 6　　　　　　　　D. 16

61. 正立面上投影称为（　　）。

    A. 主视图　　　　　　　　　　　B. 前视图和俯视图

    C. 后视图和左视图　　　　　　　D. 旋转视图

62. 用剖切面把机件完全剖开后的剖视图称为（　　）。

    A. 主视图　　　　　B. 全剖视图　　　C. 侧剖视图　　　D. 右视图

63 金属材料剖切面用（　　）细实线表示。

    A. 45　　　　　　　B. 90　　　　　　　C. 180　　　　　　D. 70

64. 板状零件可在尺寸数字前加（　　）。

    A. j　　　　　　　　B. k　　　　　　　　C. W　　　　　　　D. £

65. 标注球面时，应在符号前加（　　）。

    A. S　　　　　　　　B. C　　　　　　　　C. D　　　　　　　D. R

66. （　　）属于齿轮刀具。

    A. 成型车刀　　　B. 刨刀和车刀　　C. 车刀和镗刀　　D. 蜗轮刀

67. 刀具直径为 8mm 的高速钢立铣刀铣铸铁件时，主轴转速为 1100r/min，切削速度为（　　）。

    A. 28m/min　　　B. 0.9 m/min　　C. 5.2 m/min　　D. 44 m/min

68. 刀具直径为 10mm 的高速钢立铣刀铣钢件时，主轴转速为 820 r/min，切削速度为（　　）。

    A. 26 m/min　　　B. 0.9 m/min　　C. 5.2 m/min　　D. 44 m/min

69. 支撑钉主要用于平面定位，限制（　）个自由度。
    A. 6　　　　　　B. 1　　　　　　C. 4　　　　　　D. 8
70. 圆柱心轴用于工件圆孔定位，限制（　）个自由度。
    A. 10　　　　　B. 4　　　　　　C. 7　　　　　　D. 20
71. 圆锥销用于圆孔定位，限制（　）个自由度。
    A. 3　　　　　　B. 12　　　　　C. 15　　　　　D. 0
72. 定位套用于外圆定位，其中短套限制（　）个自由度。
    A. 10　　　　　B. 2　　　　　　C. 7　　　　　　D. 20
73. 利用一般计算工具，运用各种数学方法人工进行刀具轨迹的运算并进行指令编程成（　）。
    A. 机械编程　　B. 手工编程　　C. CAD 编程　　D. CAM 编程
74. 机床坐标系的原点称为（　）。
    A. 立体零点　　B. 自动零点　　C. 机械原点　　D. 工作零点
75. （　）原点称工作零点。
    A. 机床坐标系　B. 空间坐标系　C. 零点坐标系　D. 工作坐标系
76. （　）表示绝对方式指定的指令。
    A. G9　　　　　B. G111　　　　C. G90　　　　　D. G93
77. （　）表示程序暂停的指令。
    A. M00　　　　B. G18　　　　　C. 19　　　　　　D. G20
78. 利用刀具半径补偿可以（　）。
    A. 简化编程　　B. 使程序复杂　C. 不用编程　　D. 进行任意编程
79. 刀具长度偏置指令用于刀具（　）。
    A. 轴向补偿　　B. 径向补偿　　C. 圆周补偿　　D. 圆弧补偿
80. M99 指令通常表示（　）。
    A. 返回子程序　B. 呼叫子程序　C. 切削液开　　D. 切削液关
81. 在固定循环完成后刀具返回到初始点要用指令（　）。
    A. G90　　　　B. G91　　　　　C. G98　　　　　D. G99
82. 相对 X 轴的镜像指令用（　）。
    A. M21　　　　B. M22　　　　　C. M23　　　　　D. M24
83. 内轮廓在加工时，切入和切出点应尽量选择内轮廓曲线两几何元素的（　）处。
    A. 重合　　　　B. 交点　　　　C. 远离　　　　D. 任意
84. 已知任意直线经过一点坐标及直线斜率，可列（　）方程。
    A. 点斜式　　　B. 斜截式　　　C. 两点式　　　D. 截距式
85. （　）表示直线插补的指令。
    A. G50　　　　B. G01　　　　　C. G66　　　　　D. G62
86. （　）表示极坐标指令。
    A. G50　　　　B. G16　　　　　C. G66　　　　　D. G62
87. 沿着刀具前进方向观察，刀具中心轨迹偏在工件轮廓的左边时，用（　）补偿指令。
    A. 右刀或后刀　B. 左刀　　　　C. 前刀或右刀　D. 后刀或前刀
88. 若用 A 表示刀具半径，用 B 表示精加工余量，则粗加工补偿值等于（　）。

A．A/4B   B．AB   C．A+B   D．2AB

89．加工时用到刀具长度补偿是因为刀具存在（   ）差异。

    A．刀具圆弧半径   B．刀具长度

    C．刀具角度   D．刀具材料

90．加工中心在设置换刀点时不能远离工件，这是为了（   ）。

    A．刀具移动的方便   B．避免与工件碰撞

    C．测量的方便   D．观察的方便

91．（   ）表示主轴正转的指令。

    A．G50   B．M03   C．G66   D．M62

92．（   ）表示主轴停转的指令。

    A．M9   B．G111   C．M05   D．G93

93．（   ）表示换刀的指令。

    A．G50   B．M06   C．G66   D．M62

94．（   ）表示切削液关。

    A．M09   B．M18   C．G19   D．M20

95．（   ）表示主轴定向停止的指令。

    A．G50   B．M19   C．G66   D．M62

96．（   ）表示主程序结束的指令。

    A．M99   B．G111   C．M02   D．G93

97．（   ）表示英制输入的指令。

    A．G20   B．M18   C．G19   D．M20

98．常用地址符（   ）对应的功能是指令主轴转速。

    A．L   B．S   C．F   D．X

99．常用地址符（   ）代表刀具功能。

    A．I   B．F   C．T   D．X

100．常用地址符（   ）代表进给速度。

    A．I   B．F   C．D   D．Z

101．N60 G01 X100 Z50 LF 中的 LF 是（   ）。

    A．程序逻辑段号   B．功能字

    C．坐标字   D．结束符

102．G02X_Y_I_K_F_ 中 G02 表示（   ）。

    A．顺时针圆弧插补   B．逆时针圆弧插补

    C．直线插补   D．快速点定位

103．固定循环指由（   ）组成。

    A．数据格式代码和返回点代码

    B．数据格式代码和加工方式代码

    C．数据格式代码和返回点代码、加工方式代码

    D．任意四位代码

104．M98 指令表示（   ）。

    A．返回子程序   B．调用子程序   C．切削液开   D．切削液关

105. 常用地址符 P、X 的功能是（　　）。
　　A. 刀具功能　　　B. 子程序号　　　C. 暂停　　　　　D. 主轴转速
106. 常用地址符 H、D 的功能是（　　）。
　　A. 辅助功能　　　B. 程序段序号　　C. 主轴转速　　　D. 偏置号
107. 常用地址符 L 的功能是（　　）。
　　A. 辅助功能　　　B. 重复次数　　　C. 坐标地址　　　D. 主轴转速
108. 常用地址符 G 的功能是（　　）。
　　A. 参数　　　　　B. 坐标地址　　　C. 准备功能　　　D. 子程序号
109. 粗车工件外圆表面的 IT 值为（　　）。
　　A. 15　　　　　　B. 14　　　　　　C. 11—13　　　　D. 10-16
110. 粗车→半精车工件外圆的表面粗糙度为（　　）。
　　A. 87　　　　　　B. 5-10　　　　　C. 90　　　　　　D. 88
111. 粗车→半精车→精车工件外圆表面的 IT 值为（　　）。
　　A. 11-13　　　　B. 6-7　　　　　　C. 10　　　　　　D. 16
112. 粗车→粗磨→精磨工件外圆的表面粗糙度为（　　）。
　　A. 87　　　　　　B. 0.16-0.63　　　C. 90　　　　　　D. 88
113. 钻工件内孔表面的表面粗糙度为（　　）。
　　A. 4.5　　　　　B. 13.2　　　　　　C. 5-11　　　　　D. 大于等于 20
114. 钻→（扩）→铰工件内孔表面的 IT 值为（）。
　　A. 8-9　　　　　B. 15-17　　　　　C. 14　　　　　　D. 16
115. 钻→（扩）→拉工件内孔表面的 IT 值为（　　）。
　　A. 87　　　　　　B. 7-9　　　　　　C. 90　　　　　　D. 88
116. 粗镗（扩）工件内孔表面的表面粗糙度为（　　）。
　　A. 34.5　　　　　B. 33.2　　　　　C. 7-8　　　　　　D. 10-20
117. 粗镗（扩）→半精镗工件内孔表面的 IT 值为（　　）。
　　A. 8-9　　　　　B. 5-7　　　　　　C. 4　　　　　　　D. 6.5
118. 粗镗（扩）→半精镗→精镗工件内孔表面的表面粗糙度为（　　）。
　　A. 8.7　　　　　B. 1.25-2.5　　　　C. 49　　　　　　D. 8.8
119. 粗镗（扩）→半精镗→精镗→浮动镗工件内孔表面的表面粗糙度为（　　）。
　　A. 34.5　　　　　B. 33.2　　　　　C. 7-8　　　　　　D. 0.63-1.25
120. 粗镗（扩）→半精镗→磨工件内孔表面的 IT 值为（　　）。
　　A. 7-8　　　　　B. 15-17　　　　　C. 24　　　　　　D. 16.5
121. 粗车工件平面的 IT 值为（　　）。
　　A. 11-13　　　　B. 0.15-0.17　　　C. 24　　　　　　D. 16.5
122. 粗车→半精车工件平面的 IT 值为（　　）。
　　A. 8-9　　　　　B. 0.15-0.17　　　C. 24　　　　　　D. 16.5
123. 粗车→半精车→精车工件平面的表面粗糙度为（　　）。
　　A. 34.5　　　　　B. 13.2　　　　　C. 7-8　　　　　　D. 1.25-1.5
124. 粗刨（粗铣）→精刨（精铣）→刮研工件平面的表面粗糙度为（　　）。
　　A. 4.87　　　　　B. 0.16-0.25　　　C. 14.9　　　　　D. 8.8

125. 粗铣→拉工件平面的表面粗糙度为（　　）。
　　A. 94.5　　　　　　B. 13.2　　　　　　C. 5-6　　　　　　D. 0.32-1.25

126. 研磨的工序余量为（　　）mm。
　　A. 1.87　　　　　　B. 4.1　　　　　　C. 0.01　　　　　　D. 0.59

127. 精磨的工序余量为（　　）mm。
　　A. 0.1　　　　　　B. 11　　　　　　C. 0.9　　　　　　D. 1.7

128. 粗磨的工序余量为（　　）mm。
　　A. 1.87　　　　　　B. 4.1　　　　　　C. 0.3　　　　　　D. 0.59

129. 半精车的工序余量为（　　）mm。
　　A. 1.1　　　　　　B. 9.1　　　　　　C. 5.79　　　　　　D. 6.3

130. 粗车的工序余量为（　　）mm。
　　A. 4.49　　　　　　B. 11　　　　　　C. 0.5　　　　　　D. 2.7

131. 加工内轮廓类零件时，（　　）。
　　A. 刀具要沿工件表面任意移动
　　B. 为保证顺铣，刀具要沿工件表面左右摆动
　　C. 为保证顺铣，刀具要沿内轮廓表面顺时针运动
　　D. 要留精加工余量

132. 用轨迹法切槽类零件时，精加工余量由（　　）决定。
　　A. 精加工刀具密度　　　　　　B. 半精加工刀具材料
　　C. 精加工量具尺寸　　　　　　D. 半精加工刀具尺寸

133. 进行孔类零件加工时，钻孔　平底钻扩孔　倒角　精镗孔的方法适用于（　　）。
　　A. 阶梯孔　　　　　　　　　　B. 小孔径的盲孔
　　C. 大孔径的盲孔　　　　　　　D. 较大孔径的平底孔

134. 对有岛类型腔零件进行精加工时，（　　）。
　　A. 先加工侧面，后加工底面　　B. 先加工底面，后加工两侧面
　　C. 只加工侧面，不用加工底面　D. 只加工底面，不用加工侧面

135. 加工带台阶的大平面要用主偏角为（　　）面铣刀。
　　A. 30　　　　　　B. 90　　　　　　C. 65　　　　　　D. 150

136. 游标卡尺读数时，下列操作不正确的是（　　）。
　　A. 平拿卡尺
　　B. 视线垂直于读刻线
　　C. 朝着有光亮方向
　　D. 没有刻线完全对齐时，应选相邻刻线中较小的作为读数

137. 对于内径千分尺的使用方法描述正确的是（　　）。
　　A. 把最短的接长杆先接上测微头
　　B. 使用前不用校对零点
　　C. 不可以把内径千分尺用力压进被测件内
　　D. 测量孔径时，固定测头要在被测孔壁上左右移动

138. 对于百分表，使用不当的是（　　）。
　　A. 量杆与被测表面垂直

B．测量圆柱形工件时，量杆的轴线应与工件轴线方向一致

C．使用时应将百分表可靠地固定在表座或支架上

D．可以用来做绝对测量或相对测量

139．万能工具显微镜是采用（　　）原理来测量的。

A．光学　　　　B．电学　　　　C．游标　　　　D．螺旋副运动

140．轮廓投影仪是利用（　　）将被测零件轮廓外形放大后，投影到仪器影屏上进行测量的一种仪器。

A．电学原理　　B．光学原理　　C．游标原理　　D．螺旋副运动原理

141．在转台式圆度仪的结构中（　　）。

A．没有定位尺　　　　　　　　B．有透镜、屏幕

C．有触头、立柱　　　　　　　D．没有测头臂

142．三坐标测量机基本结构主要有传感器、（　　）组成。

A．编码器、双向目镜、数据处理系统四大部分

B．放大器、反射灯三大部分

C．机床、数据处理系统三大部分

D．驱动箱两大部分

143．外径千分尺分度值一般为（　　）。

A．0.2 mm　　　B．0.01 mm　　C．0.3 mm　　D．0.9 mm

144．测量孔内径时，应选用（　　）。

A．内径余弦规　B．内径千分尺　C．内径三角板　　D．块规

145．测量工件凸肩厚度时，应选用（　　）。

A．内径余弦规　B．外径千分尺　C．内径三角板　　D．块规

146．可选用（　　）来测量孔的深度是否合格。

A．水平仪　　　B．圆规　　　　C．深度千分尺　　D．杠杆百分表

147．测量轴径时，应选用（　　）。

A．正弦规　　　B．万能工具显微镜　C．三角板　　D．块规

148．可选用（　　）来测量凸轮坐标尺寸是否合格。

A．水平仪　　　　　　　　　　B．圆规

C．万能工具显微镜　　　　　　D．杠杆百分表

149．测量空间距时，应选用（　　）。

A．正弦规　　　　　　　　　　B．万能工具显微镜

C．三角板　　　　　　　　　　D．块规

150．测量复杂轮廓形状零件时，应选用（　　）。

A．内径余弦规　　　　　　　　B．万能工具显微镜

C．内径三角板　　　　　　　　D．块规

151．外径千分尺的读数方法是（　　）。

A．先读小数，再读整数，把两次读数相减，就是被测尺寸

B．先读整数，再读小数，把两次读数相加，就是被测尺寸

C．读出小数就可以知道被测尺寸

D．读出整数就可以知道被测尺寸

152. 表面粗糙度测量仪可以测（　　）值。

    A．Ro   B．Rp   C．Rz   D．Ry

153. 三坐标测量机是一种高效精密测量仪器，其测量结果（　　）。

    A．只显示在屏幕上，无法打印输出

    B．只能存储，无法打印输出

    C．可绘制出图形或打印输出

    D．既不能打印输出，也不能绘制图形

154. 深度千分尺的测微螺杆移动量是（　　）。

    A．0.15 mm   B．25m   C．15m   D．25 mm

155. 加工中心的日常维护与保养一般情况下由（　　）来进行。

    A．厂领导   B．后勤管理人员

    C．操作人员   D．财务人员

156. 机床空气干燥器必须（　　）检查。

    A．每半年   B．每两年   C．每月   D．每三年

157. 机床油压系统过高或过低可能是因为（　　）所造成的。

    A．油量不足   B．压力设定不当

    C．油黏度过高   D．油中混有空气

158. （　　）项可能是造成油泵不喷油现象的原因之一。

    A．油量不足   B．油中混有异物

    C．压力表损坏   D．压力设备设定不当

159. 机床气泵不工作会造成机床（　　）。

    A．无气压   B．气压过低   C．气压过高   D．气泵异常

160. 电源的电压在正常情况下，应为（　　）V。

    A．700   B．150   C．220 至 380   D．450

二、判断题（第161题—第200题。将判断结果填入括号中。正确的填"√"，错误的填"×"。每题0.5分，满分20分。）

161、（　　）职业道德具有自愿性的特点。

162、（　　）向企业员工灌输的职业道德太多了，容易使员工产生谨小慎微的观念。

163、（　　）市场经济条件下，应该树立多转行多学知识多长本领的择业观念。

164、（　　）在钢的编号中，65Mn 表示平均含碳量为 6.5%。

166、（　　）奥氏体是碳溶解在 S 的间隙固溶体。

167、（　　）感应加热淬火时，若频率为 200—300KHZ，则淬硬层深度为 20—25 mm。

168、（　　）增加阻尼不可能提高机床的静刚度。

169、（　　）加工中心按照主轴在加工时的空间位置分类，可分为立式、卧式、三轴、五面加工中心。

170、（　　）闭环或定环伺服系统只接受数控系统发出的指令脉冲，执行情况系统无法控制。

171、（　　）在机床通电后，无需检查各开关按钮和键是否正常。

172、（　　）全批零件加工完毕后，无需校对刀具号、刀补值。

173、（　　）基本尺寸是允许尺寸变化范围的两个界限尺寸。

174、（　）最大极限尺寸与基本尺寸的代数差称为过渡。

175、（　）基孔制的孔是配合的基准件，称为基准孔，其代号为 K。

176、（　）相配合的孔与轴尺寸的算术和为正值时称为间隙。

177、（　）GB1182—80 规定，形位公差只有 5 个项目。

178、（　）当机件具有倾斜机构，且倾斜表面在基本投影面上投影不反映实形，可采用后视图和仰视图表达。

179、（　）局部视图中，用网格线或粗实线表示某局部结构与其他部分断开。

180、（　）车刀不属于切刀类型。

181、（　）支承板用于已加工平面的定位，限制 7 个自由度。

182、（　）组合夹具最适合加工位置精度要求较高的工件。

183、（　）工件的六个自由度全部被限制，它在夹具中只有唯一的位置，称为重复定位。

184、（　）定位销用于工件圆孔定位，其中，短圆柱销限制 11 个自由度。

185、（　）定位销用于工件圆孔定位，其中，长圆柱销限制 9 个自由度。

186、（　）V 形架用于工件外圆定位，其中，短 V 形架限制 8 个自由度。

187、（　）V 形架用于工件外圆定位，其中，长 V 形架限制 8 个自由度。

188、（　）定位套用于外圆定位，其中，长套限制 1 个自由度。

189、（　）加工程序的每一行称为一个子程序。

190、（　）程序段号通常用 8 位数字表示。

191、（　）G12 表示快速进给、定位指定的指令。

192、（　）M111 表示主轴反转的指令。

193、（　）粗车→半精车→磨削工件外圆表面的 IT 值为 9.5。

194、（　）钻→扩工件内孔表面的表面粗糙度为 33.2。

195、（　）粗刨（粗铣）工件平面的表面粗糙度为 13.05。

196、（　）量块组中量块的数目越多，累积误差越小。

197、（　）在每日检查时液压系统的油标应在两条红线之下。

198、（　）机床主轴润滑系统中的空气过滤器每周都要检查。

199、（　）机床转动轴中的滚珠丝杠不需要检查。

200、（　）在正常情况下，液压系统的油温应控制在 5 摄氏度。

参考答案

一、单项选择题（第 1 题—第 160 题，选择一个正确的答案，将相应的字母填入题内括号中。每题 0.5 分，满分 80 分。）

1.B	2.D	3.D	4.A	5.A	6.D	7.A	8.C	9.B	10.C
11.A	12.A	13.D	14.A	15.C	16.C	17.C	18.A	19.B	20.D
21.C	22.D	23.D	24.B	25.A	26.C	27.B	28.C	29.C	30.D
31.A	32.C	33.D	34.C	35.D	36.C	37.C	38.A	39.A	40.D
41.D	42.B	43.A	44.D	45.C	46.D	47.A	48.D	49.C	50.A
51.A	52.B	53.C	54.C	55.D	56.B	57.C	58.A	59.A	60.C
61.A	62.B	63.A	64.D	65.A	66.D	67.A	68.A	69.B	70.B
71.A	72.B	73.B	74.C	75.D	76.C	77.A	78.A	79.A	80.A
81.C	82.A	83.B	84.A	85.B	86.B	87.B	88.C	89.B	90.B

91.B　92.C　93.B　94.A　95.B　96.C　97.A　98.B　99.C　100.B
101.D　102.A　103.C　104.B　105.C　106.D　107.B　108.C　109.C　110.B
111.B　112.B　113.D　114.A　115.B　116.D　117.A　118.B　119.C　120.A
121.A　122.A　123.D　124.B　125.D　126.C　127.A　128.C　129.A　130.A
131.D　132.D　133.D　134.A　135.B　136.C　137.C　138.B　139.A　140.B
141.C　142.C　143.B　144.B　145.B　146.C　147.B　148.C　149.B　150.B
151.B　152.C　153.C　154.D　155.C　156.C　157.B　158.A　159.A　160.C

二、判断题（第 161 题—第 200 题。将判断结果填入括号中。正确的填 "√"，错误的填 "×"。每题 0.5 分，满分 20 分。）

161. ×　162. ×　163. ×　164. ×　165. ×　166. ×　167. ×　168. ×
169. ×　170. ×　171. ×　172. ×　173. ×　174. ×　175. ×　176. ×
177. ×　178. ×　179. ×　180. ×　181. ×　182. √　183. ×　184. ×
185. ×　186. ×　187. ×　188. ×　189. ×　190. ×　191. ×　192. ×
193. ×　194. ×　195. ×　196. ×　197. ×　198. ×　199. ×　200. ×

项目三　数控铣/加工中心机床的操作面板

项目任务

1. 掌握数控铣/加工中心操作面板的各个按钮的使用方法
2. 对数控铣/加工中心机床操作面板的功用进行详细讲解
3. 对数控铣/加工中心机床面板各个按钮的操作方法进行讲解

知识及能力要求

1. 熟悉面板上各个按钮的功用
2. 熟练使用数控铣/加工中心操作面板

知识及能力讲解

3.1　概述

CNC 软件系统介绍

一、CNC 系统界面

CNC 系统界面如图 3-1 所示。

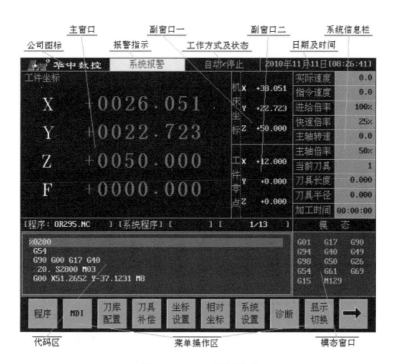

图 3-1　CNC 系统界面

1. 报警指示

该区域用以指示系统的报警状态。报警状态分为以下几种：

（1）系统复位：当松开急停开关或超程时按下超程解除键后，系统需要一定的复位时间，在复位期间内，系统不可操作。复位期间在报警指示区域显示"复位"。

（2）超程：当工作台压上限位开关时，系统出现超程报警，并在报警指示区域内显示"超程"。

（3）紧急停止：当压下急停开关时，系统出现急停报警，并在报警指示区域内显示"急停"。

（4）系统报警：当系统出现以上报警之外的其他报警时，在报警区域内显示"系统报警"。

当以上报警同时出现时，在报警指示区域内显示的优先级如图 3-2 所示（靠左边为高优先级，即出现报警时优先显示）。

图 3-2　报擎指正区域内显示的优先级

2. 工作方式及运行状态

系统分为三种操作方式：自动、手动和手轮，每个操作方式下又可按机床的运行状态分为停止、运行和暂停三种状态。在工作方式及状态区域内实时显示 CNC 当前所处的操作方式及运行状态。如"手动/停止"状态，其中"手动"为当前的操作方式（手动方式），"停止"为当前机床的运动状态（停止状态）。

3. 显示主窗口

在主窗口内显示刀具在工件坐标系或者机床坐标系中的位置，即工件坐标或者机床坐标。所显示的坐标系可通过参数 P0017 进行设置。

4. 显示副窗一

在副窗一中显示刀具在机床坐标系或者工件坐标系中的位置，即机床坐标或者工件坐标。所显示的坐标系可通过参数 P0017 进行设置。

5. 显示副窗二

根据参数 P0016 的设置值，在副窗二中可显示工件坐标零点、同步误差及跟随误差。

6. 系统信息栏

在系统信息栏显示 CNC 的加工状态信息，包括：实际速度、指令速度、进给倍率、快速倍率、主轴转速、主轴倍率、当前刀具、刀具长度、刀具半径及加工时间等。

7. 代码窗口

自动方式下，该窗口显示加工代码及当前加工行的索引，当处于 MDI 模式下时，该窗口可输入 MDI 指令。

二、CNC 系统操作方式

本 CNC 系统所有功能均按操作方式分类，即所有功能均属于某一特定操作方式的功能子集，只能在相应的操作方式下才能进行操作。

CNC 共分为三种操作方式：

（1）自动方式：在自动方式下可自动运行加工程序、文件传输及边传加工等。

自动方式由操作面板〈自动〉键进行切换。

（2）手动方式：在手动方式下可进行手动回参考点、点动及单步控制等操作。

手动方式由操作面板〈**手动**〉键进行切换。

（3）手轮方式：在手轮方式下可通过手摇来控制机床运动。

手轮方式由操作面板〈**增量**〉进行切换。

在 CNC 运行过程中，有两种方法可以判定 CNC 系统当前处于何种操作方式：

（1）操作方式切换键中某一键的指示灯亮，表示 CNC 系统处于改键对应的操作方式下；

（2）CNC 软件界面的工作方式及状态栏显示当前操作方式，如"手动/停止"。

在进行操作方式切换时，系统菜单自动复位到主菜单模式。

3.2　手动操作

手动操作包括两种操作模式：回参考点模式和手动进给模式。手动回参考点实现各轴回零建立机床坐标系的功能；手动进给则可以以手动移动方式移动各坐标轴。这两种操作模式由操作面板键〈**回参考点**〉进行切换，当该键指示灯亮时为回参考点模式；灯灭时为手动进给模式。

手动回参考点

一、回参考点操作步骤

（1）按操作面板〈**手动**〉键切换到手动方式下，确认〈**手动**〉键指示灯亮且 CNC 系统界面工作方式及状态栏显示"手动/停止"状态。

（2）在手动方式下〈**回参考点**〉键，并确认该键处于指示灯亮的状态。

（3）选择需要回零的轴，即操作面板上的轴选键（X、Y、Z、4、5、6、7 和 8 其中之一），例如 X 轴回零则可按〈**X**〉键，按下后该轴开始回零。当依次按下多个轴选键时，可进行多轴同时回零。

（4）回零结束判断：当机床坐标值不再变化且保持为零值时，其对应轴的回零已完成。

二、回参考点过程的终止

在回参考点开始后的各阶段中（高速回零阶段、低速回零阶段、找零阶段），有两种操作方法可以终止当前的回零过程：

（1）按〈**回参考点**〉键，使其指示灯灭即可终止当前的回零过程。该操作终止回零后，系统已切换到手动进给模式，可用 JOG 方式移动各轴。

（2）按〈**进给保持**〉键。该操作终止回零后，需再按一次〈**回参考点**〉键，使其指示灯灭后才能切换到手动进给模式。

以上操作将终止所有轴的回零动作。

注意：

（1）回零前应调整好工作台和刀具的位置，以保证回零过程中不发生运动干涉。

（2）只有在高速回零阶段和低速回零阶段，其速度才能由进给倍率修调。当进入找零阶段后，进给倍率开关对回零速度的修调作用无效。

（3）低速找零阶段不应设的太高，否则会导致零位置误差偏大。

3.3 手动进给操作

手动进给操作分为两种模式：

（1）手动单步：按下某轴的轴选键，工作台移动一个步长的距离后自动停止。

（2）手动点动：按下某轴的轴选键的同时，相应的轴开始移动，直到该键松开时，轴减速停止。

3.3.1 手动单步进给

当操作面板单步步长选择键〈×1〉、〈×10〉、〈×100〉、〈×1000〉中的某一个键指示灯亮时，即为手动单步进给模式，此时的单步步长由上述按键确定，依次为：

〈×1〉——0.001mm

〈×10〉——0.01mm

〈×100〉——0.1mm

〈×1000〉——1mm

手动单步的操作过程如下：

（1）将 CNC 系统切换到手动方式下。

（2）根据所需的单步步长，按操作面板相应的步长选择键，并确认其指示灯亮。

（3）选择移动轴的轴选键，确认其指示灯亮。

（4）根据需要移动的方向按〈+〉或〈-〉，轴开始移动，并在移动一个步长后减速停止。

3.3.2 手动点动进给

当操作面板单步步长选择键〈×1〉、〈×10〉、〈×100〉、〈×1000〉的指示灯都不亮时，为手动点动进给模式。

点动操作步骤如下：

（1）首先将 CNC 系统切换到手动方式下。

（2）确保操作面板单步步长选择键〈×1〉、〈×10〉、〈×100〉、〈×1000〉的指示灯均为熄灭状态。

（3）选择移动轴的轴选键，并确认其指示灯亮；

（4）根据需要移动的方向按下〈+〉或〈-〉，此时轴开始移动，到达目标位置后松开 JOG 键，轴自动减速停止。

注意：以手动点动方式移动轴，由于轴终止移动（松开 JOG 键）时有一个减速停止的过程，因此，操作过程中应注意为该减速过程留下足够的移动余量，以免发生意外。

3.3.3 手动快速

以手动进给模式移动坐标轴时，轴移动的理论速度分为快速和常速两挡，由操作面板〈快进〉键进行切换。

快速挡：当操作面板〈快进〉键的指示灯亮时，手动操作处于快速挡，此时的指令速度由参数 P2011～P2018 设定，实际移动速度=参数设定值×进给倍率。

常速挡：当操作面板〈快进〉键的指示灯熄灭时，手动操作处于常速挡，此时的指令速度由参数 P2021～P2028 设定, 实际移动速度=参数设定值×进给倍率。

注意: 常速挡和快速挡对手动单步和点动操作均有效。

3.4　手轮操作

3.4.1　手轮脉冲当量

手轮脉冲当量就是指手轮在×1 的倍率下, 手摇一个脉冲 (一格) 时轴移动的距离 (或转动的角度)。因此, 摇动手轮时轴移动的距离为:

轴移动距离 (或角度)=手轮脉冲数×手轮倍率×手轮脉冲当量

3.4.2　手轮控制的操作步骤

手轮方式下, 转动手摇脉冲发生器可以使机床微量进给。操作过程如下:

(1) 按操作面板〈增量〉键, 将系统切换到手轮方式 (确认:〈增量〉键指示灯亮, 且 CNC 系统工作方式及状态栏显示 "手轮/停止" 状态)。

(2) 拨动手轮上轴选波段开关, 使开关指向要操作的轴 (开关指向 OFF 时, 手轮处于关闭状态, 不能操作任何轴)。

(3) 拨动手轮倍率开关, 选择适当的手轮倍率。

(4) 转动手轮, 引导选中的轴。

3.5　自动运行

在自动加工方式下可以进行程序的加工和 MDI 指令的执行。

在自动方式下可进行三类程序的加工: 系统程序、外部程序、网络程序及 DNC 在线程序。

系统程序: 系统程序存储在数控系统自带的程序存储区上。

外部程序: 外部程序存储在一些 USB 接口的移动存储设备上, 如 U 盘、引导硬盘等。

网络程序: 通过网络映射, 共享电脑端的一个目录为网络程序的存储区;

DNC 在线程序: 即从 DNC 服务器接收加工代码, 边传输边加工。

任何程序都必须先加载进内存才能运行。系统程序、外部程序和网络程序都可由 CNC 系统加载进内存直接运行。

3.5.1　载入加工程序

进入程序加载界面的操作方法:〈自动〉→[\]→[程序]→[选择程序]

程序加载界面如图 3-3 所示。

在程序选择界面窗口下可操作的系统菜单包括:

[载　　入]: 将所选择的程序加载进内存。

[系统程序]: 显示系统内部存储器上的程序列表。

[外部程序]: 显示外部存储器上的程序列表。

[网络程序]: 显示通过网络映射到数控系统端的程序列表。

[扩展程序]: 显示系统扩展程序列表。

[名称排序]：所显示的程序按其名称进行排序。

[时间排序]：所显示的程序按其修改时间进行排序。

[返　　回]：不加载任何程序，返回上一级菜单。

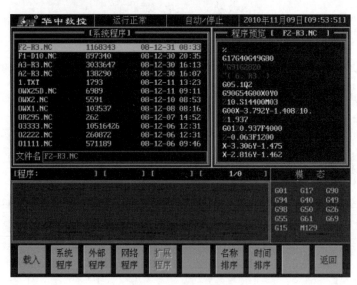

图 3-3　程序选择界面

3.5.1.1　程序预览

在程序选择界面，当光标选中程序后，可以在右边的程序预览界面上预览所选择的程序，如图 3-3 所示。

3.5.1.2　系统程序的载入

加载系统程序的步骤如下：

（1）切换到程序选择界面。

（2）显示系统程序列表。第一次进入程序选择界面时，系统默认显示的就是系统程序列表。若经过操作后显示的已不是系统程序列表，需按菜单**[系统程序]**将程序列表切换至系统存储器。列表窗口标题栏显示当前显示的程序所在的存储器。如图 3-4 所示，标题栏显示"系统程序"字样表示当前显示的是系统内部存储器的程序。

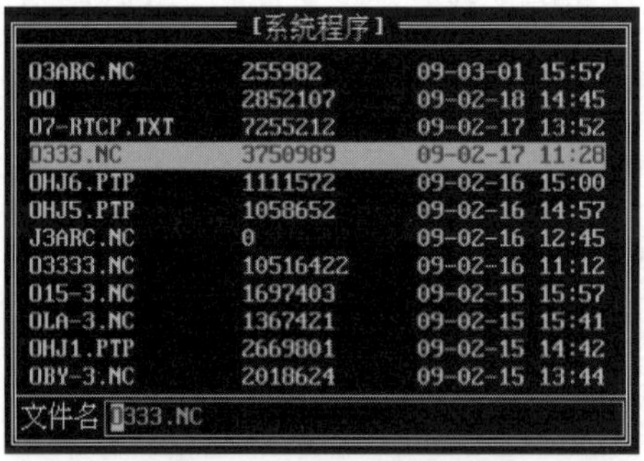

图 3-4　系统程序列表

（3）操作编辑键盘上下方向键 **[↑]**、**[↓]** 或**[PageUp]**、**[PageDown]**键选择要加载的程序，也可在程序名窗口直接输入程序名。

（4）按系统菜单[**载入**]将所选择的程序加载进内存。

程序载入后，CNC 系统将对所载入的程序进行语法检查（如图 3-5 所示），若确信程序无语法错误，可按 [**ESC**]键取消语法检查。

图 3-5 程序语法检查

程序载入后，将在代码窗口内显示该程序的内容，如图 3-6 所示。在程序启动运行前可按编辑键盘[**↑**]、[**↓**]键以及[**PageUp**]和[**PageDown**]翻看程序内容。

图 3-6 代码显示框

3.5.1.3 外部程序的载入

加载外部程序的步骤如下：

（1）切换到程序选择界面。

（2）显示外部程序列表。第一次进入程序加载界面时，系统默认显示的是系统程序列表。按系统菜单[**外部程序**]可将程序列表切换至外部存储器。列表窗口标题栏显示当前显示的程序所在的存储器。如图 3-7 所示，标题栏显示"外部程序"字样表示当前显示的是外部程序存储器的程序列表。

（3）操作编辑键盘上下方向键[**↑**]、[**↓**]键以及[**PageUp**]、[**PageDown**]键选择要加载的程序，也可在程序名窗口直接输入程序名。

（4）按系统菜单 [**载入**]将所选择的外部程序加载进内存。

图 3-7 外部程序列表

若系统不存在外部存储器，此时若按[**外部程序**]菜单，将在标题栏显示如图 3-8 所示报警提示框。进行面板上的任何按键操作即可消除此报警提示。

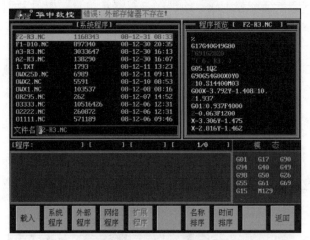

图 3-8　外部程序存储器不存在

3.5.1.4　网络程序的载入

网络程序的载入操作同于外部程序的载入操作，在选择网络程序之后，如果数控系统已经配置网络映射盘，则可以显示网络映射盘里面的程序，如图 3-9 所示。

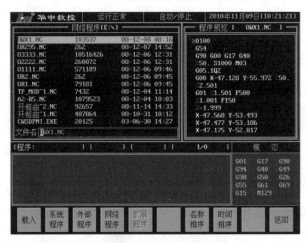

图 3-9　网络程序载入界面

3.5.1.5　扩展程序的载入

在一般情况下，扩展程序的窗口按键为灰色，处于不可操作状态，通过设置 P0002 号参数可以将扩展程序按键恢复为可操作状态，如图 3-10 所示。

扩展程序可以加载入内存进行查看、编辑、修改、保持，建议一般情况下不要对扩展程序进行操作，可以建议 P0002 号参数设置为 1，对扩展程序进行隐藏保护。

3.5.1.6　语法检查设置

默认情况下，在载入程序后，CNC 系统将对所载入的程序执行语法检查，对于语法检查出错的程序，将不允许运行。

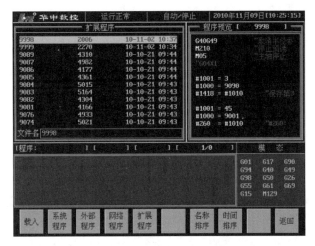

图 3-10　扩展程序载入界面

3.5.2　启动/暂停/终止程序运行

1. 程序启动

在加工程序载入内存准备就绪后，可按操作面板〈**循环启动**〉键启动程序的运行。程序启动后〈**循环启动**〉键指示灯亮且 CNC 系统界面工作方式及状态栏显示"自动/运行"状态。在启动前，可按编辑键盘**[↑]**、**[↓]**键以及**[PageUp]**、**[PageDown]**键定位当前光标，程序运行时将从当前光标显示的段开始执行。

注意：用户应慎用从任意段开始运行程序。由于开始段之前的程序不被系统处理，因此若程序中包含子程序调用、宏程序时，如果所选开始段不能包括程序全部信息的建立过程（如子程序调用堆栈的建立、变量的赋值等），程序执行可能会出现异常。而且开始段之前的 MST 指令也不会被执行，用户确保必要的辅助功能已开启，如转主轴、开冷却等。

2. 程序暂停

在程序运行过程中，可随时按操作面板〈**进给保持**〉键暂停程序的运行。程序暂停后，〈**进给保持**〉键指示灯亮，CNC 系统界面工作方式及状态栏显示"自动/暂停"状态。程序暂停并未退出程序加工状态，可随时按〈**循环启动**〉键再次启动程序的运行。

程序处于暂停状态时，可将系统切换到手动或手轮方式下进行坐标轴的移动，当再次切换回自动方式继续运行程序时，系统会自动返回程序中断点，因此，用户应保证该返回过程无运动干涉。

3. 程序终止

在程序运行过程中，若想终止当前程序的运行，有两种操作方法：

（1）按菜单**[停止运行]**的操作方法。

需先执行程序暂停操作（或单段停止）后，再按菜单**[程序]**→**[停止运行]**，弹出如图 3-11 所示对话框。直接按**[ENTER]**键确认退出当前加工，或按**[ESC]**键取消停止运行操作。程序停止后已退出程序运行状态，CNC 系统的状态和程序启动前的状态完全一样（程序中的模态指令已经存储下来）。此时 CNC 系统界面工作方式及状态栏显示"自动/停止"。

图 3-11　停止运行对话框

（2）按菜单**[重新运行]**的操作方法。

此种操作方法同于**[停止运行]**的操作方法，都可以退出当前的加工状态，不同点在于：使用**[停止运行]**键终止程序运行后，程序的当前行保持为程序退出时刻的加工行；而使用**[重新运行]**键终止程序运行后，程序的当前行自动调回到程序的第一行。

3.5.3　程序校验

对于新编写的加工程序，可以使用程序校验功能来验证程序轨迹是否正确，程序校验运行界面如图 3-12 所示。

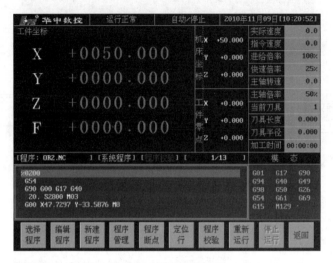

图 3-12　程序校验运行

程序校验运行过程中，程序中的 M 代码，除了 M00、M01、M02、M06、M30、M98、M99、M128、M129 之外，均不被执行，此外，程序中的 S、T 代码也不会被执行。

程序校验操作方法：

（1）将系统切换到程序校验模式，操作方法：〈自动〉→[\]→**[程序]**→**[程序校验]**。

（2）将系统切换到程序校验模式后，直接按〈循环启动〉，即开始程序校验运行。

程序校验模式在下列情况下被关闭：

（1）在程序校验运行时，按〈进给保持〉按键，再选择**[停止运行]**或**[重新运行]**时，系统自动关闭程序校验模式。

（2）在程序校验运行时，按〈进给保持〉按键，再退出自动方式时，系统将自动关闭程序校验模式。

程序校验模式关闭后，即返回正常运行模式。

3.5.4　程序断点

在加工过程中，由于某种原因，使加工过程中途停止下来，停止加工时程序正在执行的段以及机床的位置、状态信息就称为该程序的断点。当需要重新从程序断点处开始加工时，就需要用到程序断点保存与恢复功能。

3.5.4.1　断点保存

运行的程序在进给保持后，若选择**[程序断点]**，则系统进入程序断点操作界面，此时再选择**[保存断点]**，系统自动将当前运行程序的断点信息存入对应的文件中，并自动覆盖掉该程序以前保存过的断点文件。

3.5.4.2　断点恢复

进入程序断点管理窗口：〈**自动**〉→[\]→[**程序**]→[**程序断点**]

程序断点管理窗口如图 3-13 所示。

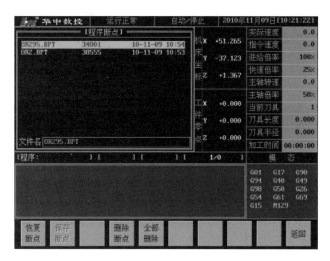

图 3-13　程序断点

要恢复已保存的断点，按以下操作：

（1）进入断点管理窗口。

（2）用编辑键盘上下键 [↑]、[↓]选中想要恢复的断点文件。

（3）按系统菜单**[恢复断点]**，若断点有效，系统将自动加载断点程序并进行中断点的恢复。

保存断点时，若主轴为旋转状态，则断点恢复时会自动旋转主轴。除此之外，其他的辅助功能都需要手工开启。

注意：保存断点后，若加工参数（如刀具长度补偿、刀具半径补偿、工件坐标零点等）发生了变化，就不能再使用参数变化前存储的断点文件来进行加工恢复，否则会导致加工出错。

3.5.5　程序调试功能

1. 单段运行

自动运行加工程序前或在加工过程中的任意时刻，按操作面板〈**单段**〉键，当该键指示灯亮时，加工程序的执行处于单段运行状态，即执行完一个程序段后自动暂停，此时循环启动灯灭，进给保持灯亮，再按〈**循环启动**〉键可启动下一段的执行；当〈**单段**〉键指示灯灭时，加工程序处于连续运行状态，即程序段与段之间不执行暂停，直至程序结束。

循环按〈**单段**〉键可在单段运行和连续运行状态之间进行切换。

2. 跳断

自动运行加工程序前或在加工过程中的任意时刻，按〈**跳断**〉键，当该键指示灯亮时，表示在运行加工程序过程中，跳断有效，即在加工程序段前面有跳断符号"\"的段，在执行过程中将被跳过（不执行）。当〈**跳断**〉键指示灯灭时，表示跳断无效，即使前面有跳断符"\"的程序段，加工过程中同样被执行。

3. 机床锁

自动运行加工程序前（自动非运行状态），按〈**机床锁**〉键，当该键指示灯亮时，表示加工程序的执行处于模拟加工状态。即程序正常运行，坐标正常刷新，刀位轨迹也正常显示，但机床各坐标轴实际位置保持不动。在机床锁定状态下执行加工程序，用户可从刀位轨迹的显示及坐标变化上观察程序的运行状态，以检查程序的正确性。

在自动方式停止状态，循环按〈**机床锁**〉键可在机床锁有效和无效间切换。

注意：机床锁状态的启动和关闭都必须是在程序停止状态下，否则有可能导致机床运动异常。

4. Z 轴锁

自动运行加工程序前（自动非运行状态），按〈**Z 轴锁**〉键，当该键指示灯亮时，表示加工程序的执行处于 Z 轴模拟加工状态。即程序正常运行，坐标正常刷新，刀位轨迹也正常显示，但机床 Z 轴实际位置保持不动。

在自动方式停止状态，循环按〈**Z 轴锁**〉键可在 Z 轴锁有效和无效间切换。

5. 空运行

自动运行加工程序前或在加工过程中的任意时刻，按操作面板〈**空运行**〉键，当该键指示灯亮时，表示空运行有效。即在程序运行过程中，程序段中由 F 指令指定的进给速度无效。当〈**空运行**〉键灯熄灭时，空运行无效，程序运行速度由 F 指令指定。

循环按〈**空运行**〉键可在空运行有效和无效间切换。

6. 手轮调试

手轮调试功能开启后，当运行程序时，系统面板上的进给倍率修调和快速倍率修调均无效，此时可通过转动手摇盒的快慢来控制机床的运行快慢。

当停止转动手摇盒的时候，所产生的倍率为 0。

3.5.6　DNC

DNC 功能包括两方面：①文件的传输；②程序的在线加工。

DNC 功能需要与电脑端的传输软件配合才能完成，该软件的使用方法请参考其使用说明书。

3.5.6.1　文件传输

数控系统段操作方法：〈**自动**〉→[\]→[**DNC**]→[**文件传输**]

上述操作后，系统显示如图 3-14 所示 DNC 运行窗口。该界面显示文件传输的相关信息，包括：

（1）总共接收：显示进入该窗口以来，总共接收到的文件大小的总和。

（2）最后接收：显示最后一次接收到的文件的大小。

图 3-14　DNC 文件传输

（3）总共发送：显示进入该窗口以来，总共发送完成的文件大小的总和。

（4）最后发送：显示最后一次发送文件的大小。

进行文件传输时，必须先将数控系统端切换到 DNC 运行状态，显示 DNC 运行窗口后，才可以在电脑端传输软件上进行文件的传输操作。

3.5.6.2　在线加工

数控系统端操作方法：〈**自动**〉→[\]→[**DNC**]→[**在线加工**]

上述操作后，显示如图 3-15 所示等待窗口。

图 3-15　在线加工等待

进行在线加工时，必须先将数控系统端切换到在线加工状态，在显示等待加工数据的窗口后，即可在电脑端进行在线加工的操作。

当数控系统接收满 DNC 缓冲区后，自动切换到该在线程序的进给保持状态，此时按〈**循环启动**〉即可开始在线程序的运行。

3.5.7　执行 MDI 指令

操作方法：〈**自动**〉→[\]→[**MDI**]

执行 MDI 指令必须在程序停止状态下。

3.5.7.1　MDI 指令输入格式

MDI 指令的格式与 G 代码编程格式相同。MDI 指令支持多行输入（如图 3-16 所示）。

MDI 指令窗口显示光标条时，MDI 指令就绪，为可执行状态；否则，MDI 指令未就绪，无法执行。如图 3-16 所示为指令就绪指令。

图 3-16　MDI 多行指令的输入

3.5.7.2　MDI 指令执行步骤

当 MDI 指令输入窗口光标闪烁时，手动指令输入为激活状态，此时可输入 MDI 指令。执行 MDI 指令的步骤为：

（1）将系统切换到自动方式。

（2）按[**MDI**] 菜单切换到 MDI 指令执行模式。

（3）在 MDI 窗口中输入命令，完成后按"录入"进行输入确认，此时系统自动检查指令的正确性，若系统未对输入指令报错，MDI 窗口出现光标条时，表示所输入的指令已经通过语法检查，可以执行；若系统报错，则输入的指令不正确，需要重新输入。系统报错状态如图 3-17 所示"未指令进给量 Q"。

（4）按操作面板〈**循环启动**〉键启动指令的执行。

图 3-17　MDI 指令语法报错

注意：MDI 指令输入完成后必须按录入键进行确认才能进入指令缓冲区等待执行；否则，即使按〈循环启动〉该指令也不会被执行。

3.5.7.3　指令的暂停、恢复和终止

一条 MDI 指令在执行过程中被暂停后，该指令的执行状态及数据缓冲区仍被保存，因此该指令的执行是可以恢复的；若指令是被终止的，那么该指令的执行状态将被清除，数据缓冲区被清空，因此该指令的执行也无法再恢复。

1. 指令的暂停

在一条 MDI 执行的过程中，可随时按操作面板〈**进给保持**〉键暂停当前指令的执行。

2. 指令的恢复执行

在指令暂停状态下，用户可进行如下操作：

（1）再次按〈**循环启动**〉键恢复前一次指令的执行。

（2）按下〈**停止**〉键则立即中止当前 MDI 指令的运行。

（3）退出 MDI 模式。

3. 指令的终止

一条 MDI 指令在出现下列情况之一后，将被终止（指令被终止后，不能再恢复运行）：

（1）指令暂停后，退出 MDI 模式或进行了一次操作方式的切换。

（2）指令暂停后，若输入了新的指令，则旧指令自动终止，即键入指令后，则表示新指令已输入（即使新指令出现语法错误，旧指令也将终止）。

注意：一条 MDI 指令在按录入键确认输入后，若系统没有提示语法错误，则该指令已被 CNC 系统接收并存入指令缓冲区。因此在该条指令被终止前，按〈**循环启动**〉键都将启动该指令的执行。

3.5.7.4　MDI 指令的删除与保存

MDI 多行指令输入后，可通过〈**删除行**〉键来删除光标所在的当前行指令，也可以通过按〈**清空**〉键来删除 MDI 窗口内的所有内容。

在输入 MDI 指令后，若想保存为程序，则可以通过按〈**保存**〉键后再输入文件名即可，保存后的程序可以通过〈**自动**〉→[\]→[**程序**] →[**选择程序**]进行加载。

3.6　程序管理

3.6.1　程序文件的分类

本系统涉及到的程序可以分为五类，分别为：

（1）**系统程序**：是指存储在系统内部存储器上的程序。

（2）**外部程序**：是指存储在外部 U 盘或移动硬盘上的程序。

（3）**网络程序**：是指通过网络映射将电脑端的程序映射到数控系统端的程序。

（4）**在线程序**：是指在线加工时从 DNC 服务器接收的程序。

（5）**扩展程序**：为实现某些动作序列而编制的程序。扩展程序的程序名为 9000~9999，该部分程序名由扩展程序占用，其他程序不得使用。

程序类型由其存储的位置及形式决定，当存储位置或形式发生改变时，该程序所属的类型也会相应改变。例如当把外部程序拷入系统内部存储器后，该程序类型由外部程序改变为系统程序。

3.6.2 程序文件的编辑

在进行程序的编辑之前，必须先将程序进行载入操作，只有将程序载入进内存，才能进行编辑。

程序文件的编辑需要输入用户级以上权限，否则程序编辑不可用。

3.6.2.1 程序文件的打开

程序文件的打开分两种情况：

1. 打开一个已经存在的程序文件

（1）先将需要编辑的文件载入内存（操作方法见 3.5.1）。

（2）切换至全屏编辑界面。操作方法：〈自动〉→[\]→[程序] →[编辑程序]。

2. 新建程序文件

操作方法：〈自动〉→[\]→[程序] →[新建程序]

上述操作后，在弹出的对话框中输入新建程序的程序名，然后按回车键确认，系统自动切换到新建程序的全屏编辑界面。

新建程序的程序名与存储器的已经存在的程序名不能有冲突，否则系统报错。

程序名的长度为 8.3 格式，即主程序名不能超过 8 个字符，扩展程序名不能超过 3 个字符。

程序名 9000~9999 为扩展程序名所用，如果新建程序的程序名为 9000~9999 之间，则系统会提示新建的程序为扩展程序，新建的扩展程序将会存放在数控系统的扩展程序目录下。

程序文件打开（或新建）后，系统切换到全屏编辑界面，在该界面下用户可对打开的程序进行修改编辑。全屏编辑界面如图 3-18 所示。

图 3-18 全屏编辑界面

程序编辑窗口的上方显示程序的相关信息，包括：

（1）程序名：当前打开的程序的文件名。

（2）程序类型：若打开的是系统内部存储器上的程序，显示为"**[系统程序]**"；若打开的是外部存储器上的程序，则显示为"**[外部程序]**"；若贷款的是扩展程序，则显示为"**[扩展程序]**"。

（3）当前行位置：当前光标所在的文件行位置与总的行数。

（4）当前列：当前光标所在的列位置。

3.6.2.2　保存文件

程序文件的保存是指将文件写入程序存储器做永久性保存。文件保存后，即使系统断电也不会丢失。

若打开的是系统内部存储器上的程序（即系统程序）或扩展程序，则程序保存时存入内部存储器中相应的目录中；若打开的是外部存储器上的程序（即外部程序），则程序保存时存入外部存储器。

文件保存过程中显示如图 3-19 所示进度条。

图 3-19　保存文件进度条

3.6.2.3　文件另存

文件另存也是保存文件，不同的是"保存文件"时文件名不改变，以原文件名保存。而"文件另存"则可以将文件存为一个新的文件，原文件依然存在。

若文件打开后进行过修改，则"文件另存"只会将所作的修改存入新的文件中，原文件不变。

文件另存操作步骤：

（1）在全屏编辑界面下按系统菜单**[文件另存]**，弹出如图 3-20 所示对话框。

（2）在弹出的对话框中输入新的文件名，确认无误后按**[ENTER]**键。

（3）若输入的文件名与别的文件名没有冲突，文件另存完成；否则，若文件名冲突，弹出如图 3-21 所示对话框。

图 3-20　文件另存对话框

图 3-21　文件名冲突

（4）若确定要覆盖已有的文件，按**[ENTER]**键确定；否则，按**[ESC]**键取消文件另存，重新操作。

注意：在编辑窗口中对一个程序进行修改后，若选择不保存，则程序存储器上的程序文件仍然保持为修改前的文件，但载入内存的程序已经修改有效，若要执行修改前的文件，需将该程序重新载入一次。

3.6.2.4　查找/继续查找

查找操作可以在打开的文件中查找指定的字符串。字符串查找要区分大小写字母，即字母大写和小写是不一样的。

查找操作是从当前光标位置向后搜索。操作步骤如下：

（1）在全屏编辑界面下按系统菜单 **[查找]**，弹出如图 3-22 所示输入框。

（2）在弹出的输入框中输入要查找的字符串，注意大小写。

（3）确认输入无误后按[ENTER]键，系统开始从当前光标位置向后查找输入的字符串，在查找过程中显示如图 3-23 所示提示对话框。查找过程中可按 ESC 键取消。

图 3-22　查找输入框

图 3-23　查找字符串

（4）当查找到给定的字符串时，系统将当前光标置于该字符串后，并将该字符串选中显示；否则，若搜索完整个文件也没查到给定的字符串，则在标题栏弹出提示框提示查找失败。

在进行一次查找操作后，系统会保存用户输入过的查找字符串。若要继续查找文件后面相同的字符串，可以使用**[继续查找]**菜单而不必重新输入查找字符串，"继续查找"操作将从当前光标位置开始向后继续查找上一次输入的字符串。

3.6.2.5　替换

替换操作在文件中查找指定的源字符串，并将该字符串替换为新的字符串。源字符串和新字符串由用户输入。替换操作在整个文件中进行，即执行一次替换操作后，系统将文件中所有的源字符串替换为新的字符串。

替换操作应区分字母的大小写。

替换操作步骤如下：

（1）将光标定位在替换搜索的起始位置。

（2）在全屏编辑界面下按系统菜单[替换]，弹出如图 3-24 所示输入框。

图 3-24　替换输入框

（3）在弹出的输入框中输入查找对象（被替换的字符串）和新的字符串，请注意大小写。

（4）确认输入无误后按[ENTER]键，系统开始在当前光标位置之后替换给定的字符串。替换过程可按 ESC 键取消。

3.6.2.6 块操作

程序块是指程序中一块连续的字符串单元。程序块的位置由块头（块的起始位置）和块尾（块的结束位置）决定。

定义好的程序块如图 3-25 所示。

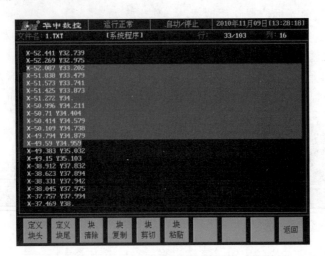

图 3-25　定义好的程序块

程序块的操作包括如下几种：

[定义块头]：将当前光标位置定义成程序块的起始位置。

[定义块尾]：将当前光标位置定义成程序块的结束位置。

[块清除]：清除已经定义好的程序块，但不清除粘贴缓冲区。

[块复制]：将定义好的程序块复制到粘贴缓冲区。程序块复制后可以使用粘贴操作插入文件中指定的位置。

[块剪切]：将定义好的程序块复制到粘贴缓冲区，与块复制不同的是，块剪切还从文件中将程序块删除。剪切后的程序块可以使用粘贴操作插入到文件中的指定位置。

[块粘贴]：将粘贴缓冲区中的程序块插入到光标前位置。块粘贴操作并不清除粘贴缓冲区中的内容，因此，可以连续使用块粘贴操作将同一程序块插入到文件中不同的地方。

3.6.3　程序文件的管理

程序文件管理的对象可以是系统程序、外部程序、网络程序。程序文件管理操作包括：

（1）程序文件的删除。

（2）程序文件的拷贝。

（3）程序文件的备份。

（4）程序文件的更名。

（5）程序文件的排序。

进入程序管理窗口的操作方法：〈自动〉→[\]→[程序] →[程序管理]

3.6.3.1　程序管理的窗口

如果系统已接外部存储器，则进入程序管理界面后，系统会默认打开 "系统程序" 和 "外部程序" 两个窗口界面，如图 3-26 所示。

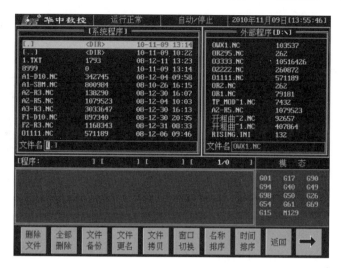

图 3-26　系统程序和外部程序的程序管理界面

此时按[**窗口切换**]菜单键，可以将可操作窗口在系统程序窗口和外部程序窗口之间相互切换。

如果系统存在网络盘，则还可以打开网络盘窗口，对网络盘内的程序进行操作。

打开方法如下：〈**自动**〉→[\]→[**程序**]→[**程序管理**]　→　[→]→[**网络盘**]

网络程序的程序管理界面，如图 3-27 所示。

此时按[**窗口切换**]菜单键，可以将可操作窗口在系统程序窗口和网络程序窗口之间互相切换。

图 3-27　系统程序和网络程序的程序管理界面

3.6.3.2　程序文件的删除

在当前可操作窗口中将已经存在的文件从程序存储器中删除，该删除为永久性删除，删除后不可恢复。

程序文件的删除步骤为：

（1）将系统切换至程序管理界面。

（2）选择当前可操作的程序列表窗口（使用 [**窗口切换**]菜单进行选择）。

（3）使用编辑键盘上下方向键[↑]、[↓]或[PageUp]、[PageDown]键在程序列表框中选择存在的程序文件，或直接在文件名输入框中输入要删除的程序的文件名。

（4）按系统菜单[**删除文件**]，弹出如图 3-28 所示对话框。

（5）检查对话框中的文件名是否是要删除的文件，确认无误后按[**ENTER**]键，文件删除完成；否则按[**ESC**]键取消文件删除重新操作。

图 3-28   文件删除确认

3.6.3.3 程序文件的拷贝

程序文件的拷贝需要两个窗口才能进行操作，可以是在"系统程序"和"外部程序"界面或者是在"系统程序"和"网络程序"界面。

当系统界面处于如图 3-26 所示的"系统程序"和"外部程序"界面时，通过按[**文件拷贝**]菜单键，将可以把当前光标所选择的程序拷贝到另外一个窗口中，当前光标所处的窗口可以通过[**窗口切换**]菜单键在"系统程序"和"网络程序"窗口之间互相切换。

菜单[**文件拷贝**]和 [**窗口切换**]用于程序文件的拷贝操作：

[**窗口切换**]：程序列表窗口包括系统程序列表和外部程序列表两个窗口。当其中某个列表窗口中有光标显示时，该窗口为当前可操作的窗口。循环按[**窗口切换**]菜单，当前可操作窗口在系统程序列表和外部程序列表两个窗口之间进行切换。

[**文件拷贝**]：该菜单完成程序的拷贝操作。包括：①将内部存储器上的程序传出到外部存储器或者网络盘上；②将外部存储器或者网络盘上的程序传入到内部存储器。具体完成的是哪一种操作由当前可操作窗口决定。即：若当前可操作窗口为系统程序列表窗口，该菜单完成①操作；若当前可操作窗口为外部程序或者网络盘列表窗口，则该菜单完成②操作。

程序文件拷贝的具体步骤（以外部存储器传入文件的操作为例）：

（1）将需要拷入系统内部存储器的程序文件存入到外部存储器中，并将外部存储器接到USB 接口。

（2）将 CNC 切换到程序管理界面。

（3）若系统界面未显示外部程序列表窗口，表示系统未检测到外部存储器。请确认外部存储器已接好，并重新启动 CNC 系统。若外部程序列表窗口已显示，继续下面的操作。

（4）按系统菜单[**窗口切换**]将当前可操作窗口切换到外部程序列表窗口（使外部程序列表窗口中有光标显示）。

（5）进入到程序所在的目录。

（6）使用编辑键盘上下方向键[↑]、[↓]或[PageUp]、[PageDown]翻页键选择要拷入的程序文件。

（7）选择好文件后，按系统菜单[**文件拷贝**]，即可将该文件拷入到系统内部存储器。

传出文件的操作步骤与此类似。请注意，传出的文件存储于外部存储器程序列表中所显示的路径下。

3.6.3.4 程序文件的备份

文件备份是将当前可操作窗口中光标所选择的程序已经存在的文件复制一份，并以不同的文件名存储在原文件所在的程序存储器上。程序文件备份的操作步骤为：

（1）选择当前可操作的程序列表窗口（使用 [**窗口切换**]菜单进行选择）。

（2）使用编辑键盘上下方向键[↑]和 [↓]、[**PageUp**]、[**PageDown**]键在程序列表框中选择存在的程序文件，或直接在文件名输入框中输入要备份的程序的文件名。

（3）按系统菜单[**文件备份**]，弹出如图 3-27 所示对话框，提示输入备份文件的文件名。

（4）在弹出对话框中输入备份文件的文件名，确认无误后按[**ENTER**]键确认。若输入的文件名没有重复，文件备份完成；否则，若输入的备份文件名已经存在，则弹出如图 3-28 所示对话框。

图 3-27　输入备份文件名

图 3-28　备份文件名冲突

（5）若要覆盖掉已有文件，按[**ENTER**]键确认，文件备份完成；否则按 [**ESC**]键取消备份。

3.6.3.5　程序文件的更名

文件更名是指将当前可操作窗口中光标所选择的程序文件更换一个新的文件名。文件更名只是改变文件的文件名，而不对文件进行复制，这是与文件备份的不同之处。

程序文件的更名操作为：

（1）选择当前可操作的程序列表窗口（使用 [**窗口切换**]菜单进行选择）。

（2）使用编辑键盘上下方向键[**↑**]、[**↓**]或[**PageUp**]、[**PageDown**]键在程序列表框中选择存在的程序文件，或直接在文件名输入框中输入更名的程序文件名。

（3）按系统菜单[**文件更名**]，弹出如图 3-29 所示的对话框。

（4）在弹出的对话框中输入新的文件名，确认无误后按[**ENTER**]键确认输入。如输入的文件名没有重复，文件更名完成；否则，弹出如图 3-30 所示对话框。

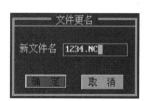

图 3-29　文件更名对话框

图 3-30　文件更名冲突

（5）若确定要覆盖已有的文件，按[**ENTER**]键确定，文件更名完成；否则，按[**ESC**]键取消文件更名。

3.7　图形显示

3.7.1　概述

图形显示是将刀具路径通过图形仿真的形式在屏幕上画出来。仿真图形可以用来检查加工轨迹和加工形状，根据加工位置的变化和观察的需求，可以执行上移、下移、左移、右移、以及视角变换、图形缩放等操作。图形功能可以用来在机床锁的情况下模拟刀具的运动轨迹，通过观察运动轨迹与设计路径是否一致来检查程序的正确性。

3.7.2　进入图形仿真界面

机床位置显示界面分为坐标窗口、图形窗口和速度曲线窗口三种，坐标窗口可以分为工件坐标窗口、剩余进给和相对坐标窗口；图形窗口又可分为 XYZ 空间图形、XY 平面图形、YZ 平面图形、XZ 平面图形四种；速度曲线窗口可以显示速度和加速度曲线。

按[**显示切换**]按钮可以在这七种界面之间进行切换。图形仿真界面如图 3-31 所示。

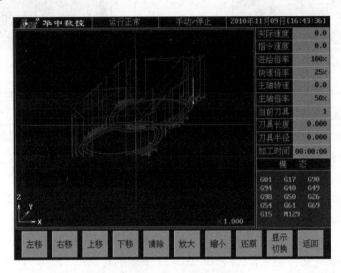

图 3-31　图形仿真界面

在显示的加工轨迹图形中，红色线条为快速定位的轨迹（G00），绿色线条为刀具进给时的轨迹（G01），刀具轴以黄色显示。

需要注意的是，图形窗口中显示的刀具轨迹为工件坐标系下的轨迹，如果在同一个加工程序中改变了工件坐标系零点（即改变了工件坐标系），那么改变前后两个工件坐标系中的图形轨迹将映射到图形窗口中的同一个坐标系中。

3.7.3　图形操作

在图形仿真界面下，包括如下系统菜单：

[**左　移**]：使窗口中的图形向左侧移动。若仿真图形超出了图形窗口的右边界，此时可按[**左移**]菜单，使图形向左移，将超出右边界的部分移出使其可见。

[**右　移**]：使窗口图形向右侧移动。

[**上　移**]：使窗口图形向上方移动。

[**下　移**]：使窗口图形向下方移动。

[**清　除**]：清除窗口中的显示图形。

[**放　大**]：增大窗口中显示图形的缩放系数。

[**缩　小**]：减小窗口中显示图形的缩放系数。

[**还　原**]：将窗口中的显示图形的显示倍率还原为 1。

3.8　数据输入

3.8.1　刀具补偿

3.8.1.1　概述

刀具补偿设置参数包括：

刀具长度：指刀具相对于基准刀具的长度偏差。

通常在刀库存放的刀具中有一把基准刀具，该基准刀具的长度设置为 0，刀库中其他刀具的长度值即是相对于基准刀具的长度偏差。

刀具半径：指刀具切削部分的半径。

刀具磨损：刀具使用一段时间后会有一定的磨损，该参数为系统执行刀具长度补偿时的修正量。

刀具长度补偿实际量=刀具长度-刀具磨损

3.8.1.2　进入刀具补偿表界面

进入刀具补偿界面方法：**[\]→[刀具补偿]**

刀具补偿表界面如图 3-32 所示。

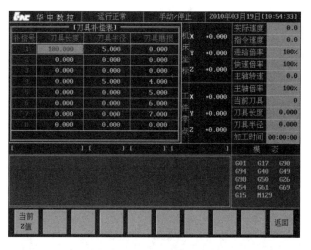

图 3-32　刀具参数表界面

3.8.1.3　刀具补偿参数设置方法

刀具参数的修改方法如下：

（1）进入刀具补偿管理界面后，按编辑键盘上下左右键**[↑]**、**[↓]**、**[←]**、**[→]**或**[PageUp]**、**[PageDown]**键定位需要设置的刀具的参数项。

（2）选定参数项后，按编辑键盘**[Enter]**键或直接输入刀具参数，此时在所选参数项之上弹出一输入框（如图 3-33 所示）。

（3）在弹出的输入框里输入新的参数，输完后再按编辑键盘**[Enter]**键以确认输入。确认输入后输入框消失，所选参数项的值更新为新输入的值。

【刀具补偿表】

补偿号	刀具长度	刀具半径	刀具磨损
1	100.000	5.000	0.000
2	0.000	0.000	0.000
3	0.000	0.000	0.000
4	10.00	5.000	4.000
5	0.000	0.000	5.000
6	0.000	0.000	6.000
7	0.000	0.000	7.000
8	0.000	0.000	0.000

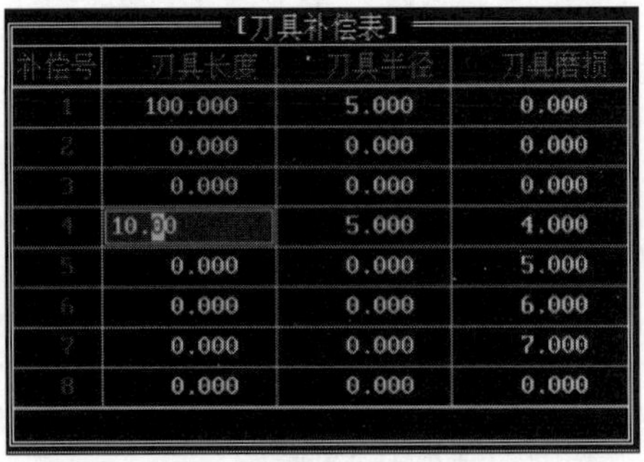

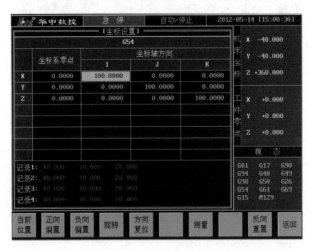

图 3-33 刀具参数的输入

如果要输入的刀补值即为当前机床坐标系下的 Z 值，则可以通过按[**当前 Z 值**]菜单，自动将机床坐标值输入进选中的选项中。

注意：

（1）在输入框中输入新的参数后，需按回车键确认后才能生效。

（2）CNC 系统在关闭补偿设置窗口时进行新参数的保存。

3.8.2 坐标系设置

3.8.2.1 工件坐标系的设置

进入工件坐标系设置界面：**[\]→[坐标设置]**

工件坐标系设置窗口如图 3-34 所示。

图 3-34 工件坐标系设置界面

工件坐标系的设置方法：

（1）使用编辑键盘翻页键[**PageUp**]、[**PageDown**]选择工件坐标系（G54~G59、外部零点偏移）。

（2）选定工件坐标系后，在使用编辑键盘上下方向键[↑]、[↓]选择要设置的坐标轴。

（3）选定坐标轴后，按[**ENTER**]键或直接输入坐标值，在选定的坐标轴上弹出输入框。

（4）在弹出的输入框中输入新的工件坐标零点偏移值。若输入的零点位置就是当前该坐标轴所在的实际位置，可使用系统菜单[**当前位置**]自动输入该坐标轴当前位置的机床坐标值作为该轴的工件坐标零点偏移值。

（5）确定输入无误后，按**[ENTER]**键确认输入。确认输入后，输入框消失，该轴的坐标偏移值显示为新输入的值。

坐标设置的功能菜单：

[当前位置]：将坐标轴所在位置的机床坐标值作为工件零点位置，并自动输入到相应的坐标参数里。该菜单与当前光标配合使用，只对当前光标所选择的坐标轴进行操作。例如：若光标显示在 G56 的 Y 轴上，则操作**[当前位置]**菜单时，将 Y 轴所在的位置的机床坐标值作为 G56 的 Y 轴偏移值，并自动输入到 G56 的 Y 轴参数里。

[正向偏置]：将当前光标选择的坐标轴的工件零点位置向正方向偏移一段距离。用户输入偏移距离后，系统自动计算新的零点位置，并存入对应坐标轴零点参数中。

[负向偏置]：将当前光标选择的坐标轴的工件零点位置向负方向偏移一段距离。用户输入偏移距离后，系统自动计算新的零点位置，并存入对应坐标轴零点参数中。

[旋　　转]：将当前工件坐标系零点的坐标绕某个轴旋转一定的角度。

[方向复位]：将当前工件坐标系恢复成与机床坐标系平行。

[记录　1]：将当前机床所在位置坐标存入记录①中，供分中或求差等使用。

[记录　2]：将当前机床所在位置坐标存入记录②中，供分中或求差等使用。

[记录　3]：将当前机床所在位置坐标存入记录③中，供分中或求差等使用。

[记录　4]：将当前机床所在位置坐标存入记录④中，供分中或求差等使用。

[分　　中]：分中功能是将记录①中的坐标值与记录②中的坐标值的平均值（中点）作为新的坐标零点，并自动存入当前光标所选的坐标系中。

[求　　差]：求差功能是将记录②中的坐标值减去记录①中的坐标值的差值作为新的坐标零点，并自动存入当前光标所选的坐标系中。

[垂直相交]：若工件表面的 X 轴与 Y 轴是垂直相交的，如图 3-35 所示，则可以在 X 轴方向任选 2 个点的坐标存入记录 1 和记录 2 里，在 Y 轴方向任选 1 个点的坐标存入记录 3 里，之后选择<垂直相交>，系统自动计算系统坐标系的原点及 X、Y、Z 轴方向，并自动存入当前光标所选的坐标系中。

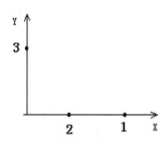

图 3-35　垂直相交

（1）测量点的顺序为 1、2、3，1、2 为 X 轴上两点，3 为 Y 轴正方向上任意一点。

（2）必须先测量 1、2 点，在测量 3 点。

（3）若交换 1、2 两点测量顺序，则最终建立的 X、Z 轴方向相反。

[倾斜相交]：若工件表面的 X 轴与 Y 轴是倾斜相交的，如图 3-36 所示，则可以在 X 轴方向任选 2 个点的坐标存入记录 1 和记录 2 里，在 Y 轴方向任选 2 个点的坐标存入记录 3 和记

录 4 里，之后选择〈**倾斜相交**〉，系统自动计算工件坐标系的原点及 X、Y、Z 轴方向，并自动存入当前光标所选的坐标系中。

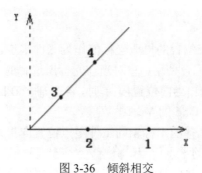

图 3-36　倾斜相交

（1）测量点的顺序为 1、2、3、4，1、2 为 X 轴正方向上任意两点，3、4 为 XY 平面任一斜边上的两点。

（2）必须先测量 1、2 两点，再测量 3、4 两点。

（3）若交换 1、2 两点测量顺序，则最终建立的 X、Z 轴方向相反。

（4）若交换 3、4 两点测量顺序，则最终建立的 Y、Z 轴方向相反。

[圆　心]：若工件为圆形，则可在工件表面任选 3 个点的坐标存入记录中，之后选择〈**圆心**〉，系统自动计算圆心坐标，并存入当前光标所选坐标系零点的 X、Y 中。此功能只能标定 XY 平面圆弧的圆心坐标。

[反向重置]：将副窗口二中的工件零点坐标复制到当前光标所处的坐标系中。

练习题

填空题：

（1）系统分为三种操作方式：_____、_____、_____，每个操作方式下又可按机床的运行状态分为_____、_____、_____三种状态。在工作方式及状态区域内实时显示 CNC 当前所处的操作方式及运行状态。如"_____"状态，其中"手动"为当前的操作方式（手动方式），"停止"为当前机床的运动状态（停止状态）。

（2）本 CNC 系统所有功能均按操作方式分类，即所有功能均属于某一特定操作方式的功能子集，只能在相应的操作方式下才能进行操作。CNC 共分为三种操作方式：_____、_____、_____。

（3）手动操作包括两种操作模式：_____模式和_____模式。手动_____实现各轴回零建立机床坐标系的功能；_____则可以以手动移动方式移动各坐标轴。这两种操作模式由操作面板键进行切换，当该键指示灯亮时为回参考点模式；灯灭时为手动进给模式。

（4）在自动加工方式下可以进行程序的加工和_____指令的执行。

在自动方式下可进行三类程序的加工：_____、_____、_____及 DNC 在线程序。

（5）MDI 多行指令输入后，可通过_____键来删除光标所在的当前行指令，也可以通过按_____键来删除 MDI 窗口内的所有内容。

在输入 MDI 指令后，若想保存为程序，则可以通过按_____键后再输入文件名即可，保存后的程序可以通过〈**自动**〉→[\]→[**程序**]→[**选择程序**]进行加载。

（6）本系统涉及到的程序可以分为四类，分别为：

_____：是指存储在系统内部存储器上的程序。

_____：是指通过网络映射将电脑端的程序映射到数控系统端的程序。

_____：是指在线加工时从 DNC 服务器接收的程序。

_____：为实现某些动作序列而编制的程序。扩展程序的程序名为 9000~9999，该部分程序名由扩展程序占用，其他程序不得使用。

（7）机床位置显示界面分为_____、_____和速度曲线窗口三种，_____可以分为工件坐标窗口、剩余进给和相对坐标窗口；_____又可分为 XYZ 空间图形、XY 平面图形、YZ 平面图形、XZ 平面图形四种；速度曲线窗口可以显示_____和_____曲线。

（8）在显示的加工轨迹图形中，红色线条为_____的轨迹即_____指令，绿色线条为_____时的轨迹即_____指令，刀具轴以黄色显示。

（9）刀具参数的修改方法如下：

进入刀具补偿管理界面后，按编辑键盘上下左右键[↑]、[↓]、[←]、[→]或_____、_____键定位需要设置的刀具的参数项。

选定参数项后，按编辑键盘_____键或直接输入刀具参数，此时在所选参数项之上弹出一输入框。

在弹出的输入框里输入新的参数，输完后再按编辑键盘_____键以确认输入。确认输入后输入框消失，所选参数项的值更新为新输入的值。

（10）工件坐标系的设置方法：

使用编辑键盘翻页键_____、_____选择工件坐标系（G54~G59、外部零点偏移）。

选定工件坐标系后，在使用编辑键盘上下方向键_____、_____选择要设置的坐标轴。

选定坐标轴后，按_____键或直接输入坐标值，在选定的坐标轴上弹出输入框。

在弹出的输入框中输入新的工件坐标零点偏移值。若输入的零点位置就是当前该坐标轴所在的实际位置，可使用系统菜单_____自动输入该坐标轴当前位置的机床坐标值作为该轴的工件坐标零点偏移值。

确定输入无误后，按_____键确认输入。确认输入后，输入框消失，该轴的坐标偏移值显示为新输入的值。

项目四 数控铣/加工中心机床的坐标系及基本编程指令

项目任务

1. 学会数控铣/加工中心机床相关坐标系的意义及功用
2. 学会数控铣/加工中心机床基本编程指令

项目描述

1. 对数控铣/加工中心机床坐标系的功用进行详细讲解
2. 完成数控铣/加工中心机床的基本编程指令的理解和应用

知识及能力要求

1. 熟悉数控铣/加工中心机床坐标系的判断方法
2. 熟练使用数控铣/加工中心基本编程指令的格式意义及使用方法

知识及能力讲解

4.1 坐标系

4.1.1 坐标轴和运动方向的命名原则

为了简化程序的编制方法和保证程序的互换性及通用性，国际标准化组织对数控机床的坐标和方向制订了统一的标准，命名原则如下：

（1）假定刀具相对于静止的工件而运动：这一原则使编程人员在编程时不必考虑是刀具移向工件，还是工件移向刀具，只需根据零件图样进行编程。规定：永远假定工件是静止的，而刀具是相对于静止的工件而运动。

（2）标准中规定：机床某一部件运动的正方向，是使刀具远离工件的方向。

（3）标准坐标系符合右手直角笛卡尔坐标系（如图 4-1 所示）。

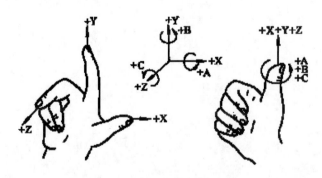

图 4-1 右手直角笛卡尔坐标系

（4）机床主轴旋转运动的正方向是按照右旋螺纹进入工件的方向。

4.1.2 坐标轴的规定

（1）Z坐标轴：在标准中规定：平行于机床主轴（传递切削力）的刀具运动坐标轴为Z轴，取刀具远离工件的方向为正方向（即+Z）。当机床有多个主轴时，则选一个垂直于工件装夹面的主轴为Z轴。

（2）X坐标轴：X轴为水平方向，且垂直于Z轴并平行于工件的装夹面。对于工件作旋转运动的机床（车床、磨床等），取平行于横向滑座的方向（工件的径向）为X轴坐标，同样取刀具远离工件的方向为正方向（即+X）；对于刀具作旋转运动的机床（如铣床、钻床、镗床等），则从Z轴的正向向负向看，X轴的正方向指向右边。如图4-2所示。

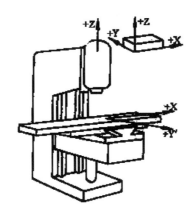

图4-2 数控铣床坐标图

（3）Y坐标轴：Y轴垂直于X轴和Z轴。当+X、+Z确定以后，按右手直角笛卡尔法则即可确定+Y方向。

注意：上述正方向都是刀具相对静止工件运动而言。

4.1.3 坐标系

（1）机床原点（机械原点）：机床原点是机床坐标系的原点，是厂家设置在机床上的一个物理位置。其作用是机床与控制系统同步，建立测量机床运动坐标的起始点。一般设在各坐标轴的正向极限位置。

（2）机床参考点：机床参考点是机床坐标系中一个固定不变的位置点，它是厂家在机床上用行程开关设置的一个物理位置，与机床原点的相对位置是固定的。机床参考点一般不同于机床原点。一般来说，加工中心的机床参考点为机床的自动换刀位置，习惯上说的回零操作又称为返回参考点操作。

（3）工件坐标系：为了编程方便，在工件图样上设置一个坐标系，坐标系的原点就是工件原点，也叫做工件零点。与机床坐标系不同，工件坐标系是由编程人员根据零件图样的情况自行选择的。

一般选择工件零点的原则是：

（1）工件零点应选在工件图样的基准上，以利于编程。

（2）工件零点尽量应选在尺寸精度高、粗糙度值低的工件表面上。

（3）工件零点应最好选在工件的对称中心上。

（4）工件零点的选择应便于测量和检验。

数控铣床和加工中心加工时，工件零点一般选在进刀方向一侧工件外轮廓表面的某个角上或对称中心上（如图4-3所示）。

工件零点一般也是程序原点（或编程零点）。对于形状复杂的工件，若编制一个程序往往对编程和系统运行带来不便，因此常常将工件拆分成几个部分进行编程和加工，此时的编程零点就不一定都选在工件零点上。

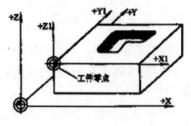

图 4-3　工件零点位置

4.2　编程指令字格式

4.2.1　相关知识

所谓编程，也就是把零件的工艺过程、工艺参数及其他辅助功能动作，按数控机床规定的指令、格式编成加工程序，将其记录于控制介质即程序载体，再输入控制装置，从而操纵机床进行加工。

4.2.2　指令字格式

表 4-1

机能	地址	意义	
零件程序号	%	程序编号：%1~9999	
程序段号	N	程序段编号：N1~9999	
准备机能	G	指令动作方式（直线、圆弧等）G00~99	
尺寸字	X,Y,Z A,B,C U,V,W	坐标轴的移动命令±99999.999	
	R	圆弧的半径	
	I,J,K	圆弧中心的坐标	
进给速度	F	进给速度的指定	F0~15000
主轴机能	S	主轴旋转速度的指定	S0~9999
刀具机能	T	刀具编号的指定	T0~99
辅助机能	M	机床侧开/关控制的指定	M0~99
补偿号	H,D	刀具补偿号的指定	00~99
暂停	P	暂停时间的指定	秒
程序号的指定	P	子程序的指定	P1~9999
重复次数	L	子程序的重复次数，固定循环的重复次数	L2~9999
参数	P,Q,R	固定循环的参数	

4.3　编程指令体系

4.3.1　模态指令与非模态指令

（1）模态指令（也叫续效代码）：一组可相互注销的指令，这些功能在被同一组的另一个功能注销前一直有效。

（2）非模态指令（也叫当段有效代码）：只在书写了该代码的程序段中有效。

4.3.2　辅助功能 M 代码

M 指令主要用于控制机床加工操作时的各种辅助功能的开关动作。华中系统支持的 M 指令有：

（1）程序暂停 M00：执行 M00 指令，主轴停、进给停、切削液关闭、程序停止。而全部现存的模态信息保持不变。当重按操作面板上的"循环启动"键后，才能继续执行后续程序。

（2）程序结束 M02：M02 编在主程序的最后一个程序段中，当执行此指令后，机床的主轴、进给、冷却液全部停止，加工结束，数控系统处于复位状态。

（3）主轴正转功能 M03：M03 启动主轴以顺时针方向（从 Z 轴正向朝 Z 轴负向看）旋转。

（4）主轴反转功能 M04　M04 启动主轴以逆时针方向旋转。

（5）主轴停止功能 M05。

（6）切削液打开功能 M07：M07 指令将打开雾状冷却液管道。

（7）切削液打开功能 M08：M08 指令将打开液状冷却液管道。

（8）切削液关闭功能 M09：M09 指令将关闭冷却业管道。

（9）程序结束并返回零件程序头 M30：M30 和 M02 功能基本相同，只是 M30 还兼有返回程序第一条语句的功能。若要重新执行该程序，只需再次按操作面板上的"循环启动"键。

4.3.3　准备功能 G 代码

G 指令主要用来规定刀具和工件的相对运动轨迹、机床坐标系、坐标平面、刀具补偿、坐标编制等多种加工操作。华中系统数控装置 G 功能指令有：

（1）绝对值编程 G90 和相对值编程 G91。

移动量的给出有以下两种形式：

1）绝对值编程 G90 终点位置是由所设定的坐标系的坐标值所给定。

2）相对值编程 G91 终点位置是相对前一位置的增量值所给定。

如图 4-4 所示，表示刀具从 A 点到 B 点的移动，用以上两种方式编程分别如下：

G90　G00　X80　Y150
G91　G00　X-120　Y90

（2）有关坐标系和坐标的指令。

1）工件坐标系设定指令 G92：G92 是通过设定刀具起点相对于工件坐标系的坐标值来建立工件坐标系。工件坐标系一旦建立，用 G90 编程时的指令值就是在此坐标系中的坐标值。该坐标系在机床重新开机时消失。

格式：G92　X—Y—Z—

说明：

X、Y、Z：设定工件坐标系原点到刀具起点的有向距离。

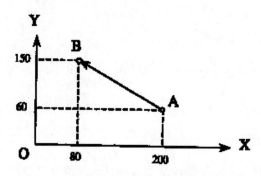

图 4-4　刀具从 A 点移动到 B 点

例 4-1　按图 4-5 所示用 G92 编程。

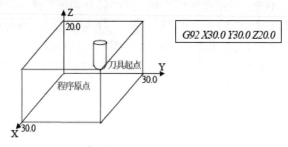

图 4-5　例 4-1 图

2）工件坐标系选择 G54～G59：G54～G59 是系统预先设定的 6 个工件坐标系（如图 4-6）。这 6 个工件坐标系的原点皆以机床坐标系原点为参考点设定。其值可用 MDI 方式输入，系统自动记忆，在机床重新开机时仍然存在。

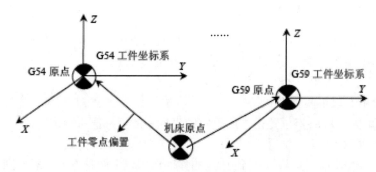

图 4-6　工作坐标系选择

工件坐标系一旦选定，后续程序段中绝对值编程时的指令值均为相对此工件坐标系原点的值。

G54～G59 为模态功能，可相互注销，G54 为缺省值。

例 4-2　如图 4-7 所示，使用工件坐标系编程要求刀具从当前点移动到 A 点，再从 A 点移动到 B 点。

注意：使用该组指令前，先用 MDI 方式输入各坐标系的坐标原点在机床坐标系中的坐标值。

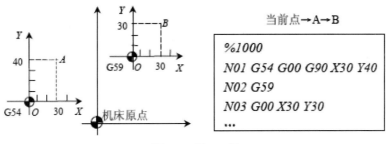

图 4-7　例 4-2 图

3）坐标平面选择 G17、G18、G19：在三坐标加工时，这三个指令用于确定进行圆弧插补和刀具补偿的平面。

G17：选择 XY 平面。

G18：选择 ZX 平面。

G19：选择 YZ 平面。

G17、G18、G19 为模态功能可相互注销，G17 为缺省值。

注意：移动指令与平面选择无关。例如运行指令 G17 G01 Z10 时 Z 轴照样会移动。

4.3.4　进给控制指令

1. 快速点定位 G00

G00 命令指刀具以系统预先设定的速度从当前位置快速移动到目标点。

格式：　G00　X—Y—Z—

说明：

X、Y、Z：快速定位终点。

G00 指令中的快移速度由机床参数快移进给速度对各轴分别设定，不能用 F 规定。

G00 一般用于加工前快速定位或加工后快速退刀。快移速度可由面板上的快速修调旋钮修正。G00 为模态功能可由 G01 G02 G03 功能注销。

注意：在执行 G00 指令时，由于各轴以各自速度移动，不能保证各轴同时到达终点，因而联动直线轴的合成轨迹不一定是直线，操作者必须格外小心以免刀具与工件发生碰撞。常见的做法是，将 Z 轴移动到安全高度，再放心地执行 G00 指令。

例 4-3　如图 4-8 所示，使用 G00 编程：要求刀具从 A 点快速定位到 B 点。

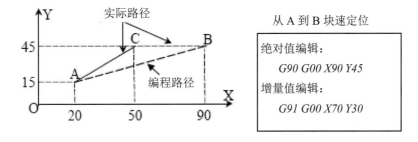

图 4-8　例 4-3 图

当 X 轴和 Y 轴的快进速度相同时，从 A 点到 B 点的快速定位路线，为 A→C→B 即以折线的方式到达 B 点，而不是以直线方式从 A→B。

2. 直线插补 G01

G01 命令指刀具以联动的方式，按进给速度 F，从当前位置按线性路线（联动直线轴的合成轨迹为直线）移动到程序段指令的终点。

格式：G01　X—Y—Z—A—F—

说明：

X、Y、Z、A：线性进给终点。

F：合成进给速度。

G01 是模态代码可由 G00、G02、G03 功能注销。

例 4-4　如图 4-9 所示，使用 G01 编程：要求从 A 点线性进给到 B 点，此时的进给路线是从 A→B 的直线。

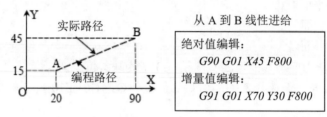

图 4-9　例 4-4 图

3. 圆弧插补 G02、G03

G02 为顺时针加工，G03 为逆时针加工。顺时针或逆时针规定为从与圆弧所在平面垂直的轴的正向向负向看去所看到的旋转方向。

格式：
$$G17 \begin{Bmatrix} G02 \\ G03 \end{Bmatrix} X\_Y\_ \begin{Bmatrix} I\_J\_ \\ R\_ \end{Bmatrix} F\_$$

$$G18 \begin{Bmatrix} G02 \\ G03 \end{Bmatrix} X\_Z\_ \begin{Bmatrix} I\_K\_ \\ R\_ \end{Bmatrix} F\_$$

$$G19 \begin{Bmatrix} G02 \\ G03 \end{Bmatrix} Y\_Z\_ \begin{Bmatrix} I\_K\_ \\ R\_ \end{Bmatrix} F\_$$

说明：

G02：顺时针圆弧插补（如图 4-10 所示）。

G03：逆时针圆弧插补（如图 4-10 所示）。

G17：XY 平面的圆弧。

G18：ZX 平面的圆弧。

G19：YZ 平面的圆弧。

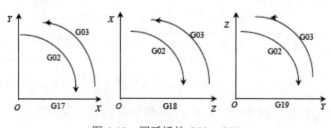

图 4-10　圆弧插补 G02、G03

X,Y,Z：圆弧终点，在 G90 时为圆弧终点在工件坐标系中的坐标；在 G91 时为圆弧终点相对于圆弧起点的位移量。

I,J,K：圆心相对于圆弧起点的偏移值（等于圆心的坐标减去圆弧起点的坐标，如图 4-11 所示），在 G90/G91 时都是以增量方式指定。

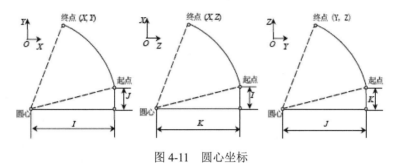

图 4-11　圆心坐标

R：圆弧半径，当圆弧圆心角小于 180°时 R 为正值，否则 R 为负值。

F：被编程的两个轴的合成进给速度。

例 4-5　使用 G02 对图 4-12 所示劣弧 a 和优弧 b 编程。

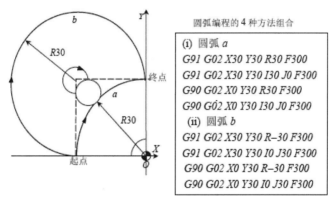

图 4-12　例 4-5 图

注意：

（1）顺时针或逆时针是从垂直于圆弧所在平面的坐标轴的正方向看到的回转方向。

（2）整圆编程时不可以使用 R 只能用 I,J,K。

（3）同时编入 R 与 I,J,K 时 R 有效。

例 4-6　使用 G02/G03 对图 4-13 所示的整圆编程。

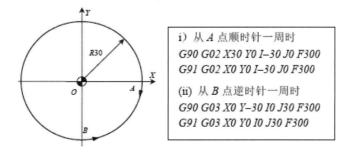

图 4-13　例 4-6 图

4. 螺旋线进给 G02/G03

格式：
$$G17 \begin{Bmatrix} G02 \\ G03 \end{Bmatrix} X\_Y\_ \begin{Bmatrix} I\_J\_ \\ R\_ \end{Bmatrix} Z\_F\_$$

$$G18 \begin{Bmatrix} G02 \\ G03 \end{Bmatrix} X\_Z\_ \begin{Bmatrix} I\_K\_ \\ R\_ \end{Bmatrix} Y\_F\_$$

$$G19 \begin{Bmatrix} G02 \\ G03 \end{Bmatrix} Y\_Z\_ \begin{Bmatrix} J\_K\_ \\ R\_ \end{Bmatrix} X\_F\_$$

说明：X, Y, Z 中由 G17/G18/G19 平面选定的两个坐标为螺旋线投影圆弧的终点，意义同圆弧进给，第三个坐标是与选定平面相垂直的轴终点。其余参数的意义同圆弧进给。该指令对另一个不在圆弧平面上的坐标轴施加运动指令，对于任何小于 360° 的圆弧可附加任一数值的单轴指令。

例 4-7 使用 G03 对图 4-14 所示的螺旋线编程。

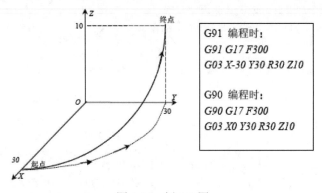

图 4-14　例 4-7 图

4.3.5 其他指令

暂停指令 G04：G04 在前一程序段的进给速度降到零之后才开始暂停。

格式：G04　P

说明：

P：暂停时间，单位为 s。

例 4-8 编制图 4-15 所示零件的钻孔加工程序。

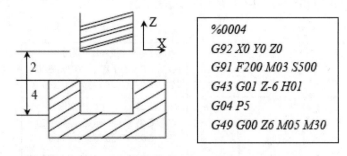

图 4-15　例 4-8 图

例4-9 编制如图4-16所示零件程序。

采用 $\phi16$ 立铣刀。

%1234

G90G54 G00 X-60 Y-60

Z50

Z10 M03 S500

G01 Z-10 F100

X-58 Y-58 D01

Y58

X58

Y-58

X-60

X-60 Y-60

G00 Z50

M05

M30

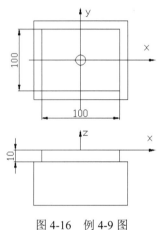

图4-16 例4-9图

练习题

编制（图4-17、图4-18、图4-19所示）零件加工程序，并在机床上运行。

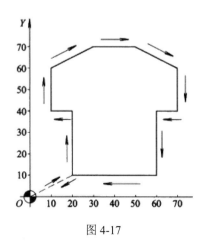

图4-17

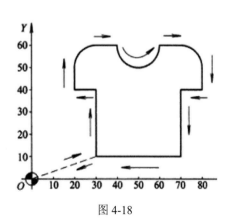

图4-18

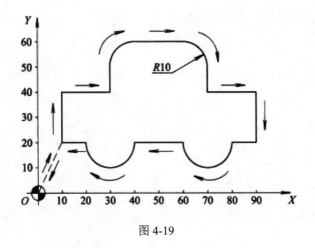

图 4-19

注意事项：

（1）注意熟悉各指令的具体使用方法。

（2）机床运行时应单人操作机床。

学生练习指导

安全方面的注意事项：

（1）加工零件时，必须关上防护门，不准把头、手伸入防护门内，加工过程中一般不允许打开防护门。

（2）加工过程中，操作者不得擅自离开机床，应保持思想高度集中，观察机床的运行状态。

项目五　数控铣/加工中心机床对刀方法

项目任务

1. 正确建立工件坐标系进行零件的加工
2. 机床坐标系、工件坐标系、相对坐标系的区分
3. G54～G59 对刀的基本原理
4. 实际对刀演示

项目描述

如图 5-1 所示，设工件零点为零件上表面中点（图中 XY 轴坐标原点），请用寻边器或棒铣刀和 Z 向设定器（高度为 50mm）完成 φ10 立铣刀的对刀操作。

怎样利用 G54～G59 正确建立工件坐标系？

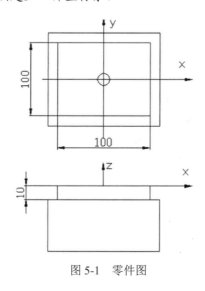

图 5-1　零件图

知识及能力讲解

5.1　基础概念

某数控铣床简图如图 5-2 所示，请指出该数控铣床的坐标系。

5.1.1　工作过程

第 1 步　阅读与该任务相关的知识。

第 2 步　仔细观察数控铣床，辨别其 X、Y、Z 轴的正方向。图 5-2 中数控铣床的坐标系如图 5-3 所示。

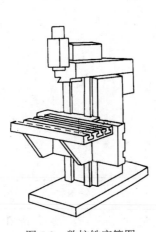

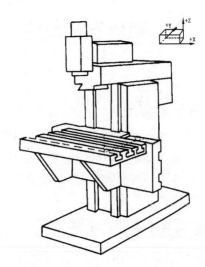

图 5-2　数控铣床简图　　　　　　图 5-3　数控铣床坐标系的判定

5.1.2　相关知识

1. 铣床坐标系的确定原则

我们利用数控铣床加工，那么数控系统靠什么来找到刀具运行的路径（轨迹）呢？数控铣床和数控车床一样，必然有自己的正确参考位置，有了参考位置才能确定每一个加工点的具体位置，这就是坐标系统要解决的问题了。

国际上已经专门制订了 ISO841《机床数字控制坐标——坐标轴和运动方向命名》标准，同样在我国以 ISO841 为样板也相应制订出了 JB/T3051—1999 的国内标准。

按照国内标准中采取的坐标轴和运动方向规则，我们可以统一地确定机床坐标系及坐标轴的方向（正、负向）。

（1）刀具相对于静止的工件而运动的原则。

数控铣床是一种刀具位置相对不动，通过变换工件的位置进行加工工件的机床。为了便于编程人员进行数控加工的程序编制，人为作了一个规定：确定坐标系时一律看作刀具是运动状态，工件是静止状态。刀具是相对于静止的工件而运动。

（2）标准机床坐标系的规定。

对于数控机床中的坐标系和运动方向的命名，ISO 标准和我国的 JB3052-82 部颁标准中统一规定采用标准的右手笛卡尔直角坐标系，如图 5-4。

2. 坐标轴的判定方法

数控机床规定增大刀具与工件之间距离为某一部件运动的正方向。也可以理解为：刀具远离工件的方向便是机床某一运动的正方向。

我们还可以根据右手螺旋法则很方便地确定出 A、B、C 三个旋转坐标的方向。用+X′、+Y′、+Z′、+A′、+B′、+C′与+X、+Y、+Z、+A、+B、+C 相反，表示工件相对于刀具运动的正方向。

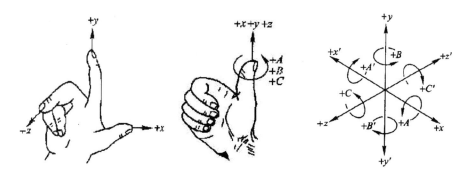

图 5-4　坐标系的判定方法

1）Z 坐标的确定：由传递切削力的主轴所决定，与主轴轴线平行的坐标为 Z 坐标。

2）X 坐标的确定：X 坐标一般是水平运动的，它平行于工件的装夹平面，是刀具或工件定位平面内运动的一个主要坐标。

3）Y 坐标的确定：根据 X 和 Z 的运动，按照右手笛卡尔坐标系来确定。

3. 机床原点、机床参考点

机床原点：又称机械原点，它是机床坐标系的原点。该点是机床上的一个固定的点，其位置是由机床设计和制造单位确定的，通常用户不允许改变。

机床参考点：机床参考点也是机床坐标系中一个固定不变的位置点，是用于对机床工件台、滑板与刀具相对运动的测量系统进行标定和控制的点。

机床原点和机床参考点组成机床的坐标系，如图 5-5。

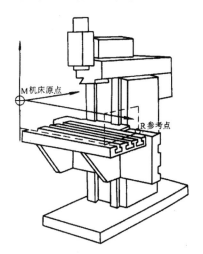

图 5-5　数控铣床（立式）的机床原点和机床参考点

机床坐标系的主要功能是用于检查和校验机床精度以及清除机床由于各种原因所产生的累积间隙误差。

4. 数控铣床的工件坐标系和工件原点

为了编程方便，一般会在工件图样上设置一个或多个工件坐标系，工件坐标系是由编程人员根据情况自行选择的，工件坐标系的原点就是工件原点，也叫做工件零件。为了保证编程与机床加工的一致性，工件坐标系也应与右手笛卡尔坐标系保持一致。如图 5-6 所示为机床坐标系与工件坐标系的关系。

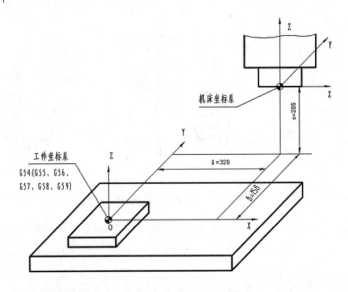

图 5-6　机床坐标系与工件坐标系

思考与交流

（1）通过操作认识机床零点（机械原点）。

（2）总结数控铣床工件零点的选择原则。

（3）对形状复杂或一次加工多个重复的工件，为了简化编程能否在工件上设定多个工件坐标系？

（4）工件原点的选择，通常遵循以下几点原则：

1）工件原点应选在零件图的尺寸基准上，以便于坐标值的计算，减少错误。

2）工件原点应尽量选在精度较高的工件表面上，以提高被加工零件的加工精度。

3）Z 轴方向上的工件坐标系原点，一般取在工件的上表面。

4）当工件对称时，一般以工件的对称中心作为 XY 平面的原点，如图 5-7a 所示。

5）当工件不对称时，一般取工件其中的一个垂直交角处作为工件原点，如图 5-7b 所示。

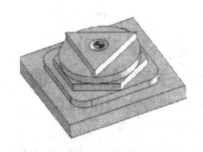

（a）对称的工件　　　　　　　　　　　　　（b）不对称的工件

图 5-7　工件原点的选择

5．X、Y 向对刀基本原理

G54～G59 对刀时关键是确定工件坐标系原点在机床坐标系下的坐标值，当对刀点选择为工件坐标系原点时，若把刀具移动到对刀点，此时机床显示的机床坐标系坐标值就是工件坐标系原点在机床坐标系下的坐标值，如图 5-8 所示。

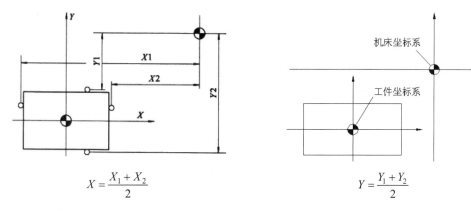

$$X = \frac{X_1 + X_2}{2}$$

$$Y = \frac{Y_1 + Y_2}{2}$$

图 5-8 对刀原理

6. 常用对刀方法

铣床的对刀方法有很多，其目的都是通过一定的方法，找到工件零点的位置，常用的对刀方法有：试切对刀法、塞尺对刀法、顶尖对刀法、对刀仪对刀法。这里着重介绍常用的、对刀精度较高的对刀仪对刀法。

7. 常用对刀仪简介

（1）寻边器

如图 5-9 和图 5-10 所示，主要用于 XY 平面对刀，寻边器的生产厂家和种类很多，其工作原理都是帮助找到工件上某一需要的轮廓位置，得到工件原点在机床坐标系中的坐标值，寻边器主要分为机械式寻边器（见图 5-9）和光电式寻边器（见图 5-10）。

图 5-9 机械偏心式寻边器

图 5-10 光电式寻边器

（2）Z 向对刀仪。

Z 向对刀比较简单，如图 5-11，在数控铣床上装好刀具后，可以通过 Z 向对刀设定 Z 向工件零点，Z 向对刀仪一般具有一定的高度值，如设定工件上表面为工件 Z 向零点，对刀时将 Z 向对刀仪放置在工件上表面，刀具接触 Z 向对刀仪时，其会发光或发出蜂鸣声，然后用当前的机床坐标值减去对刀仪的高度，得到的结果记入机床坐标寄存器中，即设工件上表面为工件Z向原点。

图 5-11   Z 向对刀仪器

思考与交流

（1）使用机械偏心式寻边器对刀时，主轴转速一般在 600r/min 左右，当寻边器靠近工件侧面时，判断与侧面极限接触的方法是观察偏心式寻边器上下两部分同轴。

（2）使用光电式寻边器时，不允许开转主轴。光电式寻边器其柄部和触头之间有一个固定的电位差，当触头与金属工件接触时，即通过床身形成回路电流，寻边器上的指示灯就被点亮。逐步降低步进增量，使触头与工件侧面处于极限接触（进一步即点亮，退一步则熄灭），即认为定位到工件侧面的位置处。

（3）在教师的指导下，通过对以下两种对刀方法的练习（直接用刀具进行试切对刀，或贴纸膜），比较其与寻边器对刀方法的优劣。

本工作任务试解

1．准备工作

将工件通过夹具装在机床工作台上，夹紧并找正，装夹时，工件的六个面应先加工为基准面并都应留出寻边器的测量位置。将工件上表面利用平面端铣刀加工平整。

2．X、Y 平面零点的设定

暂定工件坐标原点在四边分中顶面为零时为例，将寻边器或棒铣刀通过刀柄安装到主轴上，若是使用棒铣刀对刀时，在 MDI 模式下给定主轴转速为 60r/min，即 m03 s60，若是机械式寻边器为 600r/min，利用手轮移动工作台使工件与刀具接近并实现相切。按左右顺序进行的情况如图 5-12 和图 5-13 所示。

（1）左侧试切实现后点击[坐标设置]，点击[测量]，然后移动屏幕光标放置在 X 轴位置上，点击[记录 1]。

（2）将刀具抬高至安全高度，一般高于工件上表面 5～10mm 即可，然后将刀具移动到工件右侧试切，实现试切后点击[记录 2]。

（3）点击[分中]系统自动输入当前点 X 位置坐标，即可完成 X 轴的对刀。

（4）将刀具抬高至安全高度，一般高于工件上表面 5～10mm 即可，移动屏幕光标在 Y 轴位置上重复上述动作，实现试切，并[记录 1]、[记录 2]、[分中]系统自动输入当前点 Y 位置坐标，即可实现 Y 轴的对刀。

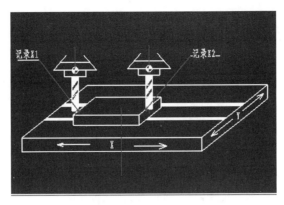

图 5-12　X 轴对刀示意图

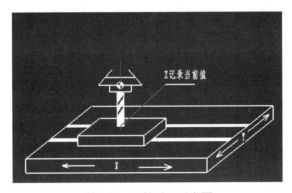

图 5-13　Y 轴对刀示意图

3. Z 平面零点的设定

完成上述动作后将刀具抬高至安全高度，一般高于工件上表面 5～10mm 即可，然后在工件上表面实现试切，并点击[坐标设置]，然后点击[记录当前位置]，系统自动输入当前点 X 位置坐标，即可完成 Z 轴的对刀。如果使用 Z 向设定器的话还要计算 Z 向偏置，在[坐标设置]界面里面分别有正向和负向偏置，操作者可以根据具体使用情况进行设定，如图 5-14 所示。

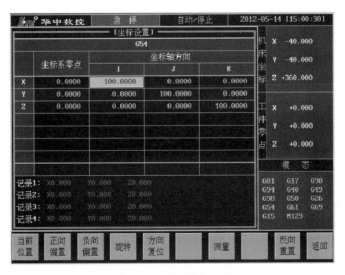

图 5-14　系统设定界面

4. 程序的编制

如图 5-15 所示，加工 80×80 的方块。

```
%100
G90 G54 G0 X40 Y-60
Z100 M03 S800
G01 Z-5 F70
G41 X60 D01
G03 X40 Y-40 R20
G01 X-40
Y40
X40
Y-40
G03 X20 Y-60 R20
G01 G40 X40 Y-60
G0 Z100
M05
M30
```

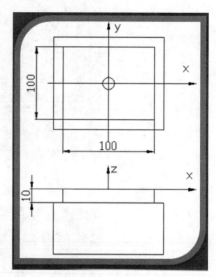

图 5-15　加工方块

学生练习指导

（1）采用贴纸法对刀时不应切伤工件。

（2）当刀具快要接近工件时应放小倍率，慢摇手轮。

（3）使用 G54 对刀时可以输入以下指令进行校验，在 MDI 下输入：G90 G54 G0 X0 Y0；点击[循环启动]刀具自动回到工件坐标原点，前提是将刀具抬高至安全高度，一般高于工件上表面 5～10mm。

考核评价

（1）要求：

分别用 G90、G91 编程，Z 向原点在工件上表面，Z 向切深 5mm。

（2）评分标准：

1）建立工件坐标系--------------------10 分。

2）主轴未启动--------------------------10 分。

3）编程轨迹----------------------------60 分。

4）主轴未关闭或关闭不正确---------10 分。

5）没有程序段结束符------------------10 分。

6）对刀不正确或加工时扎刀---------45 分。

总结质量分析

（1）对刀过程中刀具折断要分析原因，此时是否需要重新设定 X、Y 和 Z 轴，为什么？

（2）如果加工结束后工件拆卸后重新安装，此时是否需要重新设定 X、Y 和 Z 轴，为什么？

（3）如果对刀时不够精确或者失准，会导致工件加工的加工余量不够还是会影响加工精度，为什么？

【能力拓展】

前面我们介绍了外毛坯类零件的对刀，如果毛坯是内孔类零件该怎样对刀呢？

当工件原点与圆形结构回转中心重合时读者可参考下面论述：

1. 定心锥轴对刀

如图5-16（a）所示，根据孔径大小选用相应的定心锥轴，使锥轴逐渐靠近基准孔的中心，通过调整锥轴位置，使其能在孔中上下轻松移动，记下此时机床坐标系中的X、Y坐标值，即为工件原点的位置坐标。

2. 用百分表对刀

如图5-16（b）所示，用磁性表座将百分表粘在机床主轴端面上，通过手动操作，将百分表测头接近工件圆孔，继续调整百分表位置，直到表测头旋转一周时，其指针的跳动量在允许的找正误差内（如0.02mm），记下此时机床坐标系中的X、Y坐标值，即为工件原点的位置坐标。

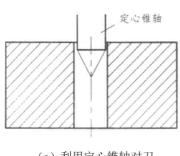
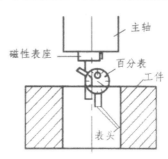

（a）利用定心锥轴对刀　　　　　　（b）利用百分表对刀

图5-16　对刀方法

练习题

1. 编制如图5-17和图5-18所示外轮廓（44×44）的加工程序，并实际加工出来。

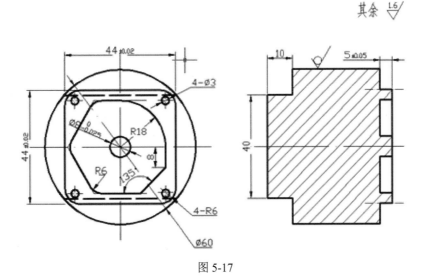

图5-17

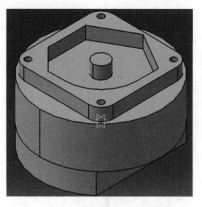

图 5-18

2. 加工如图 5-19 所示奥运"文"字图形，坐标点如下表所示，加工刀具采用刻字刀或中心钻，深为 0.1mm，宽为 0.06mm。

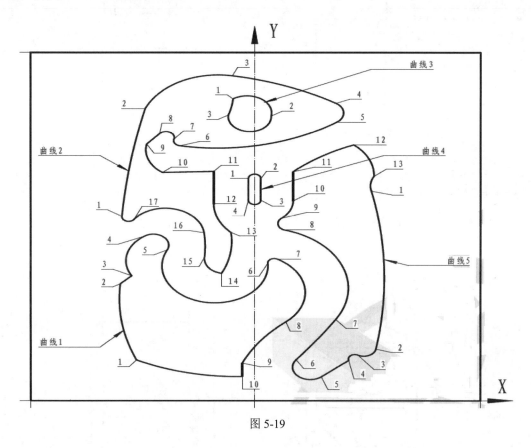

图 5-19

曲线3:

	X	Y	属性	参数
1	-1.71	34.658	圆弧	R=1.955
2	1.32	32.692	圆弧	R=1.704
3	-2.074	32.802	直线	
1	-1.71	34.658		

曲线4:

	X	Y	属性	参数
1	-0.5	25.5	圆弧	R=0.500
2	0.5	25.5	直线	
3	0.5	23	圆弧	R=0.500
4	-0.5	23	直线	
1	-0.5	25.5		

曲线1:

	X	Y	属性	参数
1	-9.474	4.652	圆弧	R=18.766
2	-10.761	13.407	直线	
3	-9.846	14.313	圆弧	R=3.434
4	-8.823	18.879	圆弧	R=1.263
5	-6.972	17.289	圆弧	R=4.231
6	1.057	15.779	圆弧	R=0.5
7	1.801	16.253	圆弧	R=4.419
8	2.505	9.049	圆弧	R=12.877
9	-0.974	4.294	直线	
10	-0.974	2.751	圆弧	R=18.533
1	-9.474	4.652		

曲线5:

	X	Y	属性	参数
1	9.326	24.052	圆弧	R=49.334
2	9.689	5.9	圆弧	R=0.971
3	8.276	5.202	圆弧	R=0.510
4	7.526	4.602	直线	
5	5.323	2.718	圆弧	R=1.411
6	3.324	4.677	圆弧	R=55.911
7	6.482	9.319	圆弧	R=6.907
8	2.29	19.606	圆弧	R=0.800
9	2.142	20.933	圆弧	R=2.600
10	3.076	22.929	直线	
11	3.076	26.286	直线	
12	7.921	29.356	圆弧	R=15.082
13	9.526	25.752	圆弧	R=4.503
1	9.326	24.052	圆弧	R=2.305

曲线2:

	X	Y	属性	参数
1	-10.636	21.13	圆弧	R=79.945
2	-8.77	33.529	圆弧	R=6.420
3	-1.763	37.302	圆弧	R=23.333
4	6.487	34.15	圆弧	R=1.300
5	6.548	31.981	圆弧	R=16.569
6	-5.953	29.254	圆弧	R=0.60
7	-6.42	30.017	圆弧	R=0.677
8	-7.583	30.652	直线	
9	-8.647	29.449	圆弧	R=3.158
10	-7.358	26.192	直线	
11	-3.224	26.309	直线	
12	-3.224	22.567	圆弧	R=4.621
13	-1.874	19.302	圆弧	R=8.843
14	-2.607	14.595	圆弧	R=1.752
15	-3.968	16.453	圆弧	R=14.234
16	-4.006	19.265	圆弧	R=3.157
17	-9.687	20.78	圆弧	R=0.527
1	-10.636	21.13		

技术要求:

1、总点数47个，要求手工输入无误

2、使用雕刻刀刻线，刻线深度0.06

图 5-19（续图）

3．如图 5-20 和图 5-21 所示的"ＸＹＺＳ"字母是由直线和圆弧组成，深为 0.1mm，宽为 0.06mm，用刻字尖刀加工，试编程。

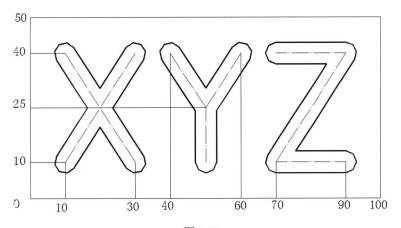

图 5-20

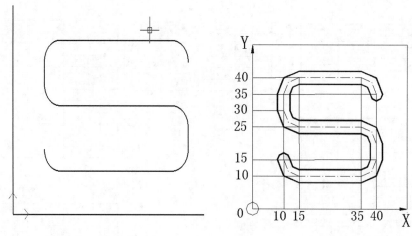

图 5-21

4. 编制如图 5-22 所示外轮廓（44×44）的加工程序，并实际加工出来。

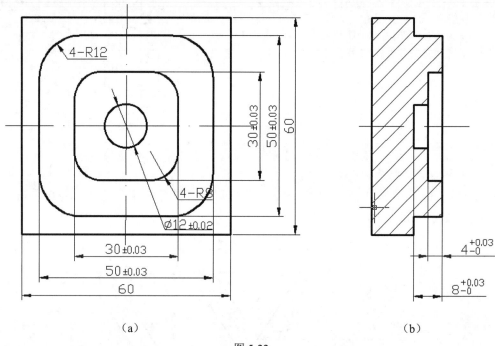

（a）　　　　　　　　　　　　　　（b）

图 5-22

项目六 数控铣/加工中心机床刀具补偿指令应用之下刀方式及编程

正确使用刀具补偿、合理选择下刀方式进行零件的加工。

项目描述

如图 6-1 所示，设工件零点为零件 XY 四边分中，Z 顶面为零，完成零件的加工。

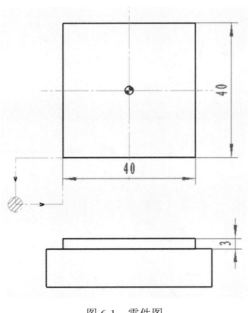

图 6-1 零件图

6.1 学习情境一：数控铣/加工中心机床刀具半径补偿指令规则

知识及能力讲解

6.1.1 刀具半径补偿的必要性

加工如图 6-2 所示的零件，并编写程序。

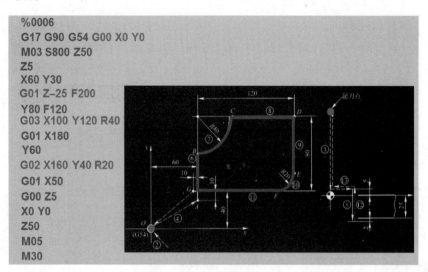

图 6-2　引题实例

思考与交流

那么实际加工中刀具是有一定直径的，这样按照图示加工的话零件尺寸能否合格？编程轨迹和刀具中心轨迹是否一致？若要按照零件轮廓编程加工怎样才能保证尺寸合格呢？可以参考图 6-3 所示回答：

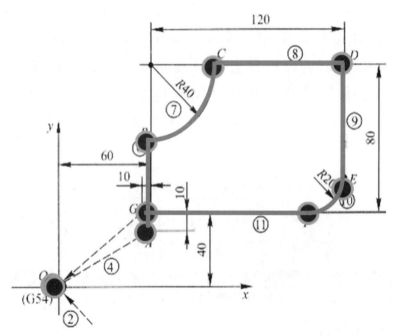

图 6-3　引题示意图

答案显而易见，因为刀具中心轨迹和工件轮廓不重合，必须重新计算刀具中心轨迹，修改程序。当加工曲线轮廓时，对于有刀具半径补偿功能的数控系统，可不必求出刀具中心的运动轨迹，只按被加工零件轮廓曲线编程，同时在程序中给出刀具半径补偿指令，就可加工出具有轮廓曲线的零件。使编程大大简化。

6.1.2　刀具半径补偿概念

在数控铣床上进行轮廓加工时，因为铣刀有一定的半径，所以刀具中心轨迹和工件轮廓不重合，如不考虑刀具半径，直接按照工件轮廓编程是比较方便的，而加工出的零件尺寸比图样要求小了一圈（加工外轮廓时）或大了一圈（加工内轮廓时），为此必须使刀具沿工件轮廓的法向偏移一个刀具半径，这就是所谓的刀具半径补偿指令。

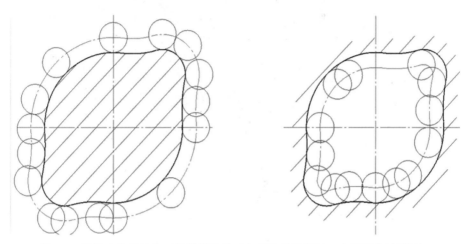

图 6-3　刀具中心轨迹与工件轮廓轨迹（左侧为外轮廓时，右侧围内轮廓时）

那么在实际加工中通过手工计算加刀具半径补偿或机床自动补偿来实现。手工计算量较大，也较为麻烦，通常使用后者方便，精确和快速。即按照零件的轮廓轨迹编程，预先输入各把刀具的半径值，数控系统会自动计算出各把刀具的中心轨迹，这种功能称为刀具半径补偿功能。

通过使用刀具半径补偿不但客户可以实现编程简化及程序的可移植性；还可以实现残余孤岛、余量去除；尺寸精度的控制。

6.1.3　G41\G42、G40 刀具半径补偿指令格式

其中：G41/G42 程序段中的 X、Y 值是建立补偿直线段的终点坐标值（G18、G19 平面道理相同），G40 程序段中的 X、Y 值是撤消补偿直线段的终点坐标。

D 为刀具半径补偿代号地址字，后面一般用两位数字表示代号，代号与刀具半径值一一对应。刀具半径值可按 MDI（F4）→刀具表（F2），即在设置时，D≈R。如果用 D00 也可取消刀具半径补偿，如图 6-4 所示。

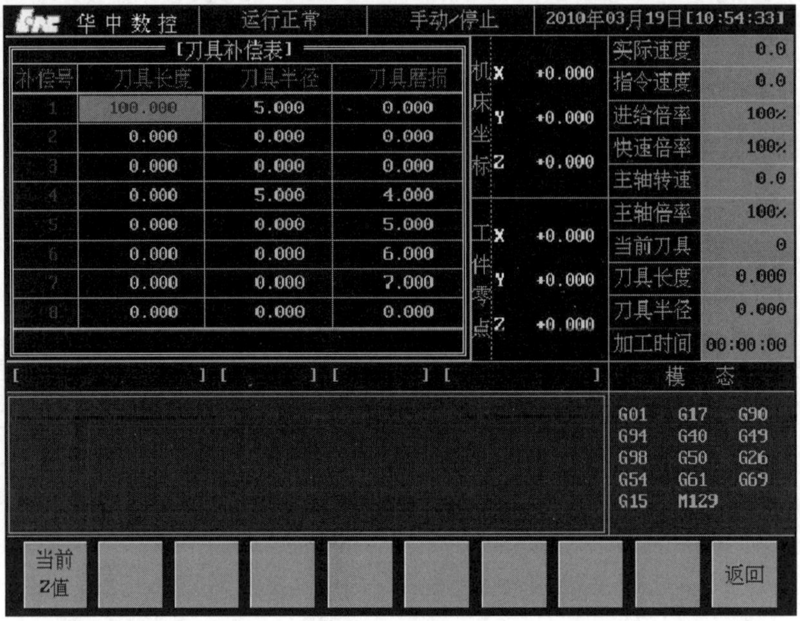

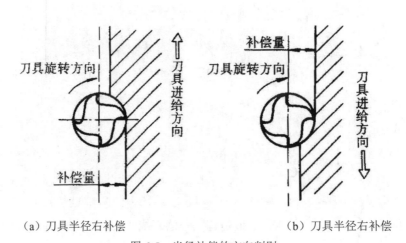

图 6-4　刀具半径补偿值 D 寄存器界面

不同平面内的刀具半径补偿：刀具半径补偿用 G17、G18、G19 指令在被选择的工作平面内进行补偿。

6.1.4　左右半径补偿的判别

原则是：在垂直于补偿平面的坐标轴的正方向观察，沿着刀具的前进方向看，当刀具处在切削轮廓左侧时，称为刀具半径左补偿，用 G41 表示；反之称为右补偿，用 G42 表示。如图 6-5 所示。

（a）刀具半径右补偿　　　　　　（b）刀具半径右补偿

图 6-5　半径补偿的方向判别

通常情况下为了保证顺铣，内外轮廓均采用 G41 即左补偿，如图 6-6 所示。

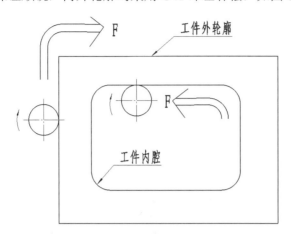

图 6-6　顺铣时刀具半径补偿的方向 G41

本工作任务试解

1. 工作步骤
（1）工件装夹，选择刀具并安装对刀建立工件坐标系。
（2）程序编制，在机床上进行程序校验。
（3）刀具半径补偿参数的输入，进行轨迹模拟校验。
（4）工件试切削，并测量检查。

2. 例题解析

例 6-1

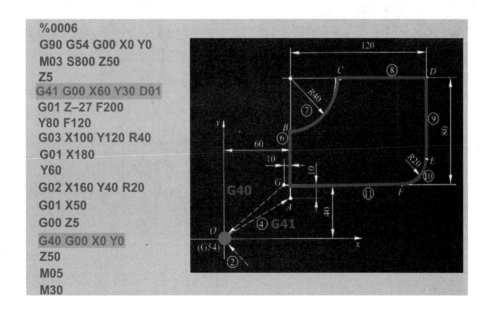

程序解释

%0006	程序名
G17 G90 G54 G00 X0 Y0	工件起刀点 X0 Y0
M03 S800 Z50	主轴正转 800r/min，Z 轴移动到工件上 50mm
Z5	Z 轴接近工件上表面 5mm 处
G41 G00 X60 Y30 D01	建立刀具半径补偿
G01 Z-27 F200	切入工件 27mm
Y80 F120	直线轮廓至 Y80
G03 X100 Y120 R40	逆圆弧半径 40mm
G01 X180	直线轮廓至 X180
Y60	直线轮廓至 Y60mm
G02 X160 Y40 R20	顺圆弧半径 20mm
G01 X50	直线轮廓至 X50
G00 Z5	快速抬高刀具至工件上表面 5mm
G40 G00 X0 Y0	取消刀具半径补偿，回到起刀点 X0 Y0
Z50	Z 轴快退至 50mm 处
M05	关闭主轴
M30	程序停止

例 6-2

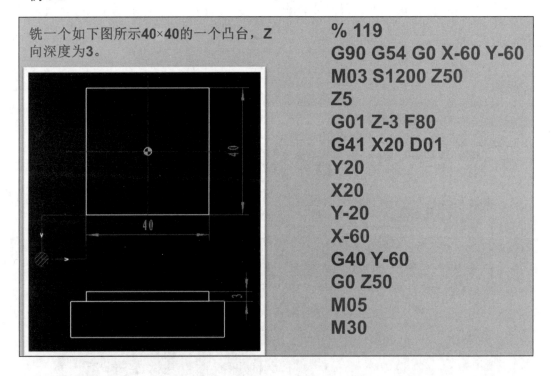

铣一个如下图所示40×40的一个凸台，Z 向深度为3。

```
% 119
G90 G54 G0 X-60 Y-60
M03 S1200 Z50
Z5
G01 Z-3 F80
G41 X20 D01
Y20
X20
Y-20
X-60
G40 Y-60
G0 Z50
M05
M30
```

程序解释

％119	程序名
G90 G54 G0 X-60 Y-60	工件起刀点 X-60 Y-60
M03 S1200 Z50	主轴正转 1200r/min，Z 轴移动到工件上 50mm
Z5	Z 轴接近工件上表面 5mm 处
G01 Z-3 F80	切入工件-3mm，进给 80mm/分钟
G41 X20 D01	建立刀具半径补偿
Y20	直线轮廓至 Y20
X20	直线轮廓至 X20
Y-20	直线轮廓至 Y-20
X-60	直线轮廓至 X-60
G40 Y-60	取消刀具半径补偿
G0 Z50	将刀具抬高至工件上 50mm
M05	关闭主轴
M30	程序停止

学生练习指导

（1）使用刀具半径补偿和去除刀具半径补偿时，刀具必须在所补偿的平面内移动，且移动距离应大于刀具补偿值。

（2）加工半径小于刀具半径的内圆弧时，进行半径补偿将产生过切削，如图 6-7 所示，只有过渡圆角 $R \geq$ 刀具半径 r + 精加工余量的情况才能正常切削。

（3）被铣削槽底宽小于刀具直径时将产生过切削，如图 6-7 所示。

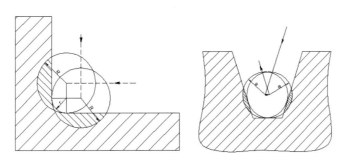

图 6-7　"大刀切小弧"情况

（4）G41、G42、G40 必须在 G00 或 G01 模式下使用，即加刀具补偿和取消补偿必须在直线运动段实现，而不能在圆弧段实现。

（5）同一程序中，G41/G42 指令必须与 G40 指令成对出现。

（6）同一点建立，同一点取消。

（7）刀补参数 D 一定要加上，若 D=0 等效于 G40。

考核评价

评分标准（以图 6-8 为示例）：

（1）建立工件坐标系----------------------10 分。

（2）编程轨迹----------------------------30 分。

（3）残留余量未去除----------------------10分。

（4）刀具补偿指令不正确--------------30分。

（5）尺寸精度控制----------------------10分。

（6）切削用量选用及粗糙度-----------10分。

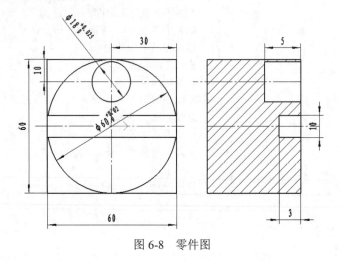

图 6-8　零件图

总结质量分析

（1）对于程序校验时机床报错"刀具干涉"，在排除程序输入错误后怎么处理，可参考学习指导里的七点。

（2）当使用刀具半径补偿后工件仍然过切，分析原因？是否在刀补地址值里输入参数。

（3）如果所加工轮廓尺寸，留有多余余量，怎么处理？可否试一试增大刀补地址值。

（4）利用刀具半径补偿值实现零件粗精加工：刀具半径补偿除方便编程外，还可利用改变刀具半径补偿值的大小的方法，实现利用同一程序进行粗精加工。即：

粗加工刀具半径补偿=刀具半径+精加工余量

精加工刀具半径补偿=刀具半径+修正量

例 6-3　如图 6-9 所示，刀具为 Ø20 的立铣刀，双侧加工，现零件粗加工后给精加工留余量单边 1.0mm，则粗加工刀具半径补偿 D01 的值为：

$$R_{补}=R_{刀}+1.0=10.0+1.0=11.0mm$$

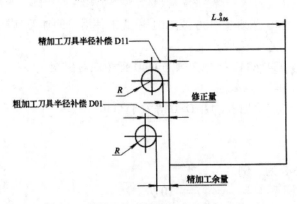

图 6-9　利用刀具半径补偿实现精加工修正

粗加工实测 L 尺寸为 $L+1.98$，则精加工刀具半径补偿值应为：

$$R_补=11.0-(1.98+0.03)/2=9.995\text{mm}$$

则加工后的工件实际 L 值为 $L-0.03$。

6.2　学习情境二：数控铣/加工中心机床刀具补偿指令应用之下刀方式

1．下刀方式概念介绍
2．下刀方式分类
3．实际加工中应用举例

知识及能力讲解

6.2.1　加工顺序安排

加工顺序（又称工序）通常包括切削加工工序、热处理工序和辅助工序等，工序安排的科学与否将直接影响到零件的加工质量、生产率和加工成本。切削加工工序通常按以下原则安排。

1．先粗后精
当加工零件精度要求较高时都要经过粗加工、半精加工、精加工阶段，如果精度要求更高，还包括光整加工的几个阶段。

2．基准面先行原则
用作精基准的表面应先加工。任何零件的加工过程总是先对定位基准进行粗加工和精加工，例如轴类零件总是先加工中心孔，再以中心孔为精基准加工外圆和端面；箱体类零件总是先加工定位用的平面及两个定位孔，再以平面和定位孔为精基准加工孔系和其他平面。

3．先面后孔
对于箱体、支架等零件，平面尺寸轮廓较大，用平面定位比较稳定，而且孔的深度尺寸又是以平面为基准的，故应先加工平面，然后加工孔。

4．先主后次
所谓先主后次即先加工主要表面，然后加工次要表面。在加工中心上加工零件，一般都有多个工步，使用多把刀具，因此加工顺序安排得是否合理，直接影响到加工精度、加工效率、刀具数量和经济效益。在安排加工顺序时同样要遵循"基面先行"、"先粗后精"及"先面后孔"的一般工艺原则。此外还应考虑：

（1）减少换刀次数，节省辅助时间。一般情况下，每换一把新的刀具后，应通过移动坐标、回转工作台等方法将由该刀具切削的所有表面全部完成。

（2）每道工序尽量减少刀具的空行程移动量，按最短路线安排加工表面的加工顺序。

（3）安排加工顺序时可参照采用粗大平面→粗镗孔、半精镗孔→立铣刀加工→加工中心孔→钻孔→攻螺纹→平面和孔精加工（精铣、铰、镗等）的加工顺序。

6.2.2　加工路线的确定

在数控加工中，刀具（严格说是刀位点）相对于工件的运动轨迹和方向称为加工路线。即刀具从对刀点开始运动起，直至结束加工所经过的路径，包括切削加工的路径及刀具引入、返回等非切削空行程。加工路线的确定首先必须保证被加工零件的尺寸精度和表面质量，其次考虑数值计算简单，走刀路线尽量短，效率较高等。

1. 轮廓铣削加工路线分析

对于连续铣削轮廓，特别是加工圆弧时，要注意安排好刀具的切入、切出，要尽量避免交接处重复加工，否则会出现明显的界限痕迹。

如图 6-10a 所示用圆弧插补方式铣削外整圆时，要安排刀具从切向进入圆周铣削加工，当整圆加工完毕后，不要在切点处直接退刀，而让刀具多运动一段距离，最好沿切线方向退出，以避免取消刀具补偿时，刀具与工件表面相碰撞，造成工件报废。铣削内圆弧时，也要遵守从切向切入的原则，安排切入、切出过度圆弧。

如图 6-10 所示，若刀具从工件坐标原点出发，其加工路线为 1→2→3→4→5，这样，可提高内孔表面的加工精度和质量。

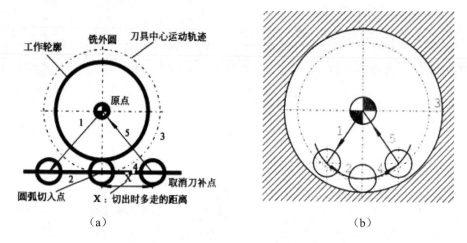

（a）　　　　　　　　　　　　　　　（b）

图 6-10　位置精度高的孔加工路线分析

对于位值精度要求精度较高的孔系加工，特别要注意孔的加工顺序安排，安排不当时，就有可能将沿坐标轴的反向间隙带入，直接影响位置精度。

如图 6-11 所示，图（a）为零件图，在该零件上加工六个尺寸相同的孔，有两种加工路线。当按图（b）所示路线加工时，由于 5、6 孔与 1、2、3、4 孔定位方向相反，在 Y 方向反向间隙会使定位误差增加，而影响 5、6 孔与其他孔的位置精度。按图（c）所示路线，加工完 4 孔后，往上移动一段距离到 P 点，然后再折回来加工 5、6 孔，这样方向一致，可避免反向间隙的引入，提高 5、6 孔与其他孔的位置精度。

2. 铣削内槽的进给路线

所谓内槽是指以封闭曲线为边界的平底凹槽。一律用平底立铣刀加工，刀具圆角半径应符合内槽的图纸要求。图 6-12 所示为加工内槽的三种进给路线。用行切法和环切法加工内槽时，两种进给路线的共同点是都能切净内腔中的全部面积，不留死角，不伤轮廓，同时尽量减少重复进给的搭接量。不同点是行切法的进给路线比环切法短，但行切法将在每两次进给的起点与终点间留下残留面积，而达不到所要求的表面粗糙度；用环切法获得的表面粗糙度要好于行切法，但环切法需要逐次向外扩展轮廓线，刀位点计算稍微复杂一些。采用图 6-12（c）所示的进给路线，即先用行切法切去中间部分余量，最后用环切法环切一刀光整轮廓表面，既能使总的进给路线较短，又能获得较好的表面粗糙度。

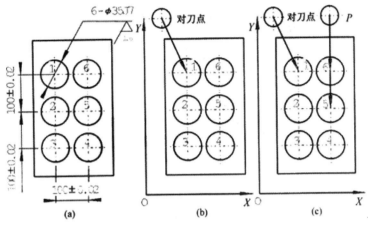

图 6-11　孔加工顺序

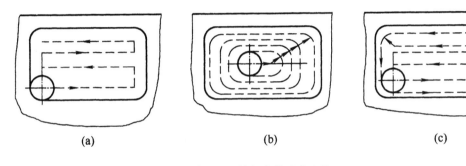

图 6-12　铣削内槽进给路线

6.2.3　刀具下刀、进退刀方式的确定

刀具下刀方式分为 Z 向和 XY 向，Z 向下刀分为垂直落刀、螺旋落刀和摆线式落刀；XY 向一般分为垂直切入切出、侧向切入切出和圆弧切入切出。

1. Z 向落刀

Z 向下刀分为垂直落刀和螺旋落刀、摆线式落刀。一般常用的为垂直落刀和螺旋落刀，摆线式这里不做介绍。垂直落刀如图 6-13 所示，计算方便，编程简单，广为操作者所使用。

但在一些特定场合，对加工有特殊要求或者刀具不能采用 Z 向垂直落刀时，而采用 Z 向螺旋落刀。如图 6-14 所示为螺旋线编程。

2. XY 向落刀

（1）垂直进刀。

如图 6-15 所示刀具沿 Z 向下刀后，垂直接近工件表面，这种方法进给路线短，计算方便，但工件表面有接痕，故常用于粗加工，适用于内外形轮廓的粗加工铣削。起刀点的构造尽量保证数值取整方便计算，选取在远离工件毛坯外为宜，且为了计算和编程方便另一个坐标尽量在 X 或者 Y 轴上，使起刀点一个坐标值为零。

（2）侧向进刀。

如图 6-16 所示刀具沿 Z 向下刀后，从工件内侧面下刀，切削工件时不会产生接痕，可用于精加工，一般用于外形轮廓的粗、精铣削。起刀点的构造尽量数值取整方便计算，选取在远离工件毛坯外为宜（即大于毛坯外围尺寸+刀具半径）。

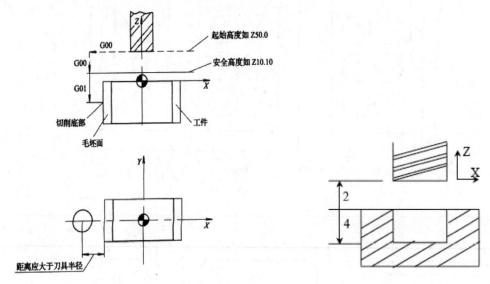

（a）Z向落刀垂直切入毛坯外 　　　（b）Z向落刀垂直切入工件

图6-13　Z向落刀方式—垂直

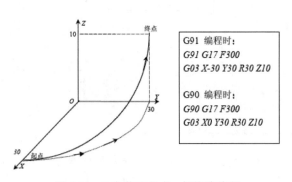

图6-14　Z向落刀方式—螺旋线编程

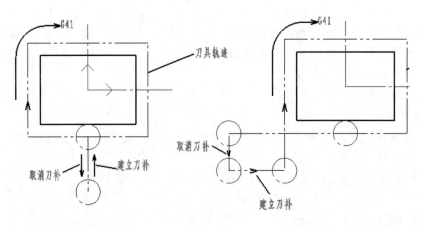

图6-15　垂直进刀 　　　　　　　图6-16　侧向进刀

（3）圆弧进刀。

如图 6-17 所示刀具沿圆弧平滑的接近工件表面，工件表面没有接刀痕迹，可用于零件精加工，可用于内外形轮廓的粗、精铣削。起刀点的构造尽量保证数值取整方便计算，选取在远离工件毛坯外为宜（即大于毛坯外围尺寸+刀具半径）。另外构造的 R 值也应尽量取整，方便计算，一般取 5 或者 10 的倍数。

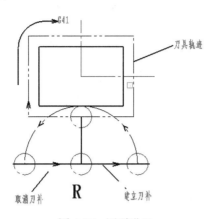

图 6-17　圆弧进刀

以上这三种进刀方式起刀点的选取可根据实际加工的具体情况而定，原则是尽量方便编程，计算简单。

本工作任务试解

例 6-3　编制图 6-18 所示零件程序，毛坯为 45×45mm，深度为 3mm，分别采用侧向进刀方式、垂直进刀方式和圆弧进刀方式编程并完成加工做比较。

1. 采用侧向进刀方式（见图 6-18）

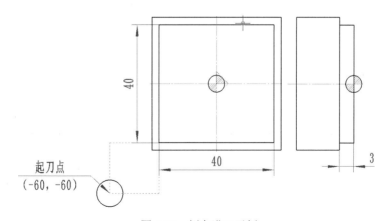

图 6-18　侧向进刀示例

编制程序如下：

%0006	程序名
G90 G54 G00 X-60 Y-60	工件起刀点 X-60 Y-60
M03 S2000 Z50	主轴正转 2000r/min，Z 轴移动到工件上 50mm
Z5	Z 轴接近工件上表面 5mm 处
G01 Z-3 F200	切入工件 3mm
G41 G00 X-20 D01	侧向切入建立刀具半径补偿
Y20	直线轮廓至 Y20
X20	直线轮廓至 X20
Y-20	直线轮廓至 Y-20
X-60	直线轮廓至 X-60
G40 Y-60	取消刀具半径补偿，回到起刀点
G0 Z50	Z 轴快退至 50mm 处
M05	关闭主轴
M30	程序停止

2. 采用垂直进刀方式（见图 6-19）

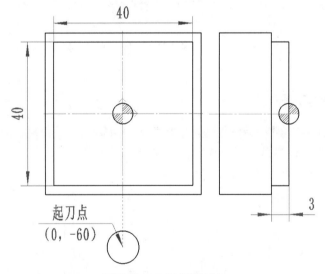

图 6-19　垂直进刀示例

编制程序如下：

%0006	程序名
G90 G54 G00 X0 Y-60	工件起刀点 X0 Y-60
M03 S2000 Z50	主轴正转 2000r/min，Z 轴移动到工件上 50mm
Z5	Z 轴接近工件上表面 5mm 处
G01 Z–3 F200	切入工件 3mm
G41 G00 Y-20 D01	垂直切入建立刀具半径补偿
X-20	直线轮廓至 X-20
Y20	直线轮廓至 Y20
X20	直线轮廓至 X20
Y-20	直线轮廓至 Y-20

X0	加工轮廓闭合至 X0
G40Y-60	取消刀具半径补偿，回到起刀点
G0 Z50	Z 轴快退至 50mm 处
M05	关闭主轴
M30	程序停止

3. 采用圆弧进刀方式（见图 6-20）

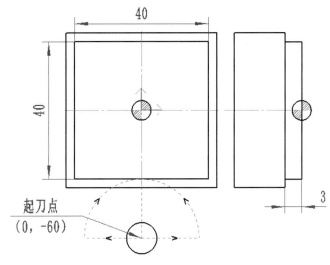

图 6-20 圆弧进刀例子

编制程序如下：

%0006	程序名
G90 G54 G00 X0 Y-60	工件起刀点 X0 Y-60
M03 S2000 Z50	主轴正转 2000r/min，Z 轴移动到工件上 50mm
Z5	Z 轴接近工件上表面 5mm 处
G01 Z-3 F200	切入工件 3mm
G41 G00X20 D01	建立刀具半径补偿
G03 X0 Y-20 R40	圆弧切入轮廓至 X0 Y-20mm 处
G01 X-20	直线轮廓至 X-20
Y20	直线轮廓至 Y20
X20	直线轮廓至 X20
Y-20	直线轮廓至 Y-20
X0	加工轮廓闭合
G03X-40 Y-60 R40	圆弧切出轮廓至 X-40 Y-60 处
G01 G40 X0	取消刀具半径补偿，回到起刀点
G0 Z50	Z 轴快退至 50mm 处
M05	关闭主轴
M30	程序停止

学生练习指导

（1）切入切出方式配合刀具半径补偿使用时，初学者不可贪多求全，而应理解后根据实际加工情况选择合理的切入切出方式来完成加工，切忌华而不实。

（2）起始高度是为防止刀具与工件发生碰撞设置的，Z50 和 Z5 就是在程序执行过程中校验的参数。

（3）安全高度以下，刀具以工作进给速度切至切削深度，初学者容易遗漏 G01 模式而导致事故。

（4）加工结束后一定记得回到起刀点，以免出现刀具干涉报警。

⚠ 考核评价

评分标准（以图 6-21 为示例）：

（1）建立工件坐标系----------------------10 分。

（2）编程轨迹----------------------------30 分。

（3）残留余量未去除--------------------10 分。

（4）刀具补偿指令不正确--------------30 分。

（5）尺寸精度控制----------------------10 分。

（6）下刀方式产生的粗糙度------------10 分。

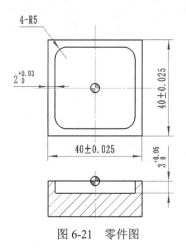

图 6-21　零件图

⚠ 总结质量分析

（1）以上介绍了三种 XY 向的切入切出方式，垂直最简单，计算也方便，可是它只是用于内外轮廓的粗加工，圆弧切入方式是万能的可是构造圆弧时计算量相对复杂，那么有没有可能有一种既简单方便又万能的切入切出方式呢？可否考虑一下将刀具半径补偿放置于 Z 向切入之前呢？

（2）前面介绍的例子都是外轮廓的，你能否尝试加工带有内腔零件的加工呢？切入切出方式可以参考上面一条的建议。

6.3　学习情境三：数控铣/加工中心机床刀具补偿指令应用之编程举例

例 6-4　利用刀具补偿指完成零件程序编制及加工。加工如图 6-22 所示零件凸台轮廓。毛坯为 165mm×125mm×30mm 长方块，材料为 LY12 铝块，单件生产。

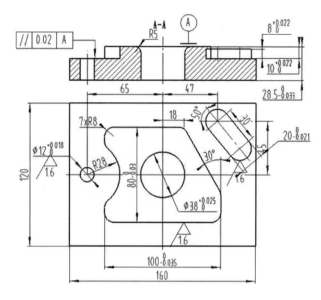

图 6-22　零件图

本工作任务试解

（1）零件外轮廓的加工工艺路线、切削用量的确定。

（2）工艺文件的编制。

（3）工件坐标系的选择、基点坐标的计算。

（4）工具及铣削刀具的选择（面铣刀、ϕ12、ϕ14 立铣刀、寻边器、Z 向设定器、卡尺）。

（5）零件的程序编制、刀补设置。

（6）零件的对刀、工件坐标系的设置及工件的装夹、加工。

1. 坯料准备

毛坯尺寸为：160×120×30。

2. 刀具选择

加工过程中所使用的刀具如表 6-1 所示。

表 6-1　加工刀具表

项目	刀具规格	备注
加工刀具	ϕ80mm 面铣刀	
	ϕ14mm 立铣刀	
	ϕ12mm 立铣刀	

3. 工艺路线分析

零件外轮廓规则，被加工部分的尺寸精度、形位精度、表面质量及配合精度要求较高。零件结构简单，包含了平面、型腔、挖槽、钻孔、镗孔以及铰孔加工，且大部分的尺寸精度均达到 IT8～IT7 级。

在加工过程中，选用机用平口钳装夹，如图 6-22 所示，校正平口钳固定钳口，使之与工作台 X 轴方向平行。在工件下表面与平口钳之间放入精度较高的等高垫块（垫块厚度与宽度适当），利用木锤或铜棒敲击工件，使等高垫块不能移动后夹紧工件。利用寻边器找正工件 X、Y 轴零点，该零点位于工件上表面的几何中心位置，设置 Z 轴零点与机械原点重合，刀具长度补偿值利用 Z 轴定位器进行设定。X、Y 轴零点位于工件上表面的几何中心位置，工件上表面为执行刀具长度补偿后的零点表面。

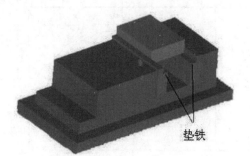

图 6-22　机用平口钳装夹

根据零件图样要求给出的加工工序为：

（1）选用 ϕ80 可转位铣刀铣削平面，保证工件厚度尺寸 28.5mm。

（2）选用 ϕ16mm 三刃立铣刀粗加工两外轮廓。

（3）选用 ϕ16mm 三刃立铣刀铣削边角料。加工结果如图 6-23 所示。

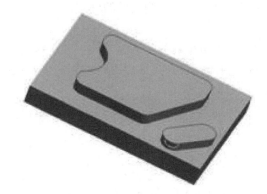

图 6-23　铣削外轮廓

（4）选用 ϕ35mm 锥柄麻花钻加工中间位置孔。

（5）选用 ϕ12mm 四刃立铣刀精加工两外轮廓。

（6）选用 ϕ12mm 四刃立铣刀加工键形凸台表面。

4. 编写加工程序，并完成加工

参考程序		
主程序		
%1234		程序名
N1	G54 G90 G17 G21 G94 G40	建立工件坐标系，绝对编程，XY 平面，公制编程，分进给，取消刀具半径补偿、长度补偿（选用 ϕ80mm 端铣刀粗加工）
N2	M03 S450	主轴正转，转速 450r/min
N3	G00 G43 Z150 H01	Z 轴快速定位，调用刀具 1 号长度补偿

续表

	参考程序	
	主程序	
N4	X125 Y-30	X，Y 轴快速定位
N5	Z0.3	Z 轴进刀，留 0.3mm 铣削深度余量
N6	G01 X-125 F300	平面铣削，进给速度 300mm/min
N7	G00 Y30	Y 轴快速定位
N8	G01 X125	平面铣削
N9	G00 Z150	Z 轴快速退刀
N10	M05	主轴停转
N11	M00	程序暂停（利用厚度千分尺测量厚度，确定精加工余量）
N12	M03 S800	主轴正转，转速 800 r/min（ϕ80mm 端铣刀粗加工）
N13	G00 X125 Y-30 M07	X，Y 轴快速定位，冷却液开
N14	Z0	Z 轴进刀
N15	G01 X-125 F160	平面铣削，进刀速度 160 mm/min
N16	G00 Y30	Y 轴快速定位
N17	G01 X125	平面铣削
N18	G00 Z150 M09	Z 轴快速退刀，冷却液关
N19	M05	主轴停转
N20	M00	程序暂停（手动换刀，更换 ϕ16mm 粗齿立铣刀）
N21	M03 S550 F120	主轴正转，转速 550r/min，进给速度 120 mm/min
N22	G00 G43 Z150 H7	Z 轴快速定位，调用刀具 7 号长度补偿
N23	G92 Y0 M07	X、Y 轴快速定位，切削液开
N24	Z-10	Z 轴快速进刀
N25	G41 G01 X50 Y-14 D3	X，Y 向进给，并引入刀具 3 号半径补偿值
N26	M98 P0003	调用子程序%0003
N27	G41 G01 X58.623 Y15.591 D3	X，Y 向进给，并引入刀具 3 号半径补偿值
N28	M98 P0004	调用子程序%0004
N29	G01 X73	X 向进给
N30	Y-60	Y 向进给
N31	X65 Y-46	X，Y 向同时进给
N32	Y-53	Y 向进给
N33	X-81	X 向进给
N34	X-65 Y-46	X、Y 向同时进给
N35	X-73	X 向进给
N36	Y0	Y 向进给
N37	X-63 Y-10	X、Y 向同时进给
N38	Y10	Y 向进给

参考程序	
主程序	
N39	X-73 Y6	X、Y 向同时进给
N40	Y60	Y 向进给
N41	X-65 Y46	X、Y 向同时进给
N42	Y53	Y 向进给
N43	X25	X 向进给
N44	Y70	Y 向进给
N45	G00 X75	X 向快速定位
N46	G01 Y50	Y 向进给
N47	G00 Z150 M09	Z 轴快速退刀，切削液关
N48	G00 G43 Z150 H4	Z 轴快速定位，调用 4 号刀具长度补偿
N49	X92 Y0 M07	X、Y 轴快速定位，切削液开
N50	Z-10	Z 轴快速进刀
N51	G41 G01 X50 Y-14 D4	X、Y 向进给，并引入 4 号刀具长度补偿
N52	M98 P0003	调用子程序 O0003
N53	G41 G01 X58.623 Y15.591 D4	X、Y 向进给，并引入刀具 4 号半径补偿值
N54	M98 P0004	调用子程序 O0004
N55	G00 Z5	Z 轴快速退刀
N56	X32 Y55.098	X、Y 轴快速定位
N57	Z-2	Z 轴快速进刀
N58	G01 X68.881 Y11.144	X、Y 同时向进给
N59	X76.542 Y17.572	X、Y 同时向进给
N60	X40.941 Y50	X、Y 同时向进给
N61	G00 Z150 M09	取消固定循环，Z 轴快速退刀，冷却液关
N62	M05	主轴停转
N63	M30	程序结束回起始位置，机床复位（切削液关，主轴停转）
%0003		子程序名 0003
N1	G01 Y-32	Y 向进给
N2	G02 X42 Y-40 R8	圆弧铣削加工
N3	G01 X-42	X 向进给
N4	G02 X-50 Y-32 R8	圆弧铣削加工
N5	G01 Y-23.664	Y 向进给
N6	G02 X-47.576 Y-17.928 R 8	圆弧铣削加工
N7	G03 Y17.928 R28	Y 向进给
N8	G02 X-50 Y23.644 R8	圆弧铣削加工
N9	G01 Y32	Y 向进给

	参考程序	
	主程序	
N10	G02 X-42 Y40 R8	圆弧铣削加工
N11	G01 X13.381	X 向进给
N12	G02 X20.309 Y36 R8	圆弧铣削加工
N13	G01 X48.928 Y-13.569	X、Y 向同时进给
N14	G02 X50 Y-17.569 R8	圆弧铣削加工
N15	G40 G01 X60 Y0	X，Y 向退刀，并取消刀具半径补偿
N16	M99	子程序结束，返回主程序
%0004		子程序名 0004
N1	G01 X39.34 Y38.572	X，Y 同时向进给
N2	G02 X54.66 Y51.428 R-10	圆弧铣削加工
N3	G01 X73.944 Y28.447	X，Y 同时向进给
N4	G02 X58.623 Y15.519 R-10	圆弧铣削加工
N5	G40 G01 X55 Y0	X，Y 向退刀，并取消刀具半径补偿
N6	M99	子程序结束，返回主程序

例6-4　根据零件图要求，编写其加工工艺和加工程序，其零件图如图6-24所示。

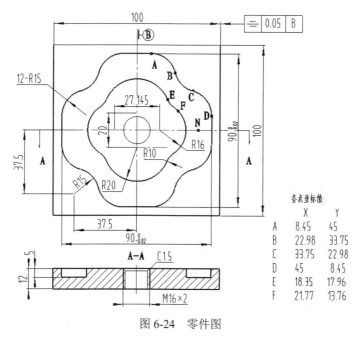

图 6-24　零件图

本工作任务试解

1. 坯料准备

毛坯尺寸为 100×90×12 的 45# 钢材。

2. 刀具选择

根据图纸形状选用 ϕ10mm 键槽铣刀加工凹槽的两侧轮廓,选用 ϕ13.5mm 麻花钻加工 M16×2 的螺纹底孔,选用 ϕ25mm 倒角刀加工 C1.5 倒角,选用 M16×2 机用丝锥加工螺纹。

3. 工艺设计

以底面定位用虎钳夹紧工件使用刀补偏置方法加工凹腔,然后加工凹腔中间带 R20 圆弧的凸台,再用 ϕ13.5 麻花钻预钻 M16×2 底孔,再加工 C1.5 倒角,最后对完成 M16×2 的螺孔。

4. 夹具选择

根据图样特点和加工部位,选用平口虎钳装夹工件。工件伸出钳口 2~8mm 左右,且使底面中心悬空。并用百分表找正。

5. 选择编程零点

工件零点设在工件上表面中心处。

6. 确定加工所用工艺参数

具体参数参照表 6-2。

表 6-2　数控加工工艺卡

单位名称		产品名称或代号		零件名称		零件图号		
工序号	程序编号	夹具名称		使用设备		车间		
001	%0001	平口虎钳		XK715				
工步号	工步内容	刀具号	刀具类型规格（mm）	刀具材料	主轴转速（r/mim）	进给速度（mm/min）	背吃刀量（mm）	
1	粗加工 90×90 凹腔内轮廓	01	ϕ10 两刃键槽铣刀	硬质合金	2500 2500	500	1.5	
2	粗加工中间带 R20 圆弧的凸轮廓						1.5	
3	粗精加工键槽两侧轮廓					300	5	
4	预钻 M16×2 底孔	02	ϕ13.5 直柄麻花钻	高速钢	500	70		
5	加工 C1.5 倒角	03	ϕ25 倒角刀（45 度）	硬质合金	1000	180		
6	M16×2 的孔攻丝	04	M16×2 机用丝锥	HSS	150			

7. 加工说明

加工此工件凹槽轮廓时下刀点定在右边 X37 Y0（N 点）处,如图 4-1 所示,采用垂直下刀方法切入工件。其加工步骤如下:

（1）使用 ϕ10 两刃键槽铣刀加工凹腔,采用顺铣方式,利用刀补偏置方式留出 0.2 mm 精加工余量（在刀补半径值中输入 5.2）。

（2）粗加工中间带 R20 圆弧的凸台,采用顺铣方式,利用与加工凹腔同样的方法留出 0.2mm 加工余量。

（3）利用第一步的加工程序,将刀补值改成 4.99mm 后,精加工凹腔。

（4）用第二步的加工程序,将刀补值改成 4.99mm 后,精加工中间带 R20 圆弧的凸台。

（5）使用 ϕ13.5 麻花钻预钻 M16×2 的底孔。

（6）使用倒角刀以走整圆的方式加工 C1.5 倒角。

（7）使用 M16×2 丝锥加工螺孔。

（8）编写该零件的加工程序并完成加工。

序号	程　序	加工说明
%123		主程序名
N1	G54 G90 G17 G21 G94 G49 G40	建立工件坐标系，绝对编程，XY 平面，公制编程，分进给，取消刀具半径补偿、长度补偿
N2	M03 S2500	主轴正转开，设定转速 2500r/min
N3	G00 G43 Z150 H01	建立刀具长度补偿，并调用 01 号刀具补偿号
N4	X37 Y0 M07	快速定位到刀具起点，冷却液开
N5	Z3	快速下刀
N6	G01 Z1 F800	慢速下刀到工件表面 1 mm 处，使第一层切削为 0.5 mm 深，进给速度设定为 800 mm/min
N7	M98 P40001	调用 0001 号子程序四次
N8	G01 Z1 F500	慢速下刀到工件表面 1 mm 处，使第一层切削为 0.5 mm 深
N9	M98 P40002	调用 0002 号子程序四次
N10	G49 G00 Z150	快速抬刀并取消刀具长度补偿
N11	M05 M09	主轴停转，冷却液关
N12	M00	程序暂停（手动更换 φ13.5mm 麻花钻）
N13	G43 G00 Z100 H02	建立刀具长度补偿，并调用 02 号刀具补偿号
N14	M03 S500	主轴正转开，设定转速 500r/min
N15	G98 G73 X0 Y0 Z-25 R5 Q5 F70	钻孔循环加工，进给速度设定为 70 mm/min
N16	G49 G00 Z150	快速抬刀并取消刀具长度补偿
N17	M05	主轴停转
N18	M00	程序暂停（手动更换 φ25 mm 倒角刀）
N19	G43 G00 Z100 H03	建立刀具长度补偿，并调用 03 号刀具补偿号
N20	M03 S1000	主轴正转开，设定转速 1000r/min
N21	G00 X6 Y0	快速定位到刀具加工起点
N22	Z2	快速下刀
N23	G01 Z-2 F180	慢速进刀，进给速度 180 mm/min
N24	G03 I-6	走整圆进行倒角加工
N25	G49 G00 Z150	快速抬刀并取消刀具长度补偿
N26	M05	主轴停转
N27	M00	程序暂停（手动更换 M16×2 丝锥）
N28	G43 G00 Z100 H04	建立刀具长度补偿，并调用 04 号刀具补偿号
N29	M03 S150	主轴正转开，设定转速 150r/min
N30	G98 G84 X0 Y0 Z-22 R6 F300	加工 M16×2 右旋螺纹
N31	G49 G00 Z150	快速抬刀并取消刀具长度补偿

续表

序号	程　序	加工说明
N32	M05	主轴停转
N33	M30	程序结束，机床复位
	子程序	
%0001		子程序名 0001
N1	G91 G01 Z-1.5 F100	使用增量编程方式下刀，每层切削 1.5mm
N2	G90 G41 G01 X45 Y0 D01 F500	转换成绝对编程方式，建立左刀补，调用 01 号半径补偿值
N3	M98 P0004	调用 0004 号子程序
N4	G68 X0 Y0 P90	调用旋转功能，以 X0 Y0 为旋转中心旋转 90 度
N5	M98 P0004	调用 0004 号子程序
N6	G68 X0 Y0 P180	调用旋转功能，以 X0 Y0 为旋转中心旋转 180 度
N7	M98 P0004	调用 0004 号子程序
N8	G68 X0 Y0 P270	调用旋转功能，以 X0 Y0 为旋转中心旋转 270 度
N9	M98 P0004	调用 0004 号子程序
N10	G40 G01 X37 Y0	取消刀补到 N 点
N11	M99	子程序结束
%0002		子程序名 0002
N1	G91 G01 Z-1.5 F100	使用增量编程方式下刀，每层切削 1.5mm
N2	G90 G01 X29.574 Y0 F500	转换成绝对编程方式，建立左刀补，调用 01 号半径补偿值
N3	M98 P0005	调用 0004 号子程序
N6	G68 X0 Y0 R180	调用旋转功能，以 X0 Y0 为旋转中心旋转 180 度
N7	M98 P0005	调用 0004 号子程序
N8	G40 G01 X37 Y0	取消刀补到 N 点
N9	M99	子程序结束
%0004		子程序名 0004
N1	G01 X45 Y0 F500	X、Y 向切削，进给速度设定为 500 mm/min
N2	G01 Y8.45	X、Y 向切削
N3	G03 X33.75 Y22.98 R15	逆时针插补
N4	G02 X22.98 Y33.75 R15	顺时针插补
N5	G03 X8.45 Y45 R15	逆时针插补
N6	G01 X0 Y45	X、Y 向切削
N7	G69	取消旋转
N8	M99	子程序结束
%0005		子程序名 0005
N1	G02 X21.77 Y-13.76 R16 F500	顺时针插补
N2	G03 X18.35 Y-17.96 R10	逆时针插补

续表

序号	程　序	加工说明
N3	G02 X-18.35 R20	顺时针插补
N4	G03 X-21.77 Y-13.76 R10	逆时针插补
N5	G02 X-29.574 Y0 R16	顺时针插补
N6	G69	取消旋转
N7	M99	子程序结束

考核评价

零件质量检测将完成加工的零件进行检测评分。铣削零件的加工要素主要是平面、曲面、孔系、轮廓等，对于零件长度、孔径深度、平面夹角等常见的最基本的单一要素的测量，一般利用卡尺、百分尺/千分尺、量角台等手工量具量仪就可以直接测量，对于具有形位公差的关联要素的测量，有一些经验方法可以借鉴。而对于精度高、约束关系多的要素，尤其是具有空间位置关系的要素应该用三坐标测量机进行自动测量。

表 6-3　评分表

工种	数控铣工	图号	SX01		得分			
定额时间	90 分钟	姓名		起始时间		结束时间		
工件	考核项目	考核内容及要求	配分		检测结果	扣分	得分	备注
正面	凸台	R20、R16、R10	20					
	槽	R20、R15、2-R3	48					
		$90^{0}_{-0.02}$	10					
螺纹孔	孔径	M16×2	20					
		倒角 C1.5	2					
加工缺陷		过切一处扣 1 分，不完整每处扣 2 分。						
记录员		监考员		检评员		考评员		

6.4　学习情境四：数控铣/加工中心机床刀具长度补偿指令规则

知识及能力讲解

1. 刀具长度补偿的概念

刀具长度补偿指令对立式加工中心而言，一般用于刀具轴向（Z 方向）的补偿，它将编程时的刀具长度和实际使用的刀具长度之差设定于刀具偏置存储器中，如图 6-25 所示，用 G43 或 G44 指令补偿这个差值而不用修改程序。

图 6-26 为加工中心刀库中的部分刀具，它们的长度各不相同，为每把刀具设定一个空间

坐标系也是可以的（华中数控系统可以通过 G54～G59 设置），但是通过刀具的长度补偿指令在操作上更加方便。

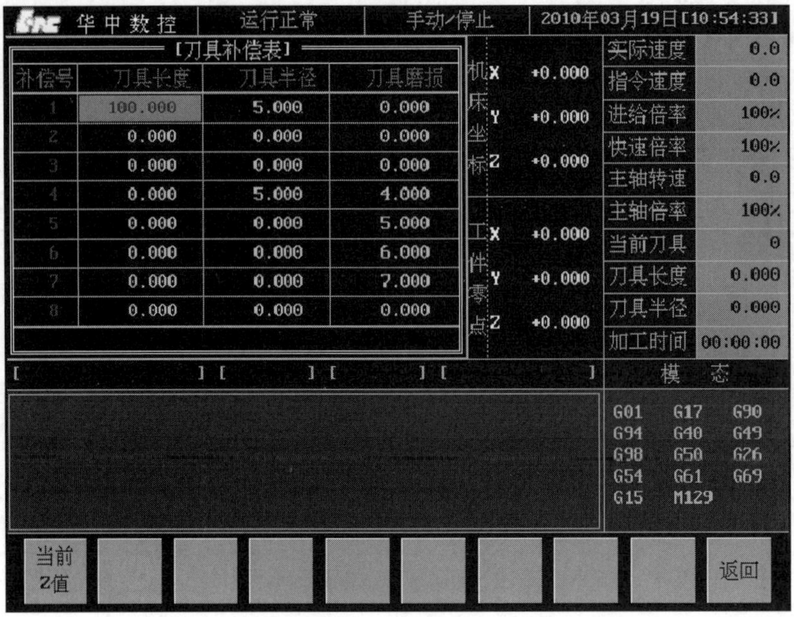

图 6-25　刀具偏置存储器

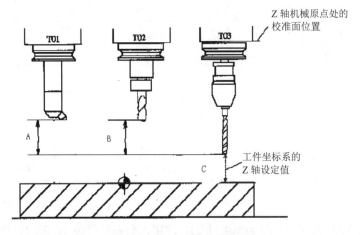

图 6-26　刀库中刀具长度对比

数控铣床的刀具是将刀具经过刀柄夹持，然后装夹于机床主轴上的，编程时用的刀具长度是指主轴端面到刀尖的距离，如图 6-27 中 H01、H01、H03 所示。在编程中，用刀位点编程，不考虑刀具长度，把编程时假定的理想刀具长度（0 刀长）与实际使用的刀具长度之差作为偏置设定在偏置存储器中，如参考图所示，当程序指令刀具长度补偿时，数控系统从刀具偏置存储器中取出刀长偏置值，并与程序的移动指令相叠加。用该功能补偿这个差值而不用修改程序。

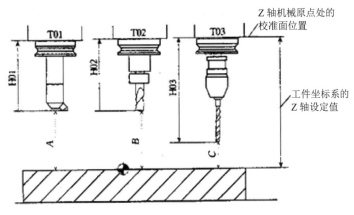

图 6-27　刀具长度补偿与 H 关系

2. 刀具长度补偿指令格式

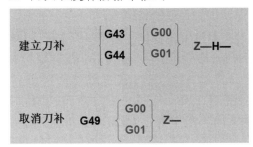

其中：G43 表示刀具长度正方向补偿；G44 表示刀具长度负方向补偿；G49 表示取消刀具长度补偿。使用 G43、G44 指令时不管是 G90 指令有效还是 G91 指令有效，刀具移动的最终 Z 方向的位置，都是程序中指定 Z 与 H 指令的对应偏置量进行运算。见图 6-28。H 指令对应的偏置量在设定时可以为"+"、也可以为"-"，它们的运算关系见图 6-28。

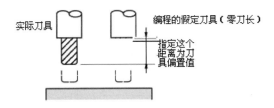

图 6-28　G43、G44 与 H 指令对应偏置量的运算结果

G43：Z 实际值=工件坐标系中 Z 坐标值+Z 指令值+H__ 中的偏置值。

G44：Z 实际值=工件坐标系中 Z 坐标值+Z 指令值-H__ 中的偏置值。

G49：Z 实际值=工件坐标系中 Z 坐标值+Z 指令值；

H：刀具长度补偿代号地址字（数控系统的内存地址），后跟两位数字表示刀具号，用来调用内存中刀具长度补偿的数值，并与程序的移动指令相叠加。刀补号地址可以有 H01～H99 共 100 个地址。其中的值可以用 MDI 方式预先输入在内存刀具表中相应的刀具号位置上。

3. 刀具长度补偿的使用

（1）X、Y 方向对刀设定同数控铣床，将 G54 中的 XY 项输入偏置值，Z 项置零。

（2）将用于加工的 T1，换上主轴，用块规找正 Z 向，松紧合适后读取机床坐标系 Z 项值 Z1，扣除块规高度后，填入长度补偿值 H1 中。

（3）将 T2 装上主轴，用块规找正，读取 Z2，扣除块规高度后填入 H2 中。

（4）依次类推，将所有刀具 Ti 用块规找正，将 Zi 扣除块规高度后填入 Hi 中。

（5）编程时，采用如下方法补偿：

T1M6
G90 G54 G00 X0 Y0
G43 Z100 H01
……（以下为一号刀具的走刀加工，直至结束）
T2 M6
G90 G00 X0 Y0
G43 Z100 H02
……（二号刀的全部加工内容）
……M5
M30

使用此法时对刀，操作者只需要建立刀具长度补偿 G43，不需要取消刀具半径补偿 G49。初学者简单方便，对刀快且容易理解。如果在程序结束时若使用 G49 Z+……（Z 值为正）机床 Z 向必然产生超程，若更换零件后只要零件的装夹高度发生变化就需重新设定长度补偿值，所以此法对刀精度和效率高。

【例题解析】

例 6-5　壳体零件如图 6-29 所示，其材料为铸铁（HT200），在数控加工工序之前已加工好底面和 $\phi 80^{0.054}_{0}$ 孔，要求在加工中心上铣削上表面、$10^{0.1}_{0}$ 槽和加工 4×M10 孔。为其编制数控加工程序。

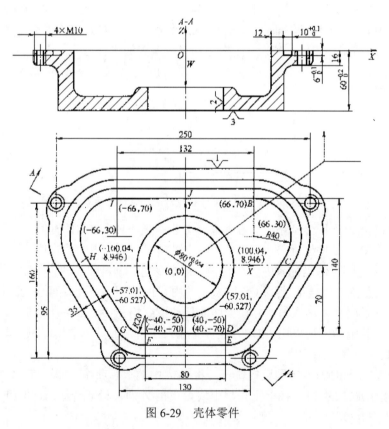

图 6-29　壳体零件

（1）工艺分析。

1）定位基准分析：本工序所加工表面的设计基准是底面和 $\phi 80_0^{0.054}$ 的孔，根据基准重合原则，以底面限制三个自由度，$\phi 80_0^{0.054}$ 限制两个自由度，在零件的侧面限制一个绕孔转动的自由度，实现完全定位。

2）夹紧方案的确定：用芯轴及工作台表面，对零件的底面及 $\phi 80_0^{0.054}$ 孔进行定位，采用螺钉及压板装夹，压板压在 $\phi 80_0^{0.054}$ 孔的上端面，夹紧力的方向对着底面，旋紧螺母将工件夹紧。注意螺钉及螺母的高度不要超过工件的上表面，否则切削加工时易发生碰撞的危险。

3）工步顺序的安排：根据先面后孔的原则，本工序中的工步顺序安排为：①铣平面；②钻 4×M10 的中心孔；③钻螺纹底孔 4×ϕ8.5；④攻螺纹 4×M10；⑤铣槽尺寸为 $10_0^{0.1}$。

4）确定工艺参数：具体工艺参数可参照表 6-4、表 6-5。

表 6-4 数控加工工序卡片

工厂名	数控加工工序卡片		产品名称及代号		零件名称	零件图号		材料
					壳体			HT200
工序	程序编号		夹具名称	夹具编号		使用设备		车间
30	0011					加工中心		
工步号	工步内容	刀具		辅具	切削用量			
		T码	规格		主轴转速/(r/min)	进给速度/(mm/min)	切削深度/(mm)	
1	铣平面	T01	面铣刀 ϕ50	BT40	300	60	2	
2	钻 4×M10 的中心孔	T02	中心钻 ϕ3	BT40	1000	60		
3	钻螺纹底孔 4×ϕ8.5	T03	麻花钻 ϕ8.5	BT40	500	50		
4	螺纹孔口倒角	T04	麻花钻 ϕ18	BT40	500	50		
5	攻螺纹 4×M10	T05	丝锥 M10	BT40	60	50		
6	铣尺寸为 $10_0^{0.1}$ mm 槽	T06	键槽铣刀 ϕ10	BT40	300	30		

表 6-5 数控加工刀具卡片

产品型号		零件号	N-530-05	程序编号	00507		制表	
工步号	T码	刀具型号	刀柄型号	刀具		补偿地址	备注	
				直径/mm	长度			
1	T01	面铣刀 ϕ60	BT40	ϕ60	实测	H01 D11	长度补偿 半径补偿	
2	T02	中心钻 ϕ3	BT40	ϕ3	实测	H02	长度补偿	
3	T03	麻花钻 ϕ8.5	BT40	ϕ8.5	实测	H03	长度补偿	
4	T04	麻花钻 ϕ8.5	BT40	ϕ8.5	实测	H04	长度补偿	
5	T05	丝锥 M10	BT40	M10	实测	H05	长度补偿	
6	T06	立铣刀 ϕ10	BT40	$\phi 100_0^{0.03}$	实测	H06 D16	长度补偿	

（2）确定加工原点。

选工件的设计基准为编程原点，即 $\phi 800_0^{0.054}$ mm 孔轴线与工件上表面交点为编程原点。

（3）数据查询。

查询基点坐标：环形槽的内腔轮廓线为编程轨迹，需要查询轨迹的基点坐标，在任意一种 CAD 软件中画出零件图，经查询各基点坐标为：J(0,70)，B(66,70)，C(100.04,8.946)，D(57.01,-60.527)，E(40,-70)，G(-57.01,-60.527)，H(-100.04,8.946)，I(-66,70)

查询螺纹孔的圆心坐标分别为：(66,30)，(40,-50)，(-40,-50)，(-66,30)。

（4）编写加工程序。

程序	解释
%0011	第 11 号程序（主程序）
G54 G90 G17 G40 G49 G80	使用 G54 坐标系，绝对坐标编程，取消刀补和固定循环，选择 XY 面，防止内存中的模态对本程序的影响
T01 M06	换 T01 号刀
G90G00 X0 Y150.	刀具 Z 轴位置在安全面以上，快速点定位到工件外
G43 Z10. H01 S300 M03	刀具长度补偿，Z 向快速到下刀点，主轴经 300r/min 正转
G01 Z0 F60.	Z 轴下刀，直线插补至工件上表面，进 60mm/min
G01 G41 Y70 D11.	刀具半径左补偿（半径补偿值 D11≈28），直线插补切入工件
M98 P0010	调子程序%0010，铣削工件上表面
G00 Z20.	Z 轴快速到安全高度
G40 G49 Z200.	取消刀具半径、长度补偿
T02 M06	换 T02 刀具
G00 X-65. Y-95.	快速点定位到 1 孔上方
G43 Z20. H02 S1000 M03	刀具长度补偿，到安全高度；主轴以 1000r/min 正转
G99 G81 Z-2. R2. F60	钻孔循环，钻 4×M10 的中心孔，钻第 1 孔，返回到 R 面，进给速度 60r/min
M98 P0020	调%0020 子程序，钻其余三孔
G80 G00 Z20.	取消循环，到安全高度
G49 Z200.	取消刀具长度补偿
T03 M06	换 T03 刀具
G00 G43 Z20. H03 S500 M03	刀具长度补偿，到安全高度主轴以 500r/min 正转
X-65. Y-95.	快速点定位到 1 孔上方
G99 G81 Z-23. R2. F60.	钻孔循环，钻 4×M10 底孔，钻第 1 孔，返回到 R 面，进给速度 60mm/min
M98 P0020	调%0020 子程序，钻其余三孔
G80 G49 G00 Z20.	取消循环，取消刀具长度补偿，到安全高度
T04 M06	换 T04 刀具
G00 G43 Z20. H04 S500 M03	刀具长度补偿，到安全高度；主轴以 500r/min 正转
X-65. Y-95.	快速点定位到 1 孔上方

程序	解释
G82 Z-2. R2. P1. F50.	钻孔循环，倒角，倒第 1 孔，返回到 R 面
M98 P0020.	倒其余三孔角
G80 G49 G00 Z20.	取消循环，取消刀具长度补偿，到安全高度
T05 M06	换 T05 刀具
G43 H05 Z20 S60 M03	刀具长度补偿，到安全高度；主轴以 60r/min 正转
X-65 Y-95	快速点定位到 1 孔上方
G84 Z-25 R5 F50	攻螺纹循环，攻 4×M10，返回到 R 面
M98 P0020	调%0020 子程序，加工其余三个螺纹孔
G80 G49 G00 Z20	取消循环，取消刀具长度补偿，到安全高度
T06 M06	换 T06 刀具
G00 X-20 Y150.	刀具 Z 轴位置在安全面经上，快速点定位到工件外
G43 Z5. H06 S300 M03	刀具长度补偿，Z 向快速到下刀点；主轴正转
G41 Y70. D16	建立刀具半径左补偿，补偿值在 D16 中（D16≈17）
G01 Z-6. F30	刀具在 J 点直线插补切入工件，进给速度 30mm/min
G01X0	刀具运动到 X0
M98 P0010	调子程序%0010，铣削尺寸为 $100_0^{0.1}$ 的槽
G00 Z20.	Z 轴快速到安全高度
G49 G40 Z200.	取消刀具半径、长度补偿
X0 Y0	返回程序原点
M30	程序结束
%0010	第 10 号程序（内腔轮廓轨迹子程序）
X66.Y70.	直线插补 JB
G02 X100.04 Y8.964 I0 J-40.	顺圆插补 BC
G01 X57.01 Y-60.527	直线插补 CD
G02 X40. Y-70. I-17.01 J10.527	顺圆插补 DE
G01 X-40.	直线插补 EF
G02X-57.01 Y-60.527 I0 J20.	顺圆插补 FG
G01 X-100.04 Y8.946	直线插补 GH
G02 X-66. Y70. I34.04 J21.054	顺圆插补 HJ
G01 X0	直线插补 IJ，
M99	子程序结束，返回主程序 O0700
O0020	第 20 号程序（螺纹孔位置子程序）
X65.	2 孔位置
X125. Y65.	3 孔位置
X-125.	4 孔位置
M99	子程序结束，返回主程序%0001

（5）程序校验。

填写程序单和输入程序后，必须对程序的内容进行检查、校验，具体方法为首先检查功能指令代码是否多、错、漏，其次检查刀具半径、长度补偿地址号，再验算数据是否计算有误，正负号等是否正确，然后可以用图形模拟显示来检验程序的路径是否正确。

（6）试切削加工。

试切削前不仅需要输入程序，还要进行下列工作：

1）安装刀具、刀柄：按刀具表（表 6-5）中的规定，将所需的各种刀具装于各自的刀柄中，然后装在相应的刀位上。

2）装夹具、毛坯及有关对刀调整工作：在加工中心工作台安装夹具后，如果对刀点设在夹具上，即可进行对刀工作。如果对刀点设在零件毛坯上，则需将零件装上，再进行对刀。现工件坐标原点与对刀点重合，并设置在工件上，此时，在钻夹头刀柄上夹刀柄上夹上带有千分表的表杆，并装在主轴上。手动移动工作台使千分表的触点与工件已加工内孔圆周表面相接触，回转主轴进行调整，使主轴中心线与内孔中心线相重合并记录下此时机床的 X、Y 坐标值。Z向对刀使用前述对刀方法，找出最长的刀作为基准刀，进行 Z 向对刀，并把此时的对刀值作为工件坐标系的 Z 值，此把刀的长度补偿值为 0。把其余刀具依次装在主轴，通过对刀确定每把刀相对于基准刀长度的差值作为长度补偿值。若编程时使用 G43，则长度补偿值应为负值。最后设定对刀值、长度补偿值以及半径补偿值。

3）加工零件的试切削：当刀具、夹具、毛坯程序等一切都已准备就绪后，即可进行工件试切削工作。首先将机床锁住，空运行程序，检查程序中可能出现的错误，其次，可利用机床Z 轴锁的功能，检查刀具在 X、Y 平面内走刀轨迹的情况以便发现走刀轨迹的错误。一般试切工件时，多采用单段运行，并将 G00 快速移动速度调慢，以便发生程序错误引起碰撞事故时紧急停车。在试切工件进行中，同时观察屏幕上显示的程序、坐标位置、图形显示等，以便确认各程序段的正确性。

首件试切完毕后，应对其进行全面的检测，必要时进行适当的修改或调整机床，直到加工件全部合格后，程序编制工作才算结束，并且应将已经验证的程序及有关资料进行了妥善保存，便于以后的查询和总结。

本工作任务试解

1. 实训工件图

实训工作如图 6-30 所示。

2. 实训仪器、设备及工、量具

生产型数控铣床、ϕ16 立铣刀、ϕ12 键槽铣刀、ϕ10 钻头、0～150mm 卡尺、活扳手、铝块。

3. 零件的编程及加工步骤

（1）分析零件图。

如图所示：本零件要加工的内容有 74×74 外形，32×36 内腔，4×ϕ10 孔。涵盖了数控铣床二维手工编程的一般内容。

（2）确定刀具及切削用量。

所选刀具切削用量如表 6-6 所列。

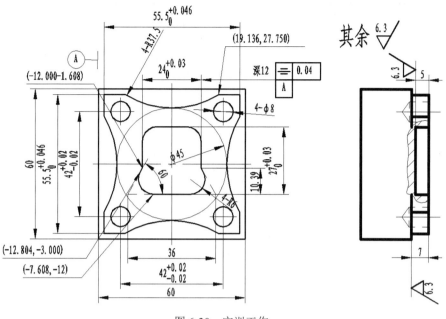

图 6-30　实训工作

表 6-6　所选刀具切削用量

刀具	加工内容	主轴转数	进给量（X、Y 向）	进给量（Z 向）
$\phi16$ 立铣刀	74×74 外形	2000r	200mm/min	100mm/min
$\phi12$ 键槽铣刀	32×36 内腔	2200r	150mm/min	75mm/min
$\phi10$ 钻头	$4 \times \phi10$ 孔	2500r	无	100mm/min

（3）确定走刀路线。

本零件的加工顺序为先外形后内腔最后孔。外形铣削采用侧向进刀。内腔为先去余量后精修轮廓。

（4）确定工件坐标系原点。

工件坐标系原点 X、Y 在中心，Z 在上表面。

（5）编制加工程序。

（6）装夹工件及刀具。

（7）输入程序并校验程序（切记输入刀补值）。

（8）对刀（若外形、内腔、孔的工件坐标系原点为同一点应该怎样对刀）。

本实例编程一共编了三个程序，外形、内腔、孔各一个程序，各用了一把刀具。工件坐标系原点一样，所以第二把、第三把刀具不用对 X、Y 向只对 Z 向。

（9）实际加工零件。

（10）测量。

4．参考程序

其中 T1 为 $\phi16$ 立铣刀；T2 为 $\phi12$ 键槽铣刀；T3 为 $\phi10$ 钻头。

主程序	子程序
%100（主程序）——ϕ16 立铣刀	%200（子程序）
G90G54G00X-50Y-50	G01G41X-37Y-40
Z50M03S350	Y-25.515
Z10	G03Y25.515R50
G01Z-8F50	G01Y37
M98P200D11 (D11=8.5)	X-25.515
M98P200D22 (D12=8)	G03X25.515R50
G00Z100	G01X37
M05	Y25.515
M30	G03Y-25.515R50
	G01Y-37
%500（主程序）——ϕ12 键槽铣刀	X25.515
G90G00G54G00 X-9Y13	G03X-25.515R50
Z50M03S400	G01X-40
Z10	G40X-50Y-50
G01Z-6F50	M99
M98P300	%300（子程序）
M98P400D21 (D21=6.5)	G01Y-9
M98P400D22 (D22=6)	X-12
G00Z100	X0
M05	Y13
M30	X9
%600（主程序）——ϕ10 钻头	Y-9
G90G00G54Z100M03S450	X12
G99G81X-28Y-28Z-14R5F50	X0Y0
Y28	M99
X28	%400（子程序）
Y-28	G01G41Y-16
G00Z100M05	X24
M30	X16Y-2.144
	Y20
	X-16
	Y-2.144
	X-24Y-16
	X0
	G40Y0
	M99

考核评价

评分标准：

（1）建立工件坐标系----------------------10分。

（2）编程轨迹----------------------------30分。

（3）残留余量未去除----------------------10分。

（4）刀具补偿指令不正确------------------30分。

（5）尺寸精度控制------------------------10分。

（6）切削用量选用及粗糙度----------------10分。

学生练习指导

（1）刀具半径补偿的参数你能正确使用吗，在尺寸精度控制和残留余量去除时？

（2）圆弧检测使用什么工具？

（3）怎样利用刀具半径补偿加工薄壁零件，技工中怎样避免和减小薄壁零件粗加工中的变形问题？

（4）长度补偿在什么时候使用？

总结质量分析

（1）通过工序的合理安排来有效消除工件在加工当中的应力集中和变形。

（2）通过刀具半径补偿来控制尺寸精度，通过切削参数的合理选用来控制表面粗糙度。

练习题

1．编制如下图所示零件，并完成加工。

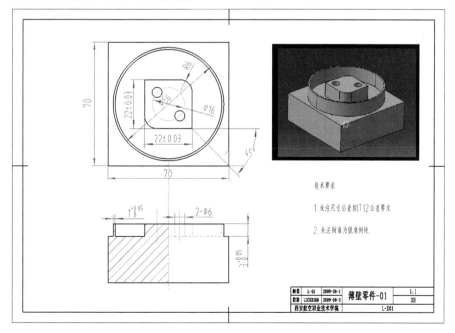

图 6-31

2．编制如下如所示零件，并完成加工。

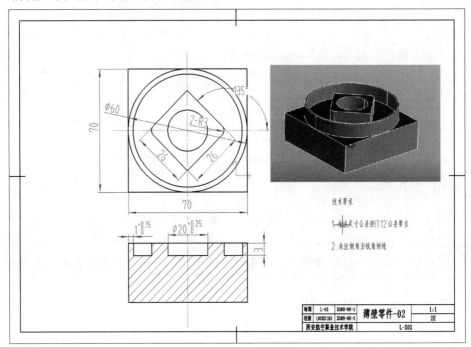

图 6-32

项目七　子程序

项目任务

编制具有子程序调用的程序

项目描述

1. 矩形阵列的子程序调用的编制
2. Z 向分层子程序调用的编制
3. X、Y 向分层的子程序调用的编制
4. 简单曲面加工的子程序调用的编制

7.1　学习情境一：矩形阵列及 Z 向分层的子程序调用的编制

1. 子程序的概念及格式
2. 矩形阵列的子程序调用的编程方法
3. Z 向分层子程序调用的编程方法

项目任务

加工图 7-1、图 7-2 所示的零件。

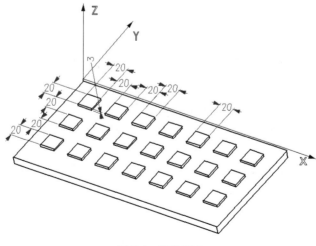

图 7-1　零件图 1

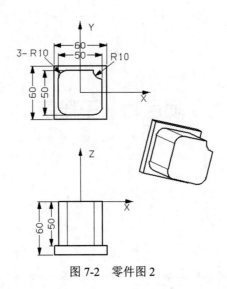

图 7-2　零件图 2

知识及能力讲解

7.1.1　子程序的概念及格式

1. 子程序的概念

如图 7-3 所示，在 X、Y 平面有两个一样大的矩形尺寸为 30×40，如果按照以往的编程思路，要编制两个矩形的形状，则需要分别编制两个矩形。此时，是否可以思考，有没有这样一个编程指令，只编制一个矩形，通过分别两次调用，实现两个矩形的轨迹，答案是肯定的，这就是子程序调用。下面来看两个程序。

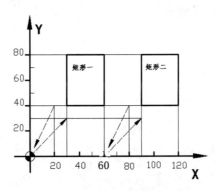

图 7-3　两个相同矩形

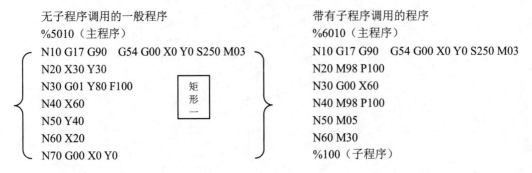

无子程序调用的一般程序
%5010（主程序）
N10 G17 G90　G54 G00 X0 Y0 S250 M03
N20 X30 Y30
N30 G01 Y80 F100
N40 X60
N50 Y40
N60 X20
N70 G00 X0 Y0

矩形一

带有子程序调用的程序
%6010（主程序）
N10 G17 G90　G54 G00 X0 Y0 S250 M03
N20 M98 P100
N30 G00 X60
N40 M98 P100
N50 M05
N60 M30
%100（子程序）

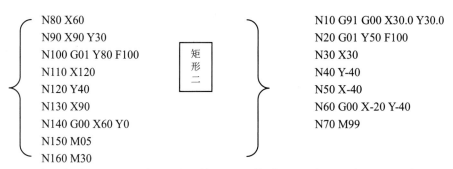

N80 X60
N90 X90 Y30
N100 G01 Y80 F100
N110 X120
N120 Y40
N130 X90
N140 G00 X60 Y0
N150 M05
N160 M30

矩形二

N10 G91 G00 X30.0 Y30.0
N20 G01 Y50 F100
N30 X30
N40 Y-40
N50 X-40
N60 G00 X-20 Y-40
N70 M99

无子程序调用，程序只需要按照以往的编程方法进行书写，而有子程序时，可以把矩形的轨迹做成一个子程序，当有多个矩形轨迹时只需要多次调用即可。

2. 子程序的格式

（1）调用子程序格式：M98　P××××　L××××

说明：

P：被调用的子程序号。

L：重复调用次数。

从子程序返回 M99：M99 表示子程序结束，执行 M99 使控制返回到主程序。

子程序格式：

%××××　子程序号

……

M99

（2）书写时主程序在前，子程序在后，并且主程序的调用指令的程序号必须和子程序号相一致。

（3）当子程序调用要嵌套使用时，按照主程序在前，父级子程序在后，子级子程序更后的方法书写。

7.1.2　矩形阵列的子程序调用的编程方法

如图 7-4 所示，在 X、Y 平面有 3 行每行 7 个 20×20 的矩形，如果采用子程序编程，则可以编制如下程序：

```
%100
N10 G90 G17 G54 G00 X0 Y0
N20 M98 P200 L7
N30 G90 G00 X0 Y-40
N40 M98 P200 L7
N50 G90 G00 X0 Y-80
N60 M98 P200 L7
N70 G90 G00 X0Y0
N80 M30
%200
N10 G91 G01 X20 Y-20 F100
N20 X20
N30 Y-20
N40 X-20
N50 Y20
```

N60 G00 X-10 Y10
N70 X40
N70 M99

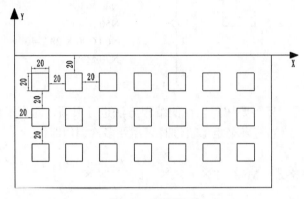

图 7-4　矩形阵列

7.1.3　Z 向分层的子程序调用的编程方法

例 7-1　完成如图所示的外侧切削，Z 向起始高度 100mm，切深 50mm，每层切削深度 5mm，共切 10 层结束。

图形轮廓	程序
图 7-5	%100　（主程序） G90 G54 G00 X0 Y0 S500 G00 Z100 M03 Z5 G01 Z0 F50 D01M98 P101 L10 G90 G00 Z100 M05 M30 %101　（子程序） G91 Z-5 G01 G41 X10 Y5 Y25 X10 G03 X10 Y-10 R10 G01 Y-10 X-25 G40 X-5 Y-10 M99

本工作任务试解

首先对零件图 1 进行工艺分析。

1. 对图样的分析理解

图样包括正方形 20×20 的凸台每排 7 个共三排，20×20 的凸台的距离为 20。

2. 工艺分析及刀具选择

对零件进行工艺分析并确定加工过程。

本零件为典型的凸台类零件，零件的加工内容较少，工艺过程较简单，零件的毛坯大小未给但是知道工件原点的位置以及与 20×20 的凸台的距离在 X、Y 方向均为 20，并且工件 Z 向原点在上表面。所以此零件加工可以考虑采用子程序简化编程。并且由于 20×20 的凸台的间距为 20，所以刀具直径不能大于 ϕ20，实际选择 ϕ12。并且考虑到工件为铝件，刀具为高速钢刀，所以主轴转速选择为 S=2000，进给量选择为 Z 向 F=150，X、Y 选择为 F=300。

3. 确定装夹方案

由于零件的外形是规则的矩形零件，而且是单件生产所以采用机用虎钳进行装夹，而且可以以主视图的上边贴向机用虎钳固定钳口；零件的下表面通过垫铁贴向钳身导轨作为定位基准。

4. 编制加工程序

5. 机床操作步骤可以参照项目十一的讲述

其次，对零件图 2 进行工艺分析。零件图 2 中 Z 向分层的讲述过程同零件图 1。

学生练习指导

（1）子程序编制时注意 Z 向的下刀和抬刀，应该保证子程序多次循环时下刀和抬刀的连续性，并且保证 Z 向的分层以及循环正确。

（2）有关 Z 向分层时子程序里面的 Z 向下刀时程序段 G91Z-×× 的位置的问题。

（3）子程序阵列时程序的起点问题。

总结质量分析

要求学生用表格形式写出总结以及对超出要求的尺寸、形状位置精度及表面质量进行分析。

练习题

1. 加工如下图所示零件。

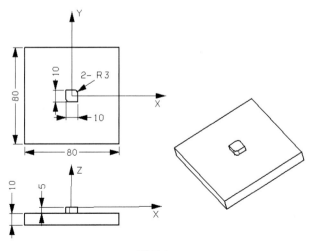

图 7-6

2．加工如下图所示零件。

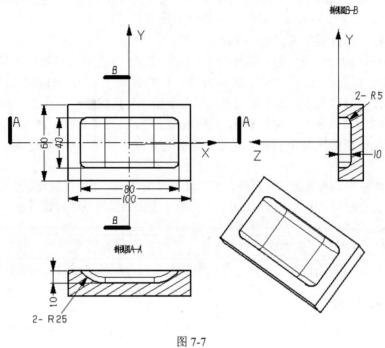

图 7-7

项目八　简化编程指令运用

项目任务

利用简化编程指令加工具有相似特征的零件法。

项目描述

利用镜像、旋转、缩放加工如图 8-1 所示零件。

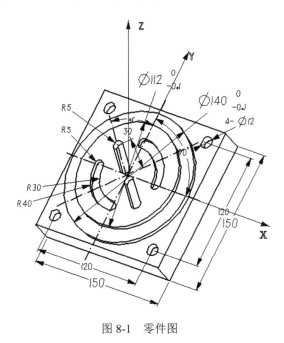

图 8-1　零件图

知识及能力讲解

8.1　镜像指令的格式及使用方法

8.1.1　镜像指令的格式及意义

指令格式：

G24　X—Y—Z—A—

M98　P—

G25　X—Y—Z—A

8.1.2　镜像指令的使用方法

（1）G24：建立镜像，即当工件相对于某一轴具有对称形状时，可以只对工件的一部分进行编程，利用镜像功能和子程序加工出工件的对称部分。

（2）G25：取消镜像。

（3）X、Y、Z 为镜像的位置。

（4）G24、G25：模态指令，可相互注销，G25 为默认值。

例 8-1　使用镜像功能，编制如图 8-2 所示轮廓的加工程序：设刀具起点距工件上表面100mm，切削深度 5mm。

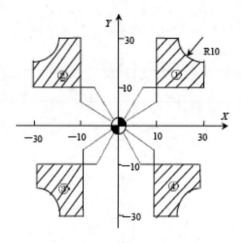

图 8-2　例 8-1 图

```
%0024                 ；主程序
N10 G90 G54 G00 X0 Y0
N15 M03S2000
N20 Z50
N25 M98 P100          ；加工①
N30 G24 X0            ；Y 轴镜像镜像位置为 X=0
N35 M98 P100          ；加工②
N40 G24 Y0            ；X Y 轴镜像镜像位置为(0 0)
N45 M98 P100          ；加工③
N50 G25 X0            ；X 轴镜像继续有效取消 Y 轴镜像
N55 M98 P100          ；加工④
N60 G25 Y0            ；取消镜像
N65 M30
%100                  ；子程序
N100 G41 G00 X10 Y4 D01
N105 G43 Z5 H01
N110 G01 Z-5 F300
N115 Y30
N120 X20
N125 G03 X30Y20I10 J0
N130 G01 Y10
```

N135 X5
N140 G49 G00 Z10
N145 G40 X0 Y0
N150 M99

8.2　旋转指令的格式及使用方法

8.2.1　旋转指令的格式及意义

指令格式：
G17　G68　X_Y_P_
G18　G68　X_Y_P_
G19　G68　X_Y_P_
M98　　p_
G69

8.2.2　旋转指令的使用方法

（1）G68 为建立旋转；G69 为取消旋转；X、Y、Z 为旋转中心的坐标值。

（2）在有刀补的情况下，先进行旋转，然后才能进行刀具的半径补偿和长度补偿。

（3）G68、G69 为模态指令，可以相互注销，G69 为默认值。

例 8-2　使用旋转功能编制如图 8-3 所示轮廓的加工程序，设刀具起点距工件上表面 50mm，切削深度 5mm。

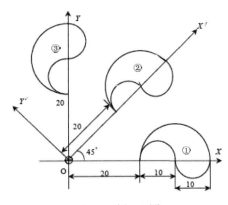

图 8-3　例 8-2 图

%0068	；主程序
N1　G90G54G00X0Y0	
N2　M03S2000	
N3　Z50	
N2　G43 Z5 H02	
N3　M98 P200	；加工①
N4　G68 X0 Y0 P45	；旋转 45°
N5　M98 P200	；加工②
N6　G68 X0 Y0 P90	；旋转 90°

```
N7    M98 P200              ；加工③
N8    G49 Z50
N9    G69                   ；取消旋转
N10   M05 M30
%200                        ；子程序
N11   G41 G01 X20Y-5 D02 F300
N12   Y0
N13   G02 X40 I10
N14   X30 I-5
N15   G03 X20 I-5
N16   G00 Y-6
N17   G40 X0 Y0
N18   M99
```

8.3　缩放指令的格式及使用方法

8.3.1　缩放指令的格式及意义

指令格式：

G51   X—Y—Z—P—

M98   P—

G50

8.3.2　缩放指令的使用方法

（1）缩放功能 G50、G51。

G51：建立缩放。G51 使运动指令的坐标值以缩放中心按规定的缩放比例进行计算。

G50：取消缩放。

X、Y、Z：缩放中心的坐标值。

（2）缩放倍数。

G51：既可指定平面缩放也可指定空间缩放。在 G51 后运动指令的坐标值以 X、Y、Z 为缩放中心按 P 规定的缩放比例进行计算。在有刀具补偿的情况下先进行缩放然后才进行刀具半径补偿、刀具长度补偿。

例 8-3　使用缩放功能，编制如图 8-4 所示轮廓的加工程序：已知三角形 *ABC* 的顶点为 *A*(10, 30) *B*(90, 30) *C*(50, 110)，三角形 *A'B'C'* 是缩放后的图形，其中缩放中心为 *D*(50, 50)缩放系数为 0.5 倍，设刀具起点距工件上表面 50mm。

```
%0051                        ；主程序
N1    G90G54G00X0Y0
N2    M03S2000
N3    Z50
N4    Z5
N5    G43 G00 X50 Y50 Z6 H01
N6    M98 P100                ；加工三角形 ABC
N7    G51 X50 Y50 P0.5        ；缩放中心(50, 50) 缩放系数 0.5
```

```
N8    M98 P100            ；加工三角形 A'B'C'
N9    G50                 ；取消缩放
N10   G49 Z50
N11   M05 M30
%100                      ；子程序（三角形 ABC 的加工程序）
N20   G01Z0F200
N21   G41X10Y30D01
N22   X50Y110
N23   X90Y30
N24   X10
N25   G00G40X0Y0Z5
N26   M99
```

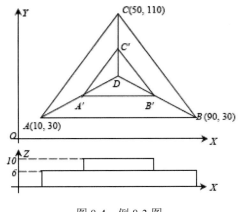

图 8-4　例 8-3 图

本工作任务试解

1. 对本零件图样的分析

零件形状：如图 8-1 所示有两个凸台尺寸分别是 $\phi 112$ 和 $\phi 140$，深度均是 5mm，两凸台的中心重合，所以可以用缩放指令来加工。四个 $\phi 12$ 的孔，其中孔的间距均是 120mm（X 方向、Y 方向），故可以运用镜像或者旋转指令来加工。两个宽度为 10mm，深度为 5mm 的直槽分别在第二象限和第四象限，其夹角为 180 度，第二象限的槽与 Y 轴夹角为 45 度其加工可以采用镜像或者旋转。还有两个宽度为 10mm，深度为 5mm 的圆弧槽，槽的内轮廓半径为 30mm，外轮廓半径为 40mm，两槽关于原点对称，所以可以用镜像或者旋转加工。

2. 确定加工方案

（1）装夹方案及刀具选择。

1）本例中的毛坯，采用虎钳装夹即可，首先把平口钳固定在工作台上，找正钳口，再把工件装夹在平口钳上。为了能装夹得牢固，防止铣削时工件松动，必须把比较干整的平面贴紧在垫铁和平口钳口上。要使工件贴紧在垫铁上，应该一面夹紧，一面用手锤轻击工件的平面，光洁的平面要用铜棒进行敲击以防止敲伤光洁表面。还有就是基准的选择。

2）在本例中选择以下四把刀具：$\phi 12$ 的钻头用于加工孔，$\phi 8$ 的立铣刀用于加工四个槽，$\phi 20$ 的立铣刀用于加工两凸台并且去除余量（采用不同的刀具补偿值切除加工余量）。

（2）加工方案及加工走刀路线。

工件坐标原点为零件中心的及上表面。首先加工平面，然后加工键槽，接着加工两个圆台，最后钻削四个孔。

对于连续铣削轮廓，特别是加工圆弧时，要注意安排好刀具的切入、切出，要尽量避免交接处重复加工，否则会出现明显的界限痕迹。

3. 程序编制

（1）

T01（ϕ20 立铣刀）（加工凸台）

```
%1111                          ; 主程序（D01=10）
N1    G90 G54 G17 G00 X-85 Y0
N2    M03 S2000
N3    Z50
N4    Z5
N5    G01 Z-10 F200
N6    M98 P100                 ; 加工大圆
N7    G51 X0 Y0 P0.8           ; 缩放中心(0, 0)，缩放系数 0.8
N8    G01Z-5F200
N9    M98 P100                 ; 加工小圆
N10   G50                      ; 取消缩放
N11   G00 Z50
N12   M05
N14   M30
%100
N3    G41G01X-70D01 F500
N5    G02X-70Y0I70J0
N7    G40G01X-85Y0
N9    G00 Z10
N11   M99
```

（2）

T02（加工两个宽度为 10mm，深度为 5mm 的直槽）

```
%1112                          ; 主程序（D01=4）
N1 G90G54G00X0Y0
N2 M03S2000
N3 Z50
N4 Z5
N5 G68X0Y0P45
N6 M98P101
N7 G69
N8 G68X0Y0P225
N9 M98P101
N10 G69
N11G00Z50
N12 M05
N13 M30

%101
N12 G00 X0 Y5
N13 G01Z-5F200
N14 Y25
```

N15 G41X5Y25D01

N16 G03X-5Y25R5

N17 G01Y5

N18 G03 X5 R5

N19 G01 Y25

N20 G40X0Y25

N21 G00Z5

N22 X0 Y0

N23 M99

（3）

T03　　（$\phi 8$ 的立铣刀）（两个宽度为 10mm，深度为 5mm 的圆弧槽）

%1113　　　　　　　　　　　　　　；主程序（D01=4）

N1 G90G54G00X0Y0

N2 M03S2000

N3 Z50

N4 Z5

N5 M98P100

N6 G24X0Y0

N7 M98P100

N8 G25 X0 Y0

N8 G00Z50

N9 M05

N10 M30

%100

N10 G00X35Y0

N11 G01Z-5F200

N12 G03X0Y35R35

N13 G01G41Y30D01

N14 G02X30Y0R30

N15G03X40Y0R5

N16G03X0Y40R40

N17G03Y30R5

N18G01G40Y35

N19G00Z5

N20X0Y0

N21 M99

（4）

T04　　　（$\phi 12$ 钻头）（钻 4-$\phi 12$ 深 5 的孔）

%1114

N1 G90G54G00X0Y0

N2 M03S2000

N3 Z50

N4G81X-60Y-60R5Z-15F100

N5Y60

N6X60

N7Y-60

N8G80M05

N9M30

4. 加工过程简述

加工步骤同前，注意换刀时工件坐标系原点不变，只是因为刀具的长度发生变化，需重新设定对刀的 Z 值。

学生练习指导

1. 加工时的注意事项
（1）简化编程指令的运用（子程序原点问题）。
（2）刀具半径补偿的运用。刀具半径补偿的使用是通过指令 G41、G42 和 G40 来执行的。

2. 编程时应注意的问题
（1）工件的被加工面必须高出平口钳口，否则就要用平行垫铁垫高工件。
（2）手动对刀时，应注意选择合适的进给速度；手动换刀时，刀具和工件之间要有足够的距离不至于发生碰撞。
（3）镜像、旋转、缩放命令使用后一定记得取消。
（4）G51 在有刀具补偿的情况下先进行缩放然后才进行刀具半径补偿、刀具长度补偿。
（5）在有刀具补偿的情况下，先旋转后刀补（刀具半径补偿、刀具长度补偿）；在有缩放功能的情况下先缩放后旋转。

3. 装夹时应注意的问题
（1）为了不使平口钳口损坏和保持已加工表面，夹紧工件时在钳口处垫上铜片。
（2）刚性不足的：工件需要支实，以免夹紧力使工件变形。

4. 程序运行
（1）手不要离开进给保持。
（2）注意切削用量的调整（粗加工及精加工的调整）。
（3）加注切削液。
（4）运行程序前 Z 轴抬起。
（5）执行程序前要将保护门关上。

练习题

编制以下零件加工程序并加工。

1.

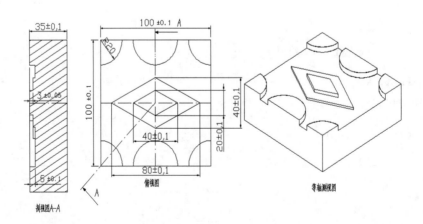

图 8-5

2.

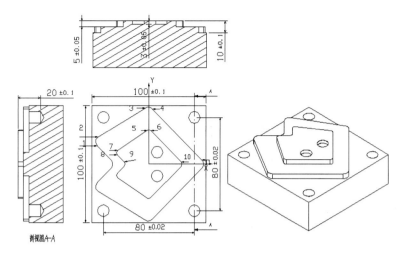

图 8-6

坐标系原点建立在中心

1	(-45.477 , 15.48)	
2	(-44.51, 23.29)	
3	(3.35, 47.99)	
4	(2.76, 47.24)	
5	(-1.705, 28.86)	
6	(1.45, 28.55)	
7	(-27.45, 11.69)	
8	(-27.84, 7.84)	
9	(-21.77, 1.77)	
10	(28.23, 1.77)	
11	(46.46, 3.54)	

3.

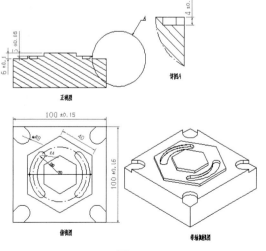

图 8-7

4.

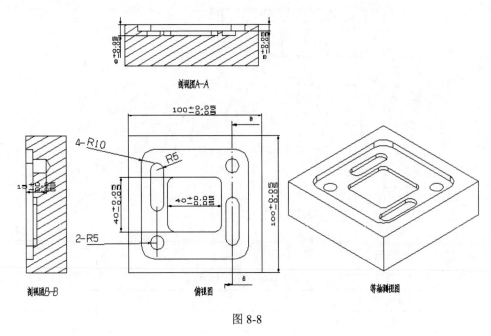

图 8-8

5.

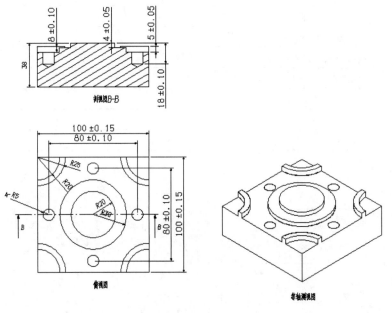

图 8-9

项目九　数控铣/加工中心机床固定循环

项目任务

如图 9-1 所示，编制孔类零件的加工程序并进行加工。

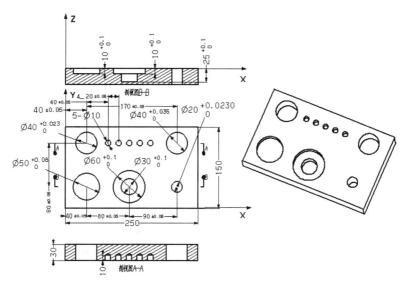

图 9-1　孔类零件

项目描述

1. 孔加工刀具的运用
2. 对孔类零件进行加工工艺分析
3. 应用固定循环指令进行编程
4. 进行孔类零件加工

知识及能力要求

1. 了解孔加工刀具的种类及使用方法
2. 能对孔类加工零件进行工艺分析
3. 正确编制孔加工程序并进行加工

知识及能力讲解

9.1　孔加工刀具的种类及使用方法

1. 孔加工刀具的种类

（1）麻花钻头、扩孔钻、中心钻，如图 9-2 所示。

（a）麻花钻头 （b）扩孔钻 （c）中心钻

图 9-2 钻头

（2）铰刀包括机用铰刀、手用铰刀，如图 9-3 所示。

（a）机用铰刀 （b）手用铰刀

图 9-3 铰刀

（3）镗刀包括粗镗刀、精镗刀，如图 9-4 所示。

（a）粗镗刀 （b）精镗刀

图 9-4 镗刀

（4）平底刀。

2．孔加工刀具的使用方法及应用场合

（1）麻花钻头、扩孔钻、中心钻的使用方法及应用场合。

1）麻花钻头使用方法及应用场合：对于孔的精度要求不高的孔加工可以采用钻头作为最终加工刀具，而且钻头的特点是有没有底孔钻头均能进行加工。

2）扩孔钻使用方法及应用场合：扩孔钻是对工件上已钻出、铸出或锻出的孔进行扩大加工，扩孔可在一定程度上校正原孔的轴线偏斜，扩孔常用于铰孔的预先加工，对于质量要求不高的孔，扩孔也可作为孔加工的最终工序。（扩孔相当于半精加工，经济加工精度可达 IT10 级，表面粗糙度为 Ra 6.3～3.2μm）。

3）中心钻的使用方法及应用场合：中心钻主要加工带有锥度的中心孔，主要是对孔位进行预加工，可以对将来应用钻头钻孔起定心作用。

（2）铰刀的使用方法及应用场合：铰刀是对进行过预加工的孔进行半精加工或精加工的多刀刃刀具，在生产中应用广泛（铰孔的经济加工精度可达 IT7 级，表面粗糙度 Ra 为 0.8~1.6μm）。

（3）镗刀的使用方法及应用场合：镗刀是对进行过预加工的孔进行半精加工或精加工的单刃或者双刃刀具，加工精度与铰刀相当。（铰孔的经济加工精度可达 IT7 级，表面粗糙度 Ra 为 0.8~1.6um）

（4）普通立铣刀、键槽铣刀的使用方法及应用场合：普通立铣刀、键槽铣刀均可以在数控铣床上利用机床的圆弧插补功能进行铣孔加工，而且对于有没有底孔的场合均可以应用，但是由于机床插补精度的影响其最终加工精度低于铰孔和镗孔，所以对于精度要求较高的孔（例如 IT7 级的孔）不宜作为最终加工工序。

3. 孔的测量工具介绍

（1）游标卡尺：游标卡尺是一种常用的量具如图 9-5 所示，具有结构简单、使用方便、精度中等和测量的尺寸范围大等特点，可以用它来测量零件的外径、内径、长度、宽度、厚度、深度和孔距等，应用范围很广，但是测量精度较低。

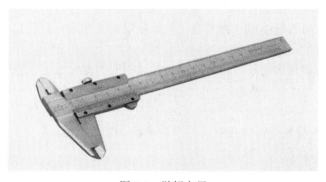

图 9-5　游标卡尺

（2）内径千分尺：内径千分尺可以用于孔的尺寸精密测量，测量精度较高，但是由于结构限制不能测量较深的孔，如图 9-6 所示。

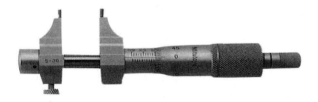

图 9-6　内径千分尺

（3）内径表：内径百分表是将测头的直线位移变为指针的角位移的计量器具。用比较测量法完成测量，用于不同孔径的尺寸及其形状误差的测量，其测量精度高而且浅孔与深孔均可以测量，但是使用前调整较麻烦，如图9-7所示。

图 9-7　内径表

以下为内径表使用前的调整步骤：

ⅰ.使用前检查

① 检查表头的相互作用和稳定性。

② 检查活动测头和可换测头表面光洁，连接稳固。

ⅱ.读数方法

测量孔径，孔径向的最小尺寸为其直径，测量平面间的尺寸，任意方向内，均最小的尺寸为平面间的测量尺寸。

百分表测量读数调整后的基本尺寸加减表针读书即为测量数据，当表针顺时针方向大于基本尺寸时为孔径的尺寸小于基本尺寸，反之则为大于基本尺寸。

ⅲ.正确使用

① 把百分表插入量表直管轴孔中，压缩百分表一圈，紧固。

② 选取并安装可换测头，紧固。

③ 测量时手握隔热装置。

④ 根据被测尺寸调整零位。

用已知尺寸的环规或平行平面（千分尺）调整零位，以孔轴向的最小尺寸或平面间任意方向内均最小的尺寸对0位，然后反复测量同一位置2～3次后检查指针是否仍与0线对齐，如不齐则重调。

为读数方便，可用整数来定零位位置。

⑤ 测量时，摆动内径百分表，找到轴向平面的最小尺寸（转折点）来读数。

⑥ 测杆、测头、百分表等配套使用，不要与其他表混用。

（4）塞规：一种量具，常用的有圆孔塞规和螺纹塞规。圆孔塞规做成圆柱形状，两端分别为通端和止端，通端的尺寸等于零件孔的最小极限尺寸，止端等于零件的最大极限尺寸。当通端能够塞进孔而止端不能塞进时零件尺寸合格，如图9-8所示。

图 9-8 塞规

9.2 孔类零件加工的工艺分析

1. 走刀路线的设计

在数控加工中，刀具（严格说是刀位点）相对于工件的运动轨迹和方向称为加工路线。即刀具从起刀点开始运动起，直至结束加工所经过的路径，包括切削加工的路径及刀具引入、返回等非切削空行程。加工路线的确定首先必须保证被加工零件的尺寸精度和表面质量，其次考虑数值计算简单，走刀路线尽量短，效率较高等。

2. 孔加工的刀具选择

要根据孔的精度及工件材料选择合适的刀具。

（1）孔的直径和深度是多少。

一般情况下，孔的直径较小时可以选择钻孔、铰孔、镗孔，但是当孔径较大时可以选择铣孔、镗孔，原因是当孔径较大时如果选择钻孔和铰孔，由于钻头以及铰刀不可能做得很大而不能实现。

对于深度较大的孔可以选用钻孔、铰孔、镗孔，而较浅的孔选择铣孔，原因是铣孔时由于铣刀不可能很长所以不能铣较深的孔。

（2）孔的公差要求、精度水平、几何形状、和表面粗糙度如何。

孔的尺寸精度、形状位置精度和表面粗糙度要求较高时可以选用铰孔、镗孔，而孔的尺寸精度、形状位置精度和表面粗糙度要求较差时可以选用钻孔、扩孔、铣孔作为最终加工工序。

还要根据孔的精度合理安排工艺过程。

精度较高的孔可以选择的工艺路线有以下几种：

1）钻孔→扩孔→铰孔。

2）钻孔→扩孔→镗孔。

3）钻孔→粗镗孔→精镗孔。

4）钻孔→铣孔→镗孔。

5）钻孔→铣孔→铰孔。

6）铣孔→镗孔。

7）铣孔→铰孔。

至于孔的精度要求不高的孔可以根据零件的具体要求选择钻孔、铣孔、粗镗孔等作为最终加工工序。

（3）该刀具在调整时是否费时和重磨时是否方便等等都是要考虑的因素。

有的刀具在调整时比较费时，对于此种刀具的选用应该慎用，例如不带微调装置的精镗刀。

有的刀具刀头采用不重磨刀片，此种刀片磨损时只需更换即可，调整方便。另外有一些刀具刃磨时需手工刃磨，此种刀具磨刃麻烦。

（4）需要该刀具达到何种水平的生产率（进给与速度）。

一般情况下，对于一些难加工材料，或者是淬硬（HRC＞30）的零件，或者要求较高的进给量、切削速度时，应该选择较好的刀具材料，新型硬质合金、涂层刀具、立方氮化硼、陶瓷刀具、甚至金刚石刀具都可以选用，但是这些刀具材料价格较高。

（5）零件的批量。

零件的批量较大时，可以选用效率较高的刀具以及刀具材料。而且选用的工艺方法也应该在满足精度要求的情况下，达到较高效率，而且选择的刀具也应该具有较高的耐用度。

（6）被加工的材料是什么。

一般情况下，对于一些难加工材料或者是淬硬（HRC＞30）的零件，应该选择较好的工件材料，如果工件材料的机械性能较差时，如 Q235、LY12 等，可以选用一般的刀具材料，例如：高速钢刀具。

（7）被加工孔是盲孔还是通孔。

被加工的孔是通孔时，一般情况下，对刀具没有要求，但是如果是盲孔，则应根据孔底的形状选用刀具，例如，孔底是 V 形底应该选择钻头，孔底是平底时可以选用平底的钻头或者是铣孔。

9.3　固定循环指令介绍

1．固定循环指令

应用孔加工固定循环功能，使得其他方法需要几个程序段完成的功能在一个程序段内完成。例如：钻孔若是采用 G00 及 G01 也可以实现但是需要 N 个指令，而采用固定循环指令则可以一个指令完成孔加工的一套动作。

（1）孔加工固定循环由下述六个基本动作构成，如图 9-9 所示。

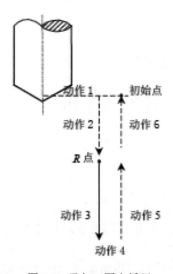

图 9-9　孔加工固定循环

1）X、Y 轴定位。

2）定位到 R 点（参考点）。

3）孔加工。

4）在孔底的动作。

5）退回到 R 点。

6）快速返回到初始点。

固定循环的数据表达形式可以用绝对坐标 G90 和相对坐标 G91 表示，如图 2-10 所示其中图（a）是采用 G90 方式表示；图（b）是采用 G91 方式表示。

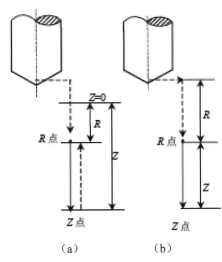

（a） （b）

图 9-10 固定循环的数据表达形式

（2）固定循环的程序格式。

G98

G99　G—X—Y—Z—R—Q—P—I—J—K—F—L—

说明：

G98：返回初始平面。

G99：返回 R 点平面。

G—：固定循环代码 G73、G74、G76、G81~G89 之一。

X、Y：加工起点到孔位的距离（G91）或孔位坐标（G90）。

Z：R 点到孔底的距离（G91）或孔底坐标（G90）。

R：初始点到 R 点的距离（G91）或 R 点的坐标。

Q：每次进给深度（G73、G83）Q＜0。

K：每次退刀距离（G73、G83）K＞0。

I、J：刀具在径反向位移量（G76、G87）。

P：刀具在孔底的暂停时间。

F：切削进给速度。

L：固定循环次数。

（3）具体指令介绍。

1）高速深孔加工循环 G73：G73 用于 Z 轴的间歇进给，有利于断屑、排屑，减少退刀量，可以进行高效率的深孔加工。

格式：G98/G99   G73 X—Y—Z—R—Q—P—K—F—L—

G73 指令动作循环见图 9-11。

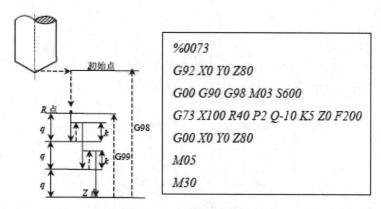

```
%0073
G92 X0 Y0 Z80
G00 G90 G98 M03 S600
G73 X100 R40 P2 Q-10 K5 Z0 F200
G00 X0 Y0 Z80
M05
M30
```

图 9-11　G73 指令动作循环

注意：Z、K、Q 移动量为零时该指令不执行。

例9-1　使用 G73 指令编制如图 9-11 所示深孔加工程序。设刀具起点距工件上表面 42mm，距孔底 80mm，在距工件上表面 2mm 处（R 点）由快进转换为工进，每次进给深度 10mm，每次退刀距离 5mm。

2）反攻丝循环 G74：G74 攻丝时要求 R 距离工件表面 7mm 以上，若 Z 的移动量为零，该指令不执行。

格式：G98/G99   G74 X—Y—Z—R—P—F—L—

G74 指令动作循环见图 9-12。

例9-2　使用 G74 指令编制如图 9-12 所示反螺纹攻丝加工程序。设刀具起点距工件上表面 48mm，距孔底 60mm，在距工件上表面 8mm 处（R 点）由快进转换为工进。

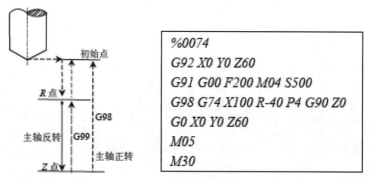

```
%0074
G92 X0 Y0 Z60
G91 G00 F200 M04 S500
G98 G74 X100 R-40 P4 G90 Z0
G0 X0 Y0 Z60
M05
M30
```

图 9-12　例 9-2 图

3）精镗循环 G76：G76 在精镗至孔底后，进给暂停，主轴准停，刀具向刀尖反方向移动，然后快速退刀，这种带有让刀的退刀不会划伤已加工表面，保证了镗孔精度。

格式：G98/G99   G76 X—Y—Z—R—Q—P—K—F—L—

说明：I：X 轴刀尖反向位移量。

　　　J：Y 轴刀尖反向位移量。

G76 指令动作循环见图 9-13。

注意：如果 Z 的移动量为零该指令不执行。

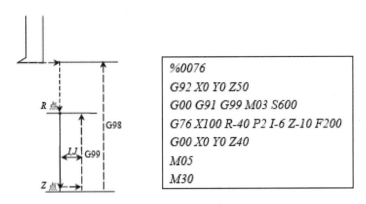

```
%0076
G92 X0 Y0 Z50
G00 G91 G99 M03 S600
G76 X100 R-40 P2 I-6 Z-10 F200
G00 X0 Y0 Z40
M05
M30
```

图 9-13　G76 指令动作循环

例 9-4　使用 G76 指令编制如图 9-13 所示精镗加工程序。设刀具起点距工件上表面 42mm，距孔底 50mm，在距工件上表面 2mm 处（R 点）由快进转换为工进。

4）钻孔循环（中心钻）G81：G81 用于一般孔钻削。G81 钻孔动作循环包括 X、Y 坐标定位，快进，工进和快速返回等动作。

格式：G98/G99　　G81 X—Y—Z—R—F—L—

G81 指令动作循环见图 9-14。

注意：如果 Z 的移动量为零该指令不执行。

例 9-5　使用 G81 指令编制如图 9-14 所示钻孔加工程序。设刀具起点距工件上表面 42mm，距孔底 50mm，在距工件上表面 2mm 处（R 点）由快进转换为工进。

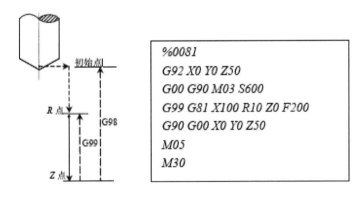

```
%0081
G92 X0 Y0 Z50
G00 G90 M03 S600
G99 G81 X100 R10 Z0 F200
G90 G00 X0 Y0 Z50
M05
M30
```

图 9-14　例 9-5 图

5）带停顿的钻孔循环 G82：G82 指令主要用于加工盲孔，以提高孔深精度。G82 与 G81 的区别在于 G82 指令使刀具在孔底暂停。

格式：G98/G99　　G82 X—Y—Z—R—P—F—L—

注意：如果 Z 的移动量为零该指令不执行。

6）深孔钻削循环 G83：G83 与 G73 的区别在于 G83 指令在每次进刀 q 距离后返回 R 点，其余相同。

格式：G98/G99　　G83X—Y—Z—R—Q—P—K—F—L—

说明：

Q：每次进给深度。

K：每次退刀后，再次进给时，由快速进给转换为切削进给时距上次加工面的距离。

G83 指令动作循环见图 9-15。

注意：Z、K、Q 移动量为零时该指令不执行。

例 9-6　使用 G83 指令编制如图 9-15 所示深孔加工程序。设刀具起点距工件上表面 42mm，距孔底 80mm，在距工件上表面 2mm 处（R 点）由快进转换为工进，每次进给深度 10mm，每次退刀后，再由快速进给转换为切削进给时距上次加工面的距离 5mm。

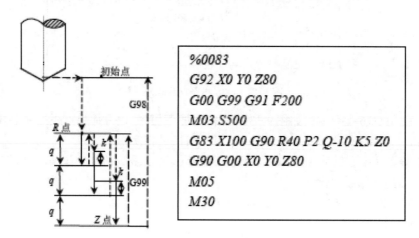

图 9-15　例 9-6 图

7）攻丝循环 G84：G84 与 G74 的区别在于主轴转向相反，其余相同。G84 攻螺纹时从 R 点到 Z 点主轴正转，在孔底暂停后，主轴反转然后退回。

G84 指令动作循环见图 9-16。

格式：G98/G99　　G84　X—Y—Z—R—P—F—L—

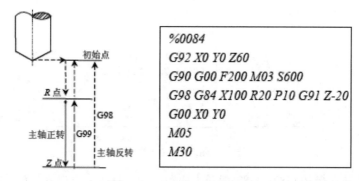

图 9-16　G84 指令动作循环

注意：

①攻丝时速度倍率、进给保持均不起作用。

②R 应选在距工件表面 7mm 以上的地方。

③如果 Z 的移动量为零该指令不执行。

例 9-7　使用 G84 指令编制如图 9-16 所示螺纹攻丝加工程序。设刀具起点距工件上表面 48mm，距孔底 60mm，在距工件上表面 8mm 处（R 点）由快进转换为工进。

8）镗孔循环 G85：G85 指令在镗孔时使主轴正转，刀具以进给速度镗孔至孔底后以进给速度退出，无孔底动作。

格式：G98/G99　　G85 X—Y—Z—R—F—L—

9）镗孔循环 G86：G86 指令与 G85 指令的区别在于 G86 指令刀具到达孔底后，主轴停止，并快速退回。

格式：G98/G99　　G86 X—Y—Z—R—P—F—L—

注意：

①如果 Z 的移动位置为零该指令不执行。

②调用此指令之后主轴将保持正转。

10）反镗循环 G87。

格式：G98/G99　　G87 X—Y—Z—R—P—I—J—F—L—

说明：

I：X 轴刀尖反向位移量。

J：Y 轴刀尖反向位移量。

G87 指令动作循环见图 9-17 描述如下：

①在 XY 轴定位。

②主轴定向停止。

③在 X Y 方向分别向刀尖的反方向移动 I J 值。

④定位到 R 点（孔底）。

⑤在 X Y 方向分别向刀尖方向移动 I J 值。

⑥主轴正转。

⑦在 Z 轴正方向上加工至 Z 点。

⑧主轴定向停止。

⑨在 X Y 方向分别向刀尖反方向移动 I J 值。

⑩返回到初始点（只能用 G98）。

⑪在 X Y 方向分别向刀尖方向移动 I J 值。

⑫主轴正转。

注意：如果 Z 的移动量为零该指令不执行。

例9-8　使用 G87 指令编制如图 9-17 所示反镗加工程序。设刀具起点距工件上表面40mm，距孔底（R 点）80mm。

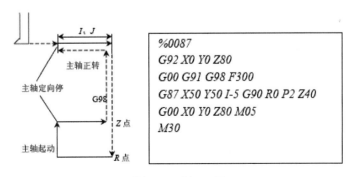

```
%0087
G92 X0 Y0 Z80
G00 G91 G98 F300
G87 X50 Y50 I-5 G90 R0 P2 Z40
G00 X0 Y0 Z80 M05
M30
```

图 9-17　例 9-8 图

11) 镗孔循环 G88。

格式：G98/G99　　G88 X—Y—Z—R—P—F—L—

G88 指令动作循环见图 9-18 描述如下：

①在 XY 轴定位。

②定位到 R 点。

③在 Z 轴方向上加工至 Z 点孔底。

④暂停后主轴停止。

⑤转换为手动状态手动将刀具从孔中退出。

⑥返回到初始平面。

⑦主轴正转。

例 9-9　使用 G88 指令编制如图 9-18 所示镗孔加工程序。设刀具起点距 R 点 40mm，距孔底 80mm。

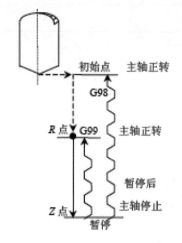

```
%0088
G92 X0 Y0 Z80
M03 S600
G90 G00 G98 F200
G88 X60 Y80 R40 P2 Z0
G00 X0 Y0 M05
M30
```

图 9-18　例 9-9 图

12) 镗孔循环 G89：G89 指令与 G86 指令其余相同，只是刀具在孔底时有暂停且主轴停。注意：如果 Z 的移动量为零 G89 指令不执行。

格式：G98/G99　　G81 X—Y—Z—R—P—F—L—

13) 取消固定循环 G80：G80 指令取消固定循环，同时 R 点和 Z 点也被取消。使用固定循环时应注意以下几点：

①在固定循环指令前应使用 M03 或 M04 指令使主轴回转。

②在固定循环程序段中 X，Y，Z，R 数据应至少指定一个才能进行孔加工。

③在使用控制主轴回转的固定循环（G74 G84 G86）中，如果连续加工一些孔间距比较小，或者初始平面到 R 点平面的距离比较短的孔时，会出现在进入孔的切削动作前，主轴还没有达到正常转速的情况，遇到这种情况时，应在各孔的加工动作之间插入 G04 指令，以获得时间。

④当用 G00~G03 指令注销固定循环时，若 G00~G03 指令和固定循环出现在同一程序段，按后出现的指令运行。

⑤在固定循环程序段中，如果指定了 M，则在最初定位时送出 M 信号，等待 M 信号完成，才能进行孔加工循环。

2. 固定循环编程实例

例 9-10 使用 G73（断屑式啄钻循环）完成图 9-19 所示孔的加工，为其编程。

程序

%0002　　　　　　;主程序

T1

M98 P8999

G90 G54 G00 X0 Y0 S600 M03

G99 G73 X25.0 Y25.0 Z-30.0 R3.0 Q6.0 F50

G91 X40 L3

Y35.0

X-40.0 L3

G90 G80 X0 Y0 M05

G00 Z50.0

M30

%8999　　　　　　;子程序

M05

M09

G80

G91 G30 Z0

G49 M06

M99

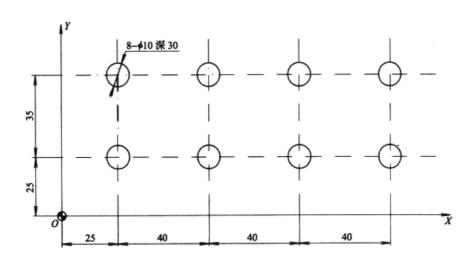

图 9-19　例 9-10 图

⚠ 本工作任务试解

1. 本零件的工艺分析

（1）对图样的分析理解。

（2）确定刀具种类及规格及切削用量。

（2）确定装夹方案。

（3）确定加工方案。

2. 编制加工程序

（1）分析零件。

（2）确定工件坐标系位置及刀具规格。

（3）根据零件编写程序。

3. 机床操作步骤

（1）开启机床电源，按起急停按钮。

（2）进入编程界面，在 MDI 方式下输入零件程序，输入完毕后进行程序校验，验证输入的程序是否正确。

（3）将毛坯放在虎钳上进行装夹，并将其夹紧。

（4）安装刀具，在手动方式下进行对刀操作，确定工件坐标系原点。

（5）在机床中调出经校验正确的程序，关闭铁门，进行零件加工。

（6）零件加工完毕，清除铁屑，进行测量。

学生练习指导

1. 安全方面的注意事项

（1）装夹工件时确保装夹牢固，以防止加工中出现零件晃动的情况，出现加工事故。

（2）在操作中要确保单人单机操作，防止操作中因为其他人的误操作，影响加工，造成事故。

（3）刀具安装过程中要安装牢固。

2. 加工过程可能出现的问题及对策

（1）在对刀的过程中的手轮操作中由于正反方向没有搞清，导致打刀。（在对刀前先将刀具移到较高处，然后手轮操作，搞清工作台正负方向和手轮的对应关系，并将其牢记。）

（2）工件零点坐标确定不正确。（在对刀及计算原点的过程中心细一点，对完后，在机床上校验一下，将刀具的位置放在 G90G54G00X0Y0Z50 的位置进行校验，看刀具是否在毛坯中间。）

（3）刀具的补偿值输入错误，或者忘记没有输，导致零件加工的尺寸出现错误（在加工零件前进入机床的补偿值界面中，看补偿值正确与否。）

项目十 数控铣/加工中心机床外形类、内腔类、孔类 零件单项练习

项目任务

外形类、内腔类、孔类零件的加工实例
1. 能合理完成工件坐标系的建立及铣削外形轮廓、内腔类、孔类零件程序编制
2. 能合理编制外形轮廓、内腔类、孔类零件的加工工艺
3. 能合理选用外形轮廓、内腔类、孔类零件的加工刀具
4. 能和小组成员协作完成任务

项目描述

某公司委托我校加工一批外协零件三类（分别由学习情境一、二、三来展示），加工数量为10件，来料加工，工期为1天。现学校将该任务分配给数控铣教研组，由实习教师带领学生完成零件的加工。

10.1 学习情境一：数控铣/加工中心机床外形类单项练习

例 10-1 加工图 10-1 的零件。

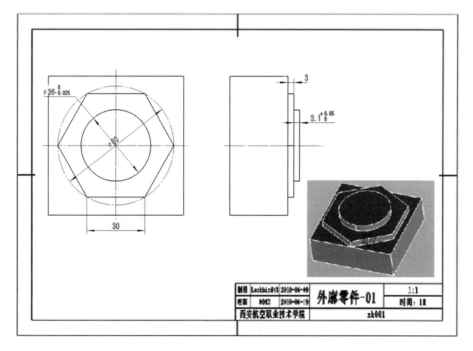

图 10-1 外廓零件图

⚑本工作任务试解

1. 分析零件图确定工艺、读懂工艺卡片确定各工序加工部分。
2. 确定刀具及切削用量：采用 $\phi8$ 键槽铣刀。主轴转速为 2000r/min，进给量 60mm/min。
3. 确定走刀路线：采用 Z 上表面垂直进刀，起刀点为 X0 Y0 Z50。
4. 确定工件坐标系原点：工件坐标原点设定在四边分中顶面为零。
5. 编制加工程序。

程序	
%110	程序名
G90 G54 G0 X0 Y-0	建立工件坐标系和起刀点 X0Y0
M03 S2000 Z50	主轴正转，2000r/min，Z50
Z5	刀具快速移动到 Z 表面 5mm
G41 Y-26 D01	建立刀具半径补偿 D=4
G01 Z-6.1 F60	切入工件 6.1mm
X-15	
X-30 Y0	
X-15 Y26	
X15	加工外廓六边形
X30 Y0	
X15 Y-26	
X0	
G0Z5	刀具抬高至 Z5
G40 Y0	取消刀具半径补偿
G41 Y-18 D01	建立刀具半径补偿 D=4
G01 Z-3 F60	切入工件 3mm
G02 J18	加工 $\phi36$ 圆
G0 Z5	刀具抬高至 Z5
G40 Y0	取消刀具半径补偿
G0 Z50	刀具抬高至 Z50
M05	关闭主轴
M30	程序停止

输入刀具半径补偿进行程序校验，检查程序错误并修改。

6. 装夹工件及刀具。

（1）准备工作：将工件通过夹具装在机床工作台上，夹紧并找正，装夹时，工件的六个面应先加工为基准面并都应留出寻边器的测量位置。将工件上表面利用平面端铣刀加工平整。

（2）工件零点的设定：工件坐标原点设定在四边分中顶面为零，将寻边器或棒铣刀通过刀柄安装到主轴上，若是使用棒铣刀对刀时，在 MDI 模式下给定主轴转速为 60r/min，即 m03 s60，若是机械式寻边器为 600 r/min，利用手轮移动工作台使工件与刀具接近并实现相切，记录相应坐标值。

7．输入程序并校验程序（切记输入刀补值）。

8．对刀（记得填入刀具半径补偿值，若去除余量还要继续修改刀具半径补偿值）。

9．首件试加工：为了保证尺寸精度还要记得修正刀具半径补偿值，可参考项目六中刀具补偿论述。

10．送检测量。

例 10-2　加工图 10-2 的零件。

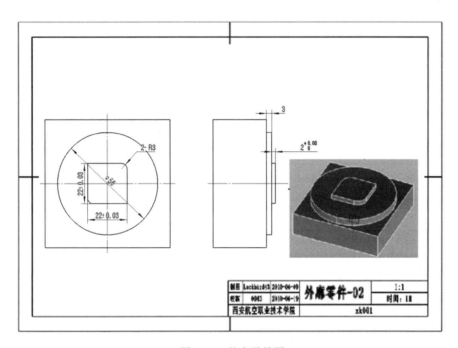

图 10-2　外廓零件图

本工作任务试解

1．分析零件图确定工艺、读懂工艺卡片确定各工序加工部分

2．确定刀具及切削用量：采用 $\phi 6$ 键槽铣刀。主轴转速为 2500r/min，进给量 60mm/min。

3．确定走刀路线：采用 Z 上表面垂直进刀，起刀点为 X0 Y0 Z50。

4．确定工件坐标系原点：工件坐标原点设定在四边分中顶面为零。

5．编制加工程序。

程序	
%111	程序名
G90 G54 G0 X0 Y-0	建立工件坐标系和起刀点 X0Y0
M03 S2000 Z50	主轴正转，2000r/min，Z50mm
Z5	刀具快速移动到 Z 表面 5mm
G41 Y-28 D01	建立刀具半径补偿 D=3
G01 Z-5 F60	切入工件 5mm

程序	
G02 J28	加工外廓 ϕ56 的圆
G0 Z5	刀具抬高至 Z5
G40 Y0	取消刀具半径补偿
G41 Y-11 D01	建立刀具半径补偿 D=3
G01 Z-2 F60	切入工件 2mm
X-11 R3	加工外廓四方块
Y11	
X11 R3	
Y-11	
X0	
G0 Z5	刀具抬高至 Z5mm
G40 Y0	取消刀具半径补偿
G0 Z50	刀具抬高至 Z50mm
M05	关闭主轴
M30	程序结束

输入刀具半径补偿进行程序校验，检查程序错误并修改。

6．装夹工件及刀具。

（1）准备工作：将工件通过夹具装在机床工作台上，夹紧并找正，装夹时，工件的六个面应先加工为基准面并都应留出寻边器的测量位置。将工件上表面利用平面端铣刀加工平整。

（2）工件零点的设定：工件坐标原点设定在四边分中顶面为零，将寻边器或棒铣刀通过刀柄安装到主轴上，若是使用棒铣刀对刀时，在 MDI 模式下给定主轴转速为 60r/min，即 m03 s60，若是机械式寻边器为 600 r/min，利用手轮移动工作台使工件与刀具接近并实现相切，记录相应坐标值。

7．输入程序并校验程序（切记输入刀补值）。

8．对刀（记得填入刀具半径补偿值，若去除余量还要继续修改刀具半径补偿值）。

9．首件试加工：为了保证尺寸精度还要记得修正刀具半径补偿值，可参考项目六中刀具补偿论述。

10．送检测量。

学生练习指导

（1）采用贴纸法对刀时不应切伤工件。

（2）当刀具快要接近工件时应放小倍率，慢摇手轮。

（3）合理确定工件坐标系原点，合理选择刀具，合理确定切削用量。

（4）注意刀具半径补偿参数的修改，残留余量的去除。

（5）刀具半径补偿的参数你能合理给出吗？

（6）利用坐标系旋转指令，使编程和计算时简单方便。

考核评价

评分标准：

（1）建立工件坐标系------------------10 分。

（2）编程轨迹------------------------30 分。

（3）残留余量未去除----------------10 分。

（4）刀具补偿指令不正确-----------30 分。

（5）尺寸精度控制--------------------10 分。

（6）切削用量选用及粗糙度---------10 分。

总结质量分析

（1）对于外轮廓的加工中，残留余量产生后是否应该增大刀具半径补偿值，为什么？

（2）建立完刀具半径补偿值完成加工后，为什么要取消刀具半径补偿值？

（3）如果图纸中给定的尺寸公差值为非对称式公差，怎么保证加工精度？

10.2 学习情境二：数控铣/加工中心机床内腔类单项练习

例 10-3 加工图 10-3 的零件。

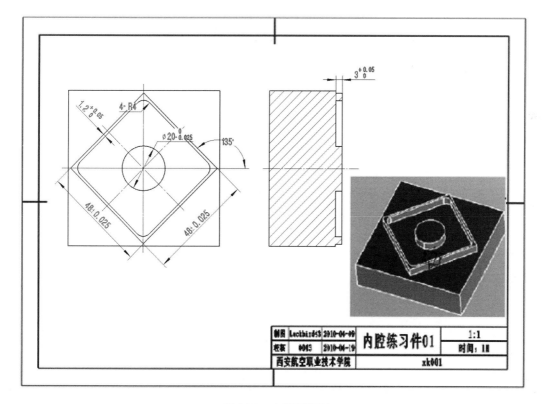

图 10-3 内腔零件图

本工作任务试解

1. 分析零件图确定工艺、读懂工艺卡片确定各工序加工部分。
2. 确定刀具及切削用量：采用 $\phi8$ 键槽铣刀。主轴转速为 2000r/min，进给量 80mm/min。
3. 确定走刀路线：采用 Z 上表面垂直进刀，起刀点为 X0 Y0 Z50。
4. 确定工件坐标系原点：工件坐标原点设定在四边分中顶面为零。
5. 编制加工程序。

程序	
%113	程序名
G90 G54 G0 X0 Y-0	建立工件坐标系和起刀点
M03 S2000 Z50	主轴正转，2000r/min，Z50mm
Z5	刀具快速移动到 Z5
G68 X0 Y0 R45	坐标系旋转建立
G41 Y-24 D01	建立刀具半径补偿 D01=4
M98 P100 F80	调用子程序加工外廓
G41 Y-24 D02	建立刀具半径补偿 D02=-5.2
M98 P100 F80	调用子程序加工内腔
G69	坐标系旋转取消
G41 Y-10 D01	建立刀具半径补偿，补偿值为 4
G01 Z-3.1 F60	Z 向切入工件 3.1mm
G02 J10	加工外廓 $\phi20$ 圆柱
G0 Z5	抬高刀具至 Z5
G40 Y0	取消刀具半径补偿
G0 Z50	快速抬高刀具至 Z50
M05	关闭主轴
M30	程序结束
%100	子程序名
G01 Z-3.1 F60	Z 向切入工件 3.1mm
X-24 F80	
Y24	
X24	加工四边形轮廓程序
Y-24	
X0	
G0 Z5	快速抬高刀具至 Z5
G40 Y0	取消刀具半径补偿
M99	子程序结束

输入刀具半径补偿进行程序校验，检查程序错误并修改。

6．装夹工件及刀具。

（1）准备工作：将工件通过夹具装在机床工作台上，夹紧并找正，装夹时，工件的六个面应先加工为基准面并都应留出寻边器的测量位置。将工件上表面利用平面端铣刀加工平整。

（2）工件零点的设定：工件坐标原点设定在四边分中顶面为零，将寻边器或棒铣刀通过刀柄安装到主轴上，若是使用棒铣刀对刀时，在 MDI 模式下给定主轴转速为 60r/min，即 m03 s60，若是机械式寻边器为 600 r/min，利用手轮移动工作台使工件与刀具接近并实现相切，记录相应坐标值。

7．输入程序并校验程序（切记输入刀补值）。

8．对刀（记得填入刀具半径补偿值，若去除余量还要继续修改刀具半径补偿值）。

9．首件试加工：为了保证尺寸精度还要记得修正刀具半径补偿值，可参考项目六中刀具补偿论述。

10．送检测量。

例 10-4　加工图 10-4 的零件。

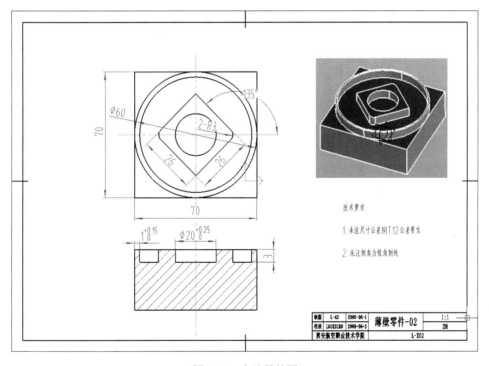

图 10-4　内腔零件图

⚠ 本工作任务试解

1．分析零件图确定工艺、读懂工艺卡片确定各工序加工部分。

2．确定刀具及切削用量：采用 $\phi6$ 键槽铣刀。主轴转速为 2500r/min，进给量 60mm/min。

3．确定走刀路线：采用 Z 上表面垂直进刀，起刀点为 X0 Y0 Z50。

4．确定工件坐标系原点：工件坐标原点设定在四边分中顶面为零。

5．编制加工程序。

程序	
%114	程序名
G90 G54 G0 X0 Y-0	建立工件坐标系和起刀点
M03 S2500 Z50	主轴正转，2000r/min，Z50mm
Z5	刀具快速移动到 Z5
G41 Y-30 D01	建立刀具半径补偿 D01=3
G01 Z-3 F60	切入工件 3mm 深
G02 J30 F80	加工外廓 φ60 整圆
G0 Z5	抬高刀具至 Z 上表面 5mm
G40 Y0	取消刀具半径补偿
G41 Y-30 D02	建立刀具半径补偿 D01=-4.075
G01 Z-3 F60	切入工件 3mm 深
G02 J30 F80	加工内腔 φ58 整圆
G0 Z5	抬高刀具至 Z 上表面 5mm
G40 Y0	取消刀具半径补偿
G68 X0 Y0 R45	坐标系旋转指令建立角度 45 度
G41Y-13 D01	建立刀具半径补偿 D01=3
M98 P100 F80	调用子程序加工外廓四方
G69	坐标系旋转取消
G41 Y-10 D01	建立刀具半径补偿，补偿值为3
G01 Z-3 F60	Z 向切入工件 3mm
G02 J10	加工内腔 φ20 圆孔
G0 Z5	抬高刀具至 Z5
G40 Y0	取消刀具半径补偿
G0 Z50	快速抬高刀具至 Z50
M05	关闭主轴
M30	程序结束
%100	子程序名
G01 Z-3 F60	Z 向切入工件 3.1mm
X-13 F80	
Y13	
X13	加工四边形轮廓程序
Y-13	
X0	
G0 Z5	快速抬高刀具至 Z5
G40 Y0	取消刀具半径补偿
M99	子程序结束

输入刀具半径补偿进行程序校验，检查程序错误并修改。

6. 装夹工件及刀具。

（1）准备工作：将工件通过夹具装在机床工作台上，夹紧并找正，装夹时，工件的六个面应先加工为基准面并都应留出寻边器的测量位置。将工件上表面利用平面端铣刀加工平整。

（2）工件零点的设定：工件坐标原点设定在四边分中顶面为零，将寻边器或棒铣刀通过刀柄安装到主轴上，若是使用棒铣刀对刀时，在 MDI 模式下给定主轴转速为 60r/min，即 m03 s60，若是机械式寻边器为 600 r/min，利用手轮移动工作台使工件与刀具接近并实现相切，记录相应坐标值。

7. 输入程序并校验程序（切记输入刀补值）。

8. 对刀（记得填入刀具半径补偿值，若去除余量还要继续修改刀具半径补偿值）。

9. 首件试加工：为了保证尺寸精度还要记得修正刀具半径补偿值，可参考项目六中刀具补偿论述；

10. 送检测量。

学生练习指导

前面我们介绍过刀具半径补偿可以解决：尺寸精度的控制；简化编程，方便计算；去除残留余量，结合宏程序来实现任意内、外轮廓的倒角、倒圆角问题。不过利用"刀具半径补偿"加工薄壁零件更有事半功倍的效果，比如例 10-3，图 10-3 薄壁工件用下面方法进行加工，可以大大简化程序，提高效率。

薄壁题型的外形与内腔都是很复杂的，此处只是为了说明利用刀补加工薄壁的问题，把图形简化为外形尺寸 48×48，4-R4，壁厚为 1.2mm，深度为 3mm，所选刀具为 φ8。

通常我们的做法是依次编写外形、内腔程序，外形、内腔程序相同只是尺寸有所不同，程序编写上等于重复劳动，若在比赛时在时间效率上就要有所要求了，此时就可以利用更改刀补方法来实现缩短时间及减少程序编写。

经分析得出此题只是给出外形尺寸，那么就编写外形程序，内腔程序不用去计算各点尺寸，利用刀补更改即可实现刀具偏置到内腔位置——即实现内腔加工。但加工外形时要兼顾内腔轮廓过切，遂进刀方式要注意，以免过切。

（1）加工前一定记得输入刀具半径补偿参数。

（2）注意内腔轮廓的起刀点设定，切入与切出时不要发生干涉与过切。

（3）利用外轮廓程序加工内腔轮廓，可以通过修改刀具半径补偿来实现。

（4）注意刀具半径补偿参数的修改，残留余量的去除。

（5）利用坐标系旋转指令，使编程和计算时简单方便。

考核评价

评分标准：

（1）建立工件坐标系------------------10 分。

（2）编程轨迹--------------------------20 分。

（3）残留余量未去除------------------10 分。

（4）刀具补偿指令不正确------------30 分。

（5）尺寸精度控制---------------------10 分。

（6）切削用量选用及粗糙度-------10分。

（7）简化编程指令的使用----------10分。

总结质量分析

（1）对于外轮廓的加工中，残留余量产生后是否应该增大刀具半径补偿值，为什么？

（2）内腔轮廓下刀时切入切出点的设定要考虑过切。

（3）如果图纸中给定的尺寸公差值为非对称式公差，怎么保证加工精度？

（4）如果有薄壁类零件的加工时怎样设定刀具半径补偿值来实现内外腔轮廓的加工？

（5）对于有简化特征的零件编程时可以使用简化编程指令，本例中使用的是坐标系旋转指令吗？

在加工中经常会出现"刀具干涉"报警提示，解决此报警应从两方面去考虑：刀具轨迹错误或者是刀具半径补偿出错。

我们采用排除法，将参数D设置成0，也就是未建立刀具半径补偿，如果此时图形模拟轨迹不正确，则可断定是刀具轨迹错误；若图形模拟轨迹正确显示，则可断定是刀具半径补偿出错。如果是刀具轨迹错误，一般是编程人员输入错误或轨迹计算错误导致的，只需排查坐标点或相应指令格式即可消除报警；如果是刀具半径补偿出错，一般是刀补指令理解、使用不当导致的。

练习题

1. 编制如图10-5所示外轮廓的加工程序，并实际加工出来。

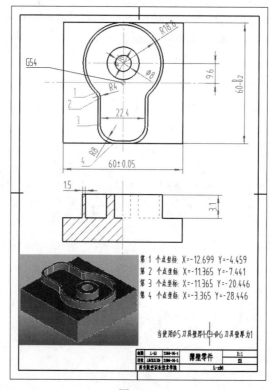

图 10-5

2．编制如图 10-6 所示外轮廓的加工程序，并实际加工出来。

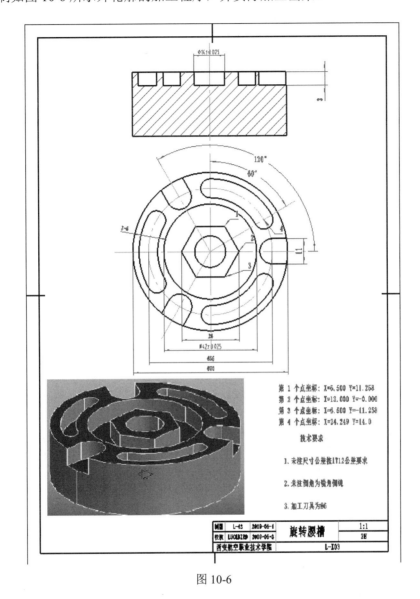

第 1 个点坐标：X=6.500 Y=11.258
第 2 个点坐标：X=13.000 Y=-0.000
第 3 个点坐标：X=6.500 Y=-11.258
第 4 个点坐标：X=34.249 Y=14.0

技术要求

1. 未注尺寸公差按IT12公差要求

2. 未注倒角为锐角倒钝

3. 加工刀具为φ6

图 10-6

10.3 学习情境二：数控铣/加工中心机床内孔类单项练习

例 10-5 加工图 10-7 的零件。

本工作任务试解

1．分析零件图确定工艺、读懂工艺卡片确定各工序加工部分。

2．确定刀具及切削用量，如表 10-1 所示。

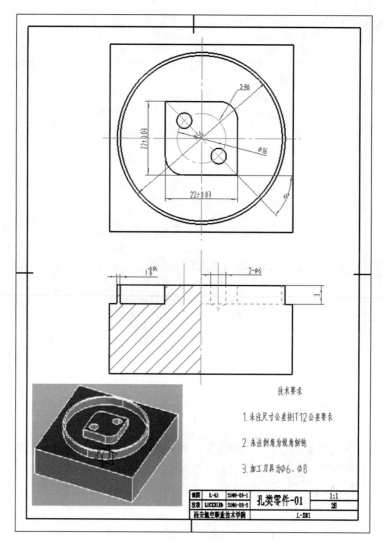

图 10-7 孔零件图

表 10-1 刀具选用表

刀具	加工内容	主轴转数	进给量（X、Y 向）	进给量（Z 向）
φ6 键槽铣刀	内外轮廓	2500 r/min	150mm/min	75mm/min

3. 确定走刀路线：采用 Z 上表面垂直进刀，起刀点为 X0 Y0 Z50。

4. 确定工件坐标系原点：工件坐标原点设定在四边分中顶面为零。

5. 编制加工程序。

程序	
%115	程序名
G90 G54 G0 X0 Y-0	建立工件坐标系和起刀点
M03 S2000 Z50	主轴正转，2000r/min，Z50

程序	
Z5	刀具快速移动到 Z5
G41 Y-28 D01	建立刀具半径补偿 D01=3
M98 P100 F80	调用子程序 100 加工外廓 $\phi58$
G41 Y-28 D02	建立刀具半径补偿 D02=-4
M98 P100 F80	调用子程序加工内腔
G0 Z5	刀具快速移动到 Z5
G41 Y-11 D01	建立刀具半径补偿，补偿值为 3
M98 P200	调用子程序 200 加工四边形岛屿
G0 Z50	抬高刀具至 Z50
G68 X0 Y0 R45	调用旋转指令，角度 45 度
G98 G81 X0 Y8 R5 Z-3 F60	钻孔循环，钻第一个孔
Y-8	钻第二个孔
G80	钻孔循环取消
G69	旋转指令取消
M05	关闭主轴
M30	程序停止
%100	子程序名
G01 Z-3 F60	加工 $\phi58$ 圆程序
G02 J28 F80	
G0 Z5	
G40 Y0	
M99	子程序结束
%200	子程序名
G01 Z-3 F60	切入工件 3mm
X-11 R6	加工四边形岛屿
Y11	
X11 R6	
Y-11	
X0	
G0 Z5	刀具抬高至 Z5
G40 Y0	取消刀具半径补偿
M99	子程序结束

输入刀具半径补偿进行程序校验，检查程序错误并修改。

6. 装夹工件及刀具。

（1）准备工作：将工件通过夹具装在机床工作台上，夹紧并找正，装夹时，工件的六个面应先加工为基准面并都应留出寻边器的测量位置。将工件上表面利用平面端铣刀加工平整。

（2）工件零点的设定：工件坐标原点设定在四边分中顶面为零，将寻边器或棒铣刀通过刀柄安装到主轴上，若是使用棒铣刀对刀时，在 MDI 模式下给定主轴转速为 60r/min，即 m03 s60，若是机械式寻边器为 600 r/min，利用手轮移动工作台使工件与刀具接近并实现相切，记录相应坐标值。

7．输入程序并校验程序（切记输入刀补值）。

8．对刀（记得填入刀具半径补偿值，若去除余量还要继续修改刀具半径补偿值）。

9．首件试加工：为了保证尺寸精度还要记得修正刀具半径补偿值，可参考项目六中刀具补偿论述。

10．送检测量。

例 10-6 加工图 10-8 的零件。

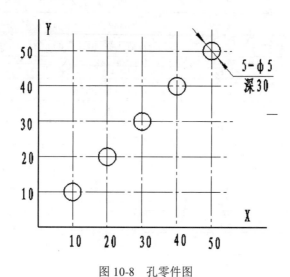

图 10-8 孔零件图

⚠ 本工作任务试解

1．分析零件图确定工艺、读懂工艺卡片确定各工序加工部分。

2．确定刀具及切削用量：采用 $\phi5$ 麻花钻。主轴转速为 2500r/min，进给量 60mm/min。

3．确定走刀路线：Y 沿着 XY 轴对角线加工，利用 G91 和 L 开关来简化加工。

4．确定工件坐标系原点：工件坐标原点设定在四边分中顶面为零。

5．编制加工程序。

程序	
%114	程序名
G90 G54 G0 X0 Y-0	建立工件坐标系和起刀点
M03 S2500 Z50	主轴正转，2500r/min，Z50
G98 G83 X10 Y10 R5 Q-3 K1 Z-33 F60	调用排屑式钻孔循环，加工第一个孔
G91 X10 Y10 L4	利用 G91 和 L 加工其余 4 个孔
G80	固定循环取消

续表

程序	
M05	关闭主轴
M30	程序结束

　　输入刀具半径补偿进行程序校验，检查程序错误并修改。

　　6．装夹工件及刀具。

　　（1）准备工作：将工件通过夹具装在机床工作台上，夹紧并找正，装夹时，工件的六个面应先加工为基准面并都应留出寻边器的测量位置。将工件上表面利用平面端铣刀加工平整。

　　（2）工件零点的设定：工件坐标原点设定在四边分中顶面为零，将寻边器或棒铣刀通过刀柄安装到主轴上，若是使用棒铣刀对刀时，在 MDI 模式下给定主轴转速为 60r/min，即 m03 s60，若是机械式寻边器为 600 r/min，利用手轮移动工作台使工件与刀具接近并实现相切，记录相应坐标值。

　　7．输入程序并校验程序（切记输入刀补值）。

　　8．对刀（记得填入刀具半径补偿值，若去除余量还要继续修改刀具半径补偿值）。

　　9．首件试加工：为了保证尺寸精度还要记得修正刀具半径补偿值，可参考项目六中刀具补偿论述。

　　10．送检测量。

　　例 10-9　加工图 10-9 的零件。

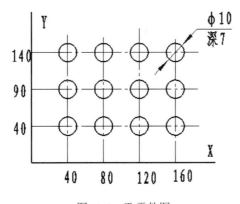

图 10-9　孔零件图

本工作任务试解

　　1．分析零件图确定工艺、读懂工艺卡片确定各工序加工部分。

　　2．确定刀具及切削用量：采用 ϕ10 麻花钻。主轴转速为 2000r/min，进给量 70mm/min。

　　3．确定走刀路线：Y 沿着 XY 轴对角线加工，利用 G91 和 L 开关来简化加工。

　　4．确定工件坐标系原点：工件坐标原点设定在四边分中顶面为零。

　　5．编制加工程序。

程序	
%114	程序名
G90 G54 G0 X0 Y-0	建立工件坐标系和起刀点
M03 S2000 Z50	主轴正转，2000r/min，Z50
G98 G73 X40 Y40 R5 Z-12 Q-3 K1 F70	调用断屑式钻孔循环，加工第一个孔（40,40）
G91 X40 L3	利用 G91 和 L 加工其余 3 个孔 （第一排）
G90 Y90	绝对值定位到（160,90）加工此孔
G91 X-40 L3	利用 G91 和 L 加工其余 3 个孔 （第二排）
G90 Y140	绝对值定位到（40,140）加工此孔
G91 X-40 L3	利用 G91 和 L 加工其余 3 个孔 （第三排）
G80	固定循环取消
M05	关闭主轴
M30	程序结束

输入刀具半径补偿进行程序校验，检查程序错误并修改。

6. 装夹工件及刀具。

（1）准备工作：将工件通过夹具装在机床工作台上，夹紧并找正，装夹时，工件的六个面应先加工为基准面并都应留出寻边器的测量位置。将工件上表面利用平面端铣刀加工平整。

（2）工件零点的设定：工件坐标原点设定在四边分中顶面为零，将寻边器或棒铣刀通过刀柄安装到主轴上，若是使用棒铣刀对刀时，在 MDI 模式下给定主轴转速为 60r/min，即 m03 s60，若是机械式寻边器为 600 r/min，利用手轮移动工作台使工件与刀具接近并实现相切，记录相应坐标值。

7. 输入程序并校验程序（切记输入刀补值）。

8. 对刀（记得填入刀具半径补偿值，若去除余量还要继续修改刀具半径补偿值）。

9. 首件试加工：为了保证尺寸精度还要记得修正刀具半径补偿值，可参考项目六中刀具补偿论述。

10. 送检测量。

学生练习指导

（1）只有 G80 能取消初始平面，若想设定当前 Z 值为初始平面则符合下列条件之一：本程序段前未出现固定循环或 G80 指令。

（2）当用 G00～G03 指令注销固定循环时，若 G00～G03 指令和固定循环出现在同一程序段，按后出现的指令运行。

（3）注意使用钻孔循环时 R、Z 的确定。

（4）使用 G91 时一定要清楚刀具当前位置，否则将出现加工异常。

（5）当使用键槽铣刀钻孔时，图纸标注尺寸即为程序程令中 Z 的切深；当使用麻花钻钻孔时一定要记得计算钻尖量，即程序中 Z 的深度要大于图纸中孔的 Z 值。

考核评价

评分标准：

（1）尺寸精度控制--------------------------------10 分。

（2）编程轨迹-----------------------------------20 分。

（3）残留余量未去除----------------------------10 分。

（4）刀具补偿指令不正确----------------------30 分。

（5）固定循环 G81、G73、G83 指令---------10 分。

（6）切削用量选用及粗糙度--------------------10 分。

（7）简化编程指令的使用----------------------10 分。

总结质量分析

（1）使用钻孔循环时为什么孔位置出错？可否考虑坐标值使用 G91 后计算失准。

（2）空位置不在固定的 4 个相位极值点怎么办？可参考例 10-5，使用旋转坐标系指令。

（3）R、Z 值如何确定，在 G91 编程时呢？可参考例 10-6 和例 10-7。

（4）麻花钻钻孔时编程的 Z 值是否和使用键槽铣刀的编程值一致，不一致怎么计算？

练习题

1. 编制如图 10-10 图所示外轮廓的加工程序，并实际加工出来。

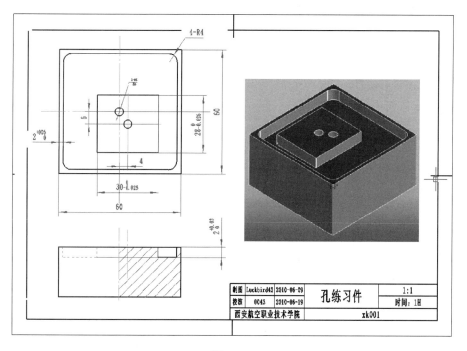

图 10-10

2. 编制如图 10-11 所示外轮廓的加工程序，并实际加工出来。

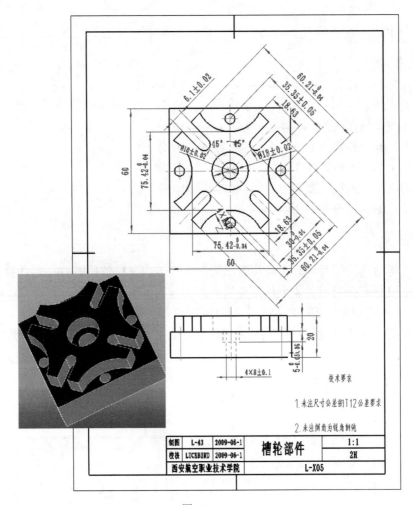

技术要求

1. 未注尺寸公差按IT12公差要求

2. 未注倒角为锐角倒钝

制图	L-43	2009-06-1	槽轮部件	1:1
校核	LUCKBIRD	2009-06-1		2H
西安航空职业技术学院				L-X05

图 10-11

项目十一　数控铣/加工中心机床零件加工范例

项目任务

中等复杂程度零件的编程与加工

1. 能够利用所学完成工件坐标系的建立及铣削外形、内腔、孔等综合复杂程度零件程序编制
2. 能合理编制外形、内腔、孔等综合复杂程度零件的加工工艺
3. 能合理选用外形、内腔、孔等综合复杂程度零件的加工刀具，切削参数
4. 能和小组成员协作完成任务
5. 能够完成零件的加工及质量检测

项目描述

某公司委托我校加工一批外协零件，共有两种类型（分别由学习情境一、二来展示），加工数量为 10 件，来料加工，工期为 1 天。现学校将该任务分配给数控铣教研组，由实习教师带领学生完成零件的加工。

11.1　数控铣/加工中心机床综合零件加工范例一

例 11-1　底座加工加工 11-1 的底座

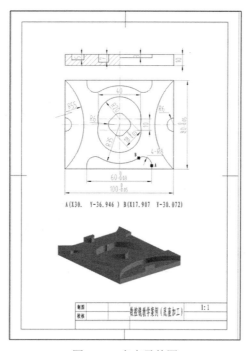

图 11-1　底座零件图

本工作任务试解

1. 加工工艺分析

读图纸分析工艺，读懂工艺卡片确定各工序加工部分。确定工件坐标系原点：工件坐标原点设定在四边分中顶面为零。

表 11-1　加工工艺

工艺说明	图示
1. 铣平面： 采用机用虎钳装夹，毛坯伸出钳口 7mm，用 ϕ100 面铣刀。铣削上下两面，铣削深度 2mm，保证厚度尺寸 10 mm。	
2. 加工正面轮廓： 采用机用虎钳装夹，毛坯伸出钳口 6mm，选择工件上表面中心为工件坐标系原点，采用 ϕ10 的立铣刀加工 100×80 的外轮廓。	
3. 加工正面轮廓： 用 ϕ10 的立铣刀加工左右两边由 R55 和 R6 所组成的轮廓。	
4. 加工正面轮廓： 用 ϕ10 的立铣刀加工前后对称的轮廓。	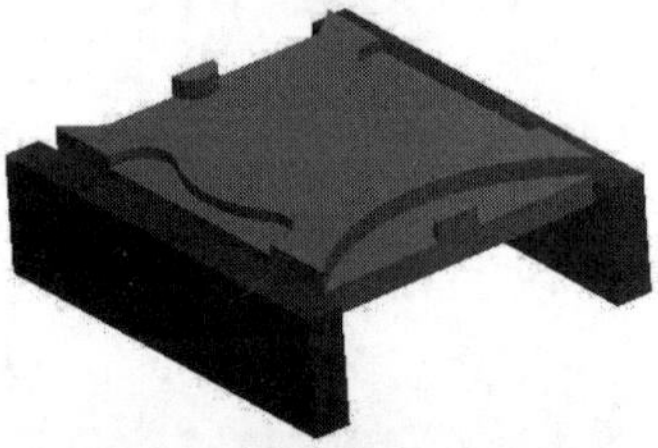
5. 加工正面轮廓： 用 ϕ10 的立铣刀加工 2-R20 圆弧组成的内轮廓。	
6. 加工正面轮廓： 用 ϕ10 的立铣刀加工中心的菱形岛屿。	

2. 填写加工工艺卡

表 11-2 工艺卡片

单件		零件号	SX01	加工部位		正面	
序号	内容	刀具		主轴转速 r/min	进给量 mm/min	背吃刀量 mm	备注
		刀具号	规格				
1	上下表面	T01	ϕ100 面铣刀	1500	800	1	
2	外形 100mm×80mm	T02	ϕ10 立铣刀	1000	100		
3	左右两边 R55 和 R6 的轮廓	T02	ϕ10 立铣刀	1000	100		
4	前后对称的圆弧轮廓	T02	ϕ10 立铣刀	1000	100		
5	加工 2-R20 圆弧组成的内轮廓	T02	ϕ10 立铣刀	1000	100		
6	加工中心的菱形岛屿	T02	ϕ10 立铣刀	1000	100		

3．编写加工程序并在机床上完成加工

%34	主程序名
G90 G54G00X50Y50Z20	建立工件坐标系，刀具快速定位至工件上表面 20mm 处
M03S1000	主轴正转，转速为 1000r/min
G00Z5	快速定位至起刀点
#1=5	定义变量，控制铣削深度
WHILE[#1LE10] DO1	
G41X50Y40D01	建立刀具半径补偿
G01Z-#1	下刀
G01Y-40	
X-50	
Y40	铣削外轮廓
X50	
#1=#1+1	
END1	
G00Z5	抬刀至工件上表面 5mm 处
G40X0Y0	取消刀补
G41X60Y40D01	建立刀具半径补偿
G01Z-5F100	下刀
X50	
G03Y-40R55	
G01X60	铣削左右两边由 R55 和 R6 所组成的轮廓
Y-6	
G02Y6R6	

G01X60	铣削左右两边由 R55 和 R6 所组成的轮廓
G00Z5	
G40X0Y0	
G42X-60Y40D01	
G01Z-5F100	
X-50	
G02Y-40R55	
G01X-60	
Y-6	
G03Y6R6	
G01X-60	
G00Z5	抬刀至工件上表面 5mm 处
G40X0Y0	取消刀补
G41X30Y-50D01	建立刀具半径补偿
G01Z-3F100	下刀
G01Y-36.946	铣削上下对称的轮廓
G03X17.907Y-30.072R8	
G02X-17.907R35	
G03X-30Y-36.946R8	
G01Y-50	
G00Z5	
G40X0Y0	
G42X30Y50D01	
G01Z-3F100	
G01Y36.946	
G02X17.907Y30.072R8	
G03X-17.907R35	
G02X-30Y36.946R8	
G01Y50	
G00Z5	抬刀至工件上表面 5mm 处
G40X0Y0	取消刀补
G41X20Y0D01	建立刀具半径补偿
G01Z-7F100	下刀
G03X0Y25R20	铣削圆弧槽
X-20Y0R20	
X0Y-25R20	
X20Y0R20	

G00Z5	抬刀至工件上表面5mm处
G40X0Y0	取消刀补
G68αOβOR45	建立旋转，加工轮廓中心岛屿
M98P1	调用子程序
G69	取消旋转
G00Z50	抬刀至工件上表面50mm处
M05	主轴停
M30	主程序结束
%1	子程序名
G00X0Y0	
G41X9Y0D01	
G01Z-7F100	
Y-9R6	
X-9R6	
Y9R6	轮廓中心岛屿程序
X9R6	
Y0	
G00Z5	
G40X0Y0	
M99	

4．零件检测（圆弧采用R规检测）

表11-3　零件检测

工种	数控铣工	图号	SX01		得分			
定额时间	90分钟	姓名		起始时间		结束时间		
工件	考核项目	考核内容及要求		配分	检测结果	扣分	得分	备注
正面	左右轮廓	2-R55		10				
		2-R6		10				
		深度5mm		10				
	前后轮廓	2-60		10				
		2-R35		10				
		4-R8		10				
		深度3mm		10				
	R20凹槽	2-R20		10				
	岛屿	18×18		10				
	深度	7mm		10				
加工缺陷		过切一处扣1分，不完整每处扣2分。						
记录员		监考员		检评员		考评员		

例 11-2　支座加工图 11-2 的支座。

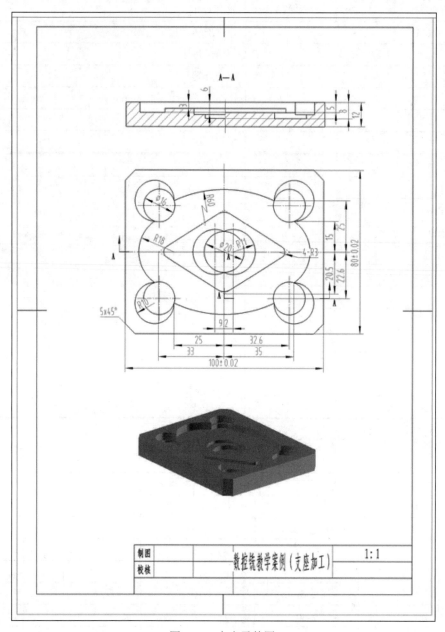

图 11-2　支座零件图

本工作任务试解

1. 加工工艺分析

读图纸分析工艺，读懂工艺卡片确定各工序加工部分。确定工件坐标系原点：工件坐标原点设定在四边分中顶面为零。

表 11-4　加工工艺

加工步骤	图示
1．铣平面： 采用机用虎钳装夹，毛坯伸出钳口 7mm，用 $\phi 100$ 面铣刀。铣削上下两面，铣削深度 2mm，保证厚度尺寸 12 mm。	
2．加工正面轮廓： 采用机用虎钳装夹，毛坯伸出钳口 6mm，选择工件上表面中心为工件坐标系原点，采用 $\phi 12$ 的立铣刀加工 100mm×80mm 的外轮廓	
3．加工正面轮廓： 用 $\phi 12$ 的立铣刀加工由 R60、R10 和 R18 所组成的凹槽，保留中间凸台区域。	
4．加工正面轮廓： 采用 $\phi 12$ 的立铣刀加工四个 $\phi 16$ 的沉孔。	
5．加工正面轮廓： 采用 $\phi 12$ 的立铣刀加工中心的菱形岛屿。	
6．加工正面轮廓： 采用 $\phi 12$ 的立铣刀加工 $\phi 20$ 的沉孔。	
7．加工正面轮廓： 采用 $\phi 12$ 的立铣刀加工 R11 圆弧组成的凹槽。	

2. 填写加工工艺卡

表 11-5   工艺卡片

单件		零件号	SX01	加工部位		正面	
序号	内容	刀具		主轴转速 r/min	进给量 mm/min	背吃刀量 mm	备注
		刀具号	规格				
1	上下表面	T01	ϕ100 面铣刀	1500	800	1	
2	外形 100mm×80mm	T02	ϕ10 立铣刀	1000	100		
3	由 R60、R10 和 R18 所组成的凹槽	T02	ϕ10 立铣刀	1000	100		
4	四个 ϕ16 的沉孔	T02	ϕ10 立铣刀	1000	100		
5	菱形岛屿	T02	ϕ10 立铣刀	1000	100		
6	ϕ20 的沉孔	T02	ϕ10 立铣刀	1000	100		
7	由 R11 圆弧组成的凹槽	T02	ϕ10 立铣刀	1000	100		

3. 编写加工程序并在机床上完成加工

%98	主程序名
G90G54G00X60Y0Z20	建立工件坐标系，刀具快速定位至工件上表面 20mm 处
M03S1000	主轴正转，转速为 1000r/min
G00Z5	快速定位至起刀点
#1=6	定义变量，控制铣削深度
WHILE [#1LE12] DO1	
G41X50Y0D01	建立刀具半径补偿
G01Z-#1	下刀
G01Y-40C5	铣削外轮廓
X-50C5	
Y40C5	
X50C5	
Y0	
#1=#1+1	
END1	
G00Z5	抬刀至工件上表面 5mm 处
G40X0Y0	取消刀补
G41X25Y25D01	建立刀具半径补偿
G01Z-5F100	下刀
G03X-25R60	铣削内轮廓
G01Z-6F80	
G03X-35Y15R-10	

G01Z-5F100	
G03Y-15R18	
G01Z-6F80	
G03X-25Y-25R-10	
G01Z-5F100	
G03X25R60	铣削内轮廓
G01Z-6F80	
G03X35Y-15R-10	
G01Z-5F100	
G03X35Y15R18	
G01Z-6F80	
G03X25Y25R-10	
G00Z5	抬刀至工件上表面 5mm 处
G40X0Y0	取消刀补
G41X40.6Y-22.6D01	
G01Z-8F100	
G03I-8	
G00Z5	
G40X32.6	
G41X40.6Y22.6	
G01Z-8F100	
G03I-8	铣削 4 个 ϕ16 沉孔
G00Z5	
G40X32.6	
G41X-24.6Y22.6	
G01Z-8F100	
G03I-8	
G00Z5	
G40X32.6	
G41X33Y0D01	建立刀具半径补偿
G01Z-5F100	下刀
G01X0Y-20.5R3	
G01X-33Y0R3	
X0Y20.5R3	铣削菱形岛屿
X33Y0R3	
X0Y-20.5	
G00Z5	抬刀至工件上表面 5mm 处

G40X0Y0	取消刀补
G41X10Y0D01	建立刀具半径补偿
G01Z-8F100	下刀
G03I-10	铣削菱形岛屿上的圆弧槽
G00Z5	
G40X0Y0	
G41X0Y10D01	
G01Z-6F100	
G03Y-10R-11	
G03X0Y10R-11	
G00Z50	抬刀至工件上表面50mm处
G40X0Y0	取消刀补
M05	主轴停
M30	主程序结束

4. 零件检测（圆弧采用 R 规检测）

表 11-6　零件检测

工种	数控铣工	图号	SX01		得分			
定额时间	90 分钟	姓名		起始时间		结束时间		
工件	考核项目	考核内容及要求		配分	检测结果	扣分	得分	备注
正面	外形 100mm×80mm	100nn		4				
		80mm		4				
		5×45° 倒角		10				
		12mm		3				
	由 R60、R10 和 R18 所组成的凹槽	2-R60		6				
		2-R18		6				
		4-R10		12				
		5mm		3				
	四个 φ16 的沉孔	φ16		16				
		8mm		3				
	菱形岛屿	3mm		6				
	φ20 的沉孔	φ20		6				
		5mm		3				
	R11 圆弧组成的凹槽	2-R11		10				
		3mm		3				
加工缺陷		过切一处扣 1 分，不完整每处扣 2 分。						
记录员		监考员		检评员		考评员		

学生练习指导

（1）为什么要编写数控加工工艺文件？数控加工工艺文件主要包括哪些内容？

（2）圆弧检测使用什么工具？

（3）注意避免和减小工件粗加工中的变形问题？

（4）怎样控制尺寸精度和表面粗糙度？

（5）宏程序在使用当中需要注意的问题你掌握了吗？

总结质量分析

（1）通过工序的合理安排来有效消除工件在加工当中的应力集中和变形。

（2）宏程序的参数在使用前一定要先定义。

（3）通过刀具半径补偿来控制尺寸精度，通过切削参数的合理选用来控制表面粗糙度。

11.2　数控铣/加工中心机床综合零件加工范例二

例 11-2　盖板加工图 11-3 的盖板。

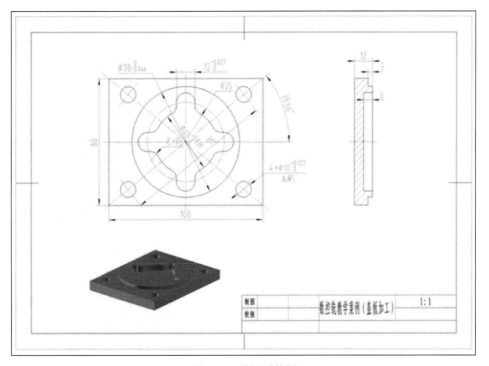

图 11-3　盖板零件图

本工作任务试解

1．加工工艺分析

读图纸分析工艺，读懂工艺卡片确定各工序加工部分。确定工件坐标系原点：工件坐标原点设定在四边分中顶面为零。

表 11-7　加工工艺

1．铣平面： 采用机用虎钳装夹，毛坯伸出钳口 7mm，用 ϕ100 面铣刀。铣削上下两面，铣削深度 2mm，保证厚度尺寸 12 mm。	
2．加工正面轮廓： 采用 ϕ63 机夹面铣刀铣削 ϕ70 外轮廓。	
3．加工正面轮廓： 采用中心钻和 ϕ8(T02)钻花预钻 4-ϕ10 孔以及钻中心下刀孔，再用 ϕ8 立铣刀完成 4-ϕ10 沉孔的铣削。	
4．加工正面轮廓： 采用 ϕ20(T03)的立铣刀加工 ϕ40 的内轮廓。	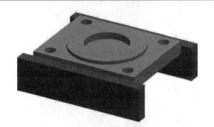
5．加工正面轮廓： 采用 ϕ8(T04)的立铣刀加工内槽。	

2．填写加工工艺卡

表 11-8 工艺卡片

单件		零件号	SX01	加工部位		正面	
序号	内容	刀具		主轴转速 r/min	进给量 mm/min	背吃刀量 mm	备注
		刀具号	规格				
1	上下表面	T01	ϕ63 面铣刀	1500	800	1	
2	铣削 ϕ70 外轮廓	T02	ϕ8 立铣刀	1000	100		
3	钻 4-ϕ10 孔以及钻中心下刀孔，完成 4-ϕ10 沉孔的铣削	T02	中心钻 ϕ8 钻花 ϕ8 立铣刀	1000	100		
4	加工 ϕ40 的内轮廓	T02	ϕ8 立铣刀	1000	100		
5	加工内槽	T02	ϕ20 立铣刀	1000	100		

3. 编写加工程序并在机床上完成加工

%1111	主程序名
G64	执行连续切削方式
M03S1000	主轴正转，转速为 1000r/min
G54G28Z0	建立工件坐标系，Z 轴回零
M06T01(ϕ63 机夹面铣刀)	换 1 号刀
G00X-85Y-14Z100	快速定位至工件上表面 100mm 处
Z0	快速下刀
G01X85F200	铣削平面
Y14	
X-85	
Y0	
#1=0.5	铣削 ϕ70 的圆台
WHILE [#1LE3]DO1	
G01Z-#1F60	
#2=35+31.5	
G01X-#2	
G02I#2	
#1=#1+0.5	
END1	
G00Z100	快速抬刀至工件上表面 100mm 处
G28Z0M03S600	Z 轴回零，调整转速为 600r/min
M06T02	换 2 号刀
G43G00Z100H02(T02 与 T01 的高度差)	执行刀具长度补偿
G99G83X-37.5Y30Z-4q-3k0.5R1F30	执行钻孔循环

X37.5	
Y-30	
X-37.5	
X0Y0	
G00Z100	快速抬刀至工件上表面100mm处
G28Z0M03S1200	Z轴回零，调整转速为1200r/min
M06T04	换4号刀
G43G00Z100H04(T04与T01的高度差)	执行刀具长度补偿
G00X-37.5Y30Z50	快速定位至工件上表面50mm处
Z2	快速下刀工件上表面2mm处
G01Z-5F30	下刀
G41G91G01X5D02（4）	
G03I-5F60	
G40G01X-5F100	
G90Z2	
X37.5	
G01Z-5F30	
G41G91G01X5D02（4）	
G03I-5F60	
G40G01X-5F100	
G90Z2	
Y-30	精铣4-ϕ10的沉孔
G01Z-5F30	
G41G91G01X5D02（4）	
G03I-5F60	
G40G01X-5F100	
G90Z2	
X-37.5	
G01Z-5F30	
G41G91G01X5D02（4）	
G03I-5F60	
G40G01X-5F100	
G90Z2	快速抬刀至工件上表面2mm处
G28Z0M03S500	Z轴回零，调整转速为500r/min
M06 T03	换3号刀
G43G00Z100H03(T03与T01的高度差)	执行刀具长度补偿
G00X0Y0Z50	快速定位至工件上表面50mm处

Z2	快速下刀工件上表面 2mm 处
G01Z-6F30	下刀
G91G01X9F70	
G03I-9F90	清除凹槽多余的材料
G01X-9F120	
G90G00Z100	快速抬刀至工件上表面 100mm 处
G28Z0M03S1200	Z 轴回零，调整转速为 1200r/min
M06T04	换 4 号刀
G43G00Z100H04(T04 与 T01 的高度差)	执行刀具长度补偿
G0X13Y0Z50	快速定位至工件上表面 50mm 处
Z2	快速下刀工件上表面 2mm 处
#2=3	
WHILE [#2LE6]DO2	
G01Z-#2F40	
G41G01X19.1Y-6F60D02	
X25Y-6	
G03X25Y6R6	
G01X19.1Y6R6	
G03X6Y19.1R20RC=6	
G01X6Y25	
G03X-6R6	
G01X-6Y19.1R6	
G03X-19.1Y6R20RC=6	
G01X-25Y6	铣削中间凹槽
G03Y-6R6	
G01X-19.1Y-6R6	
G03X-6Y-19.1R20RC=6	
G01X-6Y-25	
G03X6R6	
G01X6Y-19.1R6	
G03X19.1Y-6R20RC=6	
G01X25Y-6	
G91G03X5Y5R5	
G40G90G01X0Y0	
#2=#2+0.5	
END2	
G00Z100	快速抬刀至工件上表面 100mm 处

G28Z0	Z 轴回零
Y0	Y 轴回零
M05	主轴停
M30	主程序结束

4. 零件检测（圆弧采用 R 规检测）

表 11-9　零件检测

工种	数控铣工	图号	SX01		得分			
定额时间	90 分钟	姓名		起始时间		结束时间		
工件	考核项目	考核内容及要求		配分		检测结果	扣分	得分	备注
正面	上下表面	100mm×80mm		20					
		深度 12mm		10					
	φ70 外轮廓	φ70		10					
		深度 3mm		10					
	4-φ10 沉孔	φ10		10					
		深度 5mm		10					
	内槽	φ40、8-R6、12		30					
	深度	深度 6mm		10					
加工缺陷		过切一处扣 1 分，不完整每处扣 2 分。							
记录员		监考员		检评员		考评员			

例 11-4　加工图 11-4 的复合型腔。

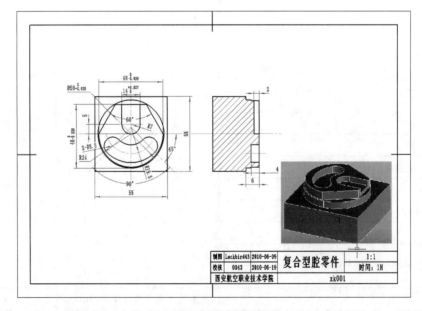

图 11-4　复合型腔零件图

本工作任务试解

1. 加工工艺分析

读图纸分析工艺，读懂工艺卡片确定各工序加工部分。确定工件坐标系原点：工件坐标原点设定在四边分中顶面为零。所示零件的主要加工部位为腰形槽和开放槽，其中包括直线轮廓及圆弧轮廓，尺寸 $13^{+0.027}_{0}$、$14^{+0.027}_{0}$、$46^{0}_{-0.039}$、$5^{+0.08}_{0}$ 是本次加工重点保证的尺寸，同时轮廓侧面的表面粗糙度为 Ra3.2，要求比较高。

表 11-10　加工工艺

工艺	图
1. 铣平面： 采用机用虎钳装夹，毛坯伸出钳口 7mm，用 $\phi100$ 面铣刀。铣削上下两面，铣削深度 2mm，保证厚度尺寸 35 mm。	
2. 加工正面轮廓： 采用机用虎钳装夹，毛坯伸出钳口 6mm，选择工件上表面中心为工件坐标系原点，采用 $\phi12$ 的立铣刀加工 55mm×55mm 的外轮廓	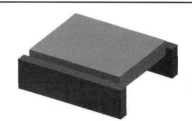
3. 加工正面轮廓： 用 $\phi12$ 的立铣刀加工 $\phi50$ 凸台区域。	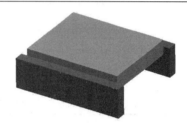
4. 加工正面轮廓： 采用 $\phi12$ 的立铣刀加由 $\phi48$ 和六边形组成的凸台。	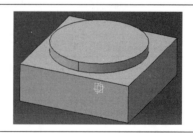
5. 加工正面轮廓： 采用 $\phi12$ 的立铣刀加工 R7 的凹槽。	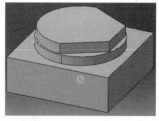

6. 加工正面轮廓：

采用 φ12 的立铣刀加工 R6.5 的腰形槽。

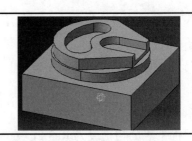

2. 填写加工工艺卡

表 11-11   工艺卡片

序号	加工内容	刀具规格	刀号	刀具半径补偿（mm）	主轴转速（r/min）	进给速度（mm/min）
1	轮廓粗铣	φ12 三刃高速钢立铣刀	T1	D1=6.4	700	500
2	轮廓半精铣	φ12 三刃硬质合金立铣刀	T2	D2=6.2	2000	400
3	轮廓精铣	φ12 三刃硬质合金立铣刀	T2	计算得出 D3	2000	400

2. 编写加工程序并在机床上完成加工

此例子采用 FANUC 0i 系统程序和 SINUMERIK802D 系统程序对比编写，方便读者参考生产实例。

段号	FANUC 0i 系统程序	SINUMERIK802D 系统程序	程序说明
	O1	FBC.MPF	主程序名
N10	T1M06	T1M06	换 1 号刀
N20	G54G90G40G17G64	G54G90G40G17G64	程序初始化
N30	M03S700	M03S700	主轴正转，700r/min
N40	M08	M08	开冷却液
N50	G00G43Z100H1D1	G00Z100D1	Z 轴快速定位，执行补偿 H1D1（T1D1）
N60	X0Y35	X0Y35	定点
N70	Z5	Z5	快速下刀
N80	G01Z0F500	G01Z0F500	下刀至 Z0 高度
N90	M98P100002	L2P10	调用外轮廓子程序 10 次
N100	G01Z0F500	G01Z0F500	下刀至 Z0 高度
N110	M98P80003	L3P8	调用开放槽子程序 8 次
N120	G00Z5	G00Z5	抬刀至 Z5 高度
N130	G52X0Y5	TRANS X0Y5	偏移工件坐标系
N140	G68X0Y0R-45	AROT RPL=-45	旋转工件坐标系-45 度
N150	G00X0Y-19.5	G00X0Y-19.5	定点
N160	G01Z0F500	G01Z0F500	下刀至 Z0 高度
N170	M98P100004	L4 P10	调用子程序 10 次

段号	FANUC 0i 系统程序	SINUMERIK802D 系统程序	程序说明
N180	G00G49Z150	G00Z150	抬刀并撤销高度补偿
N190	G69	ROT	撤消旋转指令
N200	G52X0Y0	TRANS	撤消偏移指令
N210	M05	M05	主轴停转
N220	T2M06	T2M06	换 2 号刀
N230	G54G90G40G17G64	G54G90G40G17G64	程序初始化
N240	M03S2000	M03S2000	主轴正转，2000r/min
N250	G00G43Z100H2D2	G00Z100D2	Z 轴快速定位，执行补偿 H2D2 (T2D2)
N260	X0Y35	X0Y35	定点
N270	Z5	Z5	快速下刀
N280	G01Z-4.5F400	G01Z-4.5F400	下刀至 Z0 高度
N290	M98P2	L2	调用外轮廓子程序 1 次
N300	G01Z-3.5F400	G01Z-3.5F400	下刀至 Z-3.5 高度
N310	M98P3	L3	调用开放槽子程序 1 次
N320	G00Z5	G00Z5	抬刀至 Z5 高度
N330	G52X0Y5	TRANS X0Y5	偏移工件坐标系
N340	G68X0Y0R-45	AROT RPL=-45	旋转工件坐标系-45 度
N350	X0Y-19.5	X0Y-19.5	定点
N360	G01Z-4.5F400	G01Z-4.5F400	下刀至铣深预留 0.5mm 高度
N370	M98P4	L4	调用子程序 1 次
N380	M05	M05	主轴停转
N390	M01	M01	
N400	G00Z100D03	G00Z100D03	抬刀设置补偿（注意：SIMENS 802D 中 T2D3 和 T2D2 的长度补偿值一致）
N410	G69	ROT	撤消旋转指令
N420	G52X0Y0	TRANS	撤消偏移指令
N430	X0Y35	X0Y35	定点
N440	Z5	Z5	快速下刀
N450	G01Z-4.5F400	G01Z-4.5F400	下刀至外轮廓铣深预留 0.5mm 高度
N460	M98P2	L2	调用外轮廓子程序 1 次
N470	G01Z-3.5F400	G01Z-3.5F400	下刀至开放槽铣深预留 0.5mm 高度
N480	M98P3	L3	调用开放槽子程序 1 次
N490	G00Z5	G00Z5	抬刀至 Z5 高度
N500	G52X0Y5	TRANS X0Y5	偏移工件坐标系
N510	G68X0Y0R-45	AROT RPL=-45	旋转工件坐标系-45 度
N520	X0Y-19.5	X0Y-19.5	定点

续表

段号	FANUC 0i 系统程序	SINUMERIK802D 系统程序	程序说明
N530	G01Z-4.5F400	G01Z-4.5F400	下刀至铣深预留 0.5mm 高度
N540	M98P4	L4	调用子程序 1 次
N550	G00G49Z150	G00Z150	抬刀并撤销高度补偿
N560	G69	ROT	撤消旋转指令
N570	G52X0Y0	TRANS	撤消偏移指令
N580	M05	M05	主轴停转
N590	M09	M09	关冷却液
N600	M30	M30	程序结束
	O4	L4.SPF	子程序名
N10	G91G01Z-0.5	G91G01Z-0.5	增量编程 Z 向下刀-0.5
N20	G90G41X0Y-26	G90G41X0Y-26	法线执行刀具半径补偿至 B 点
N30	G03X26Y0R26	G03X26Y0CR=26	进行型腔铣削
N40	G03X13Y0R6.5	G03X13Y0CR=6.5	
N50	G02X0Y-13R13	G02X0Y-13CR=13	
N60	G03X0Y-26R6.5	G03X0Y-26CR=6.5	
N70	G40G01Y-19.5	G40G01Y-19.5	法线撤消刀具半径补偿至 A 点
N80	M99	M17	子程序结束

4、零件检测（圆弧采用 R 规检测）

表 11-12　零件栓测

工种	数控铣工	图号	XK001		得分			
定额时间	90 分钟	姓名		起始时间		结束时间		
工件	考核项目	考核内容及要求		配分	检测结果	扣分	得分	备注
正面	外形 55mm×55mm	55mm 及倒角		4				
		55mm 及倒角		4				
		35mm 及倒角		4				
	由六边形和 R24 所组成的凸台	R24		8				
		46mm		10				
	φ50 的外圆凸台	φ50		15				
		10mm		15				
	14 的凹槽	14mm 和 R7		20				
	R6.5 的腰形槽	2-R6.5		10				
		13mm		10				
	加工缺陷	过切一处扣 1 分，不完整每处扣 2 分。						
记录员		监考员		检评员		考评员		

学生练习指导

（1）为什么要编写数控加工工艺文件？数控加工工艺文件主要包括哪些内容？
（2）圆弧检测使用什么工具？
（3）注意避免和减小工件粗加工中的变形问题？
（4）怎样控制尺寸精度和表面粗糙度？
（5）宏程序在使用当中需要注意的问题你掌握了吗？

总结质量分析

（1）通过工序的合理安排来有效消除工件在加工当中的应力集中和变形。
（2）宏程序的参数在使用前一定要先定义。
（3）通过刀具半径补偿来控制尺寸精度，通过切削参数的合理选用来控制表面粗糙度。

练习题

1．编制如图 11-5 所示外轮廓的加工程序，并实际加工出来。

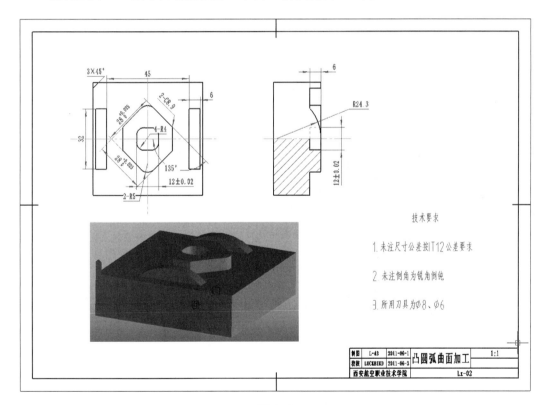

图 11-5

2．编制如图 11-6 所示外轮廓的加工程序，并实际加工出来。

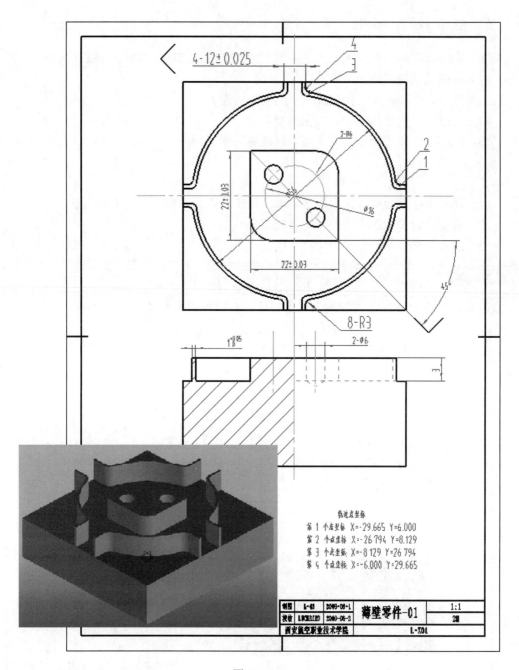

铣削点坐标
第 1 个点坐标 X=-29.665 Y=6.000
第 2 个点坐标 X=-26.794 Y=8.129
第 3 个点坐标 X=-8.129 Y=26.794
第 4 个点坐标 X=-6.000 Y=29.665

图 11-6

项目十二　数控铣/加工中心机床综合零件加工范例

综合二维零件的加工范例

项目任务

对包含外形、内腔以及孔的综合二维零件进行加工

项目描述

1. 对包含外形、内腔以及孔的综合二维零件进行加工工艺分析
2. 对包含外形、内腔以及孔的综合二维零件进行装夹方法选择、刀具选择以及走刀路线设计
3. 编制包含外形、内腔以及孔的综合二维零件的加工程序

知识及能力要求

1. 通过前面的学习能够掌握数控铣的 G 代码编程指令系统
2. 具备二维零件的加工工艺知识，能进行二维零件加工的工艺设计
3. 正确编制加工程序并进行加工

知识及能力讲解

二维加工工艺基础

二维零件加工的基点计算问题

1. 基点、节点的概念

（1）基点的含义

构成零件轮廓的不同几何素线的交点或切点称为基点。基点可以直接作为其运动轨迹的起点或终点。

（2）节点的定义

当采用不具备非圆曲线插补功能的数控机床加工非圆曲线轮廓的零件时，在加工程序的编制工作中，常用多个直线段或圆弧去近似代替非圆曲线，这称为拟合处理。拟合线段的交点或切点称为节点。

2. 基点、节点的计算

一般情况下，二维手工编程节点坐标不需要计算，只需要计算基点坐标，基点的计算方法比较简单，一般情况下可根据零件图样所给的已知条件人工计算完成，即根据零件图样上给

定的尺寸运用代数，三角，几何或解析几何的有关知识，直接计算数值。在计算时，要注意小数点后的位数要留够，以保证足够的精度。但是由于人工计算效率低，而且容易出错，近年来多采用计算机辅助设计软件绘制零件图，通过软件捕捉相应的点坐标后得到具体的基点坐标值，而且这种方法的效率高不易出错。典型的计算机辅助设计软件有 AutoCAD、CAXA、MasterCAM、UG、Pro/E、CATIA 等，所以即使作为中级数控操作工，也要求我们必须掌握一种计算机辅助设计的二维绘图软件。

3. 二维加工走刀路线设计

（1）孔位精度不高的孔类零件加工的最短走刀路线设计问题，如图 12-1 所示。

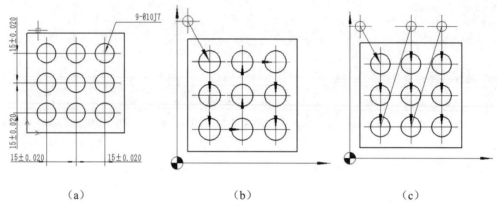

（a）　　　　　　　　　（b）　　　　　　　　　（c）

图 12-1　孔位精度不高的孔类零件加工的最短走刀路线设计

（2）孔位精度较高的零件的走刀路径，如图 12-2 所示。

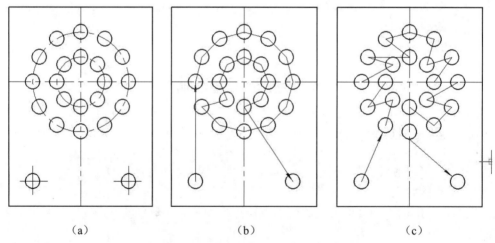

（a）　　　　　　　　　（b）　　　　　　　　　（c）

图 12-2　孔位精度较高的零件的走刀路径

（3）二维轮廓加工的刀具切入、切出问题，如图 12-3 所示。

4. 粗精加工的划分原则及切削用量的确定

（1）粗精加工的划分原则

粗加工时，一般以提高生产率为主，但也应考虑经济性和加工成本，通常选择较大的背吃刀量和进给量，采用较低的切削速度；半精加工和精加工时，应在保证加工质量的前提下，兼顾切削效率，经济性和加工成本，通常选择较小的背吃刀量和进给量，并选用切削性能高的刀具材料和合理的几何参数，以尽可能提高切削速度。

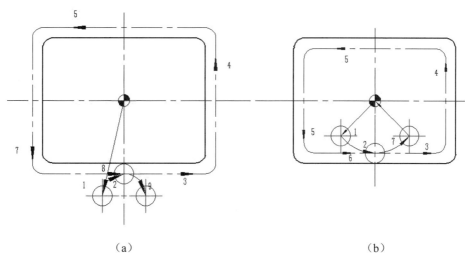

（a）　　　　　　　　　　　　　　（b）

图 12-3　二维轮廓加工的刀具切入、切出

（2）切削用量的确定原则

合理选择切削用量的原则是，粗加工时，一般以提高生产率为主，但也应考虑经济性和加工成本；半精加工和精加工时，应在保证加工质量的前提下，兼顾切削效率、经济性和加工成本。具体数值应根据机床说明书、切削用量手册，并结合经验而定。

1）切削深度 t。在机床、工件和刀具刚度允许的情况下，t 就等于加工余量，这是提高生产率的一个有效措施。为了保证零件的加工精度和表面粗糙度，一般应留一定的余量进行精加工。数控机床的精加工余量可略小于普通机床。

2）切削宽度 L。一般 L 与刀具直径 d 成正比，与切削深度成反比。经济型数控加工中，一般 L 的取值范围为：$L=（0.6\sim0.9）d$。

3）切削速度 v。提高 v 也是提高生产率的一个措施，但 v 与刀具耐用度的关系比较密切。随着 v 的增大，刀具耐用度急剧下降，故 v 的选择主要取决于刀具耐用度。另外，切削速度与加工材料也有很大关系，例如用立铣刀铣削合金刚 30CrNi2MoVA 时，v 可采用 8m/min 左右。而用同样的立铣刀铣削铝合金时，v 可选 200m/min 以上。

4）主轴转速 n（r/min）。主轴转速一般根据切削速度 v 来选定。

数控机床的控制面板上一般备有主轴转速修调（倍率）开关，可在加工过程中对主轴转速进行整倍数调整。

5）进给速度 v_f

v_f 应根据零件的加工精度和表面粗糙度要求以及刀具和工件材料来选择。v_f 的增加也可以提高生产效率。加工表面粗糙度要求低时，v_f 可选择得大些。在加工过程中，v_f 也可通过机床控制面板上的修调开关进行人工调整，但是最大进给速度要受到设备刚度和进给系统性能等的限制。

随着数控机床在生产实际中的广泛应用，数控编程已经成为数控加工中的关键问题之一。在数控程序的编制过程中，要在人机交互状态下即时选择刀具和确定切削用量。因此，编程人员必须熟悉刀具的选择方法和切削用量的确定原则，从而保证零件的加工质量和加工效率，充分发挥数控机床的优点，提高企业的经济效益和生产水平。

5. 工件的装夹知识基础

（1）六点定位原理与自由度

任何一个工件，如果对其不加任何限制，那么，它在空间的位置是不确定的，可以向任意方向移动或转动。工件所具有的这种运动的可能性，称为工件的自由度。如果把工件放在空间直角坐标系中描述，如图 12-4 所示，则工件具有六个自由度，即沿 X，Y，Z 轴移动，和绕 X，Y，Z 轴转动的六个自由度，可分别用 $\vec{X}$，$\vec{Y}$，$\vec{Z}$ 表示沿 X，Y，Z 轴移动的自由度，用 $\overset{\curvearrowright}{X}$，$\overset{\curvearrowright}{Y}$，$\overset{\curvearrowright}{Z}$ 表示绕 X，Y，Z 轴转动的自由度，如图 12-5 所示。

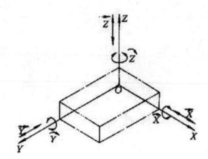

图 12-4　工件的六个自由度

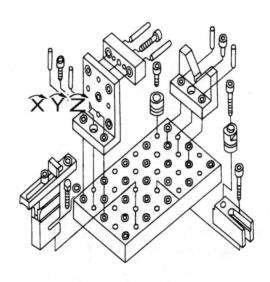

图 12-5　转动自由度

工件的定位，实质上就是限制工件应该被限制的自由度，即若要确定工件在某坐标方向上的位置，则只需用一个定位支承点限制工件在该方向上的一个自由度，用六个合理布置的定位支承点限制工件的六个自由度，就可以使工件的位置完全确定，这称为工件定位的"六点定位原理"。

（2）数控铣床所用夹具种类及选择

1）数控铣削加工常用的夹具大致有以下几种：

a. 组合夹具。适合小批量生产或研制时的中小、小型工件在数控铣床上进行铣削加工，如图 12-6 所示。

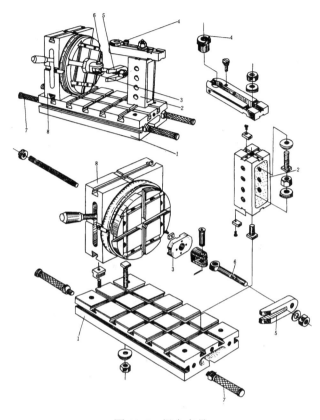

图 12-6 组合夹具

b. 专用夹具。这是特别为某一项或类似的几项工件设计制造的夹具，如图 12-7 所示，一般在年产量较大或研制时非要不可时采用。其结构固定，仅使用于一个具体零件的具体工序，这类夹具设计应力求简化，使制造时间尽量缩短。

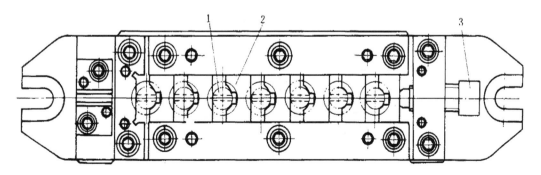

图 12-7 专用夹具

c. 通用夹具。有通用可调夹具、虎钳、分度头和三爪卡盘等，如图 12-8 所示。

（a）

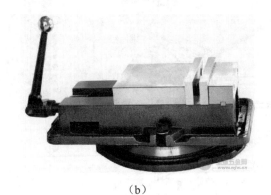

（b）

图 12-8　通用夹具

2）数控铣床夹具的选用原则。

a. 在选用夹具时，通常需要考虑产品的生产批量、生产效率、质量保证及经济性。

b. 在小批量生产或研制时，应广泛采用组合夹具，只用在组合夹具无法解决时才考虑采用其他夹具。

c. 小批量或成批生产时可考虑采用专用夹具，但应尽量简单。

d. 在生产批量较大时可考虑采用多工位夹具和气动、液压夹具，如图 12-9 所示。

图 12-9　气动夹具

本工作任务试解

例 12-1　加工图 12-10 的零件。

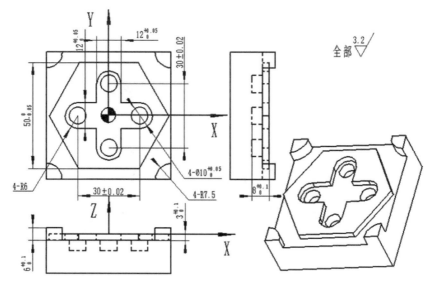

图 12-10　零件图

1. 本零件的工艺分析

（1）对图样的分析理解

本图中涉及到了数控铣床二维轮廓的铣削，内腔的加工，钻孔等工序，加工步骤见图 12-11。

第一步：

（a）

第二步：

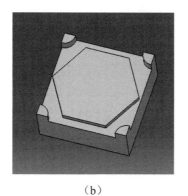

（b）

图 12-11　加工步骤

第三步：

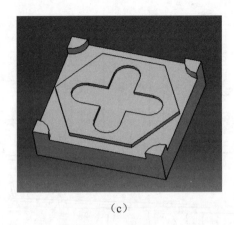

（c）

第四步：

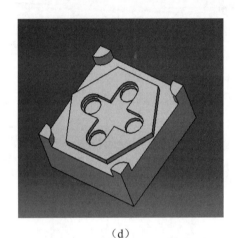

（d）

图 12-11　加工步骤（续图）

（2）确定装夹方案

由于外形是二维零件所以应该放在虎钳上装夹来进行加工。

（3）确定加工方案

先铣六边形外轮廓，然后通过精加工保证四个凸台和六边形的尺寸，然后铣削十字内腔，最后钻孔。

1）选择加工方法划分粗精加工。

2）确定加工顺序。

3）走刀路线设计及刀具选择。

4）切削用量的确定。

2. 编制加工程序

工件坐标系位置及刀具规格：

工件坐标系位置的确定，经分析工件毛坯形状及尺寸，考虑到编程的简单的问题，建议将工件坐标系的原点定到毛坯中心(X=0,Y=0)。

刀具规格的选择，根据零件图纸要求，综合考虑，选用直径 $\phi 8$ 的立铣刀来进行加工零件。

3.　机床操作步骤

（1）开启机床电源，按起急停按钮。

（2）进入编程界面，在 MDI 方式下输入零件程序，输入完毕后进行程序校验，验证输入的程序是否正确。

（3）将毛坯放在虎钳上进行装夹，并将其夹紧。

（4）安装刀具，在手动方式下进行对刀操作，确定工件坐标系原点。

（5）在机床中调出经校验正确的程序，关闭铁门，进行零件加工。

（6）零件加工完毕，清除铁屑，进行测量。

学生练习指导

1.　安全方面的注意事项

（1）加工零件时，必须关上防护门，不准把头、手抻入防护门内，加工过程中不允许打开防护门。

（2）加工过程中，操作者不得擅自离开机床，应保持思想高度集中，观察机床的运行状态。若发生不正常现象或事故时，应立即终止程序运行，切断电源并及时报告指导老师，不得进行其他操作。

（3）严禁用力拍打控制面板，触摸显示屏。严禁敲击工作台、分度头、夹具和导轨。

（4）严禁私自打开数控系统控制柜进行观看和触摸。

（5）操作人员不得随意更改机床内部参数。实习学生不得调用、修改其他非自己所编的程序。

（6）机床控制微机上，除进行程序操作、传输及拷贝外，不允许作其他操作。

（7）数控铣床属于大型精密设备，除工作台上安放工装和工件外，机床上严禁堆放任何工具、夹具、刀具、量具、其他工件和杂物。

（8）禁止用手接触刀尖和铁屑，铁屑必须要用铁钩子或毛刷来清理。

（9）禁止用手或其他任何方式接触正在旋转的主轴、工件或其他运动部位。

（10）禁止加工过程中测量工件、手动变速，更不能用棉丝擦拭工件、也不能清扫机床。

（11）禁止进行尝试性操作。

（12）使用手轮或快速移动方式移动各轴位置时，一定要看清机床 X、Y、Z 轴各方向"-"号标牌后再移动。移动时先慢转手轮观察机床移动方向无误后方可加快移动速度。

（13）在程序运行中需暂停测量工件尺寸时，要待机床完全停止，主轴停转后方可进行测量，以免发生人身事故。

（14）机床若数天不使用，应每隔一天对 NC 及 CRT 部分通电 2～3 小时。

（15）关机时，要等主轴停转 3 分钟后方可关机。

2.　加工过程可能出现的问题及对策

（1）概念不清。

1）分不清刀具半径左/右补偿。

在数控铣床上进行轮廓的铣削加工时，由于刀具半径的影响，刀具中心轨迹和工件轮廓不重合。为了避免计算刀具中心轨迹、直接按照零件图样上的轮廓尺寸编程，可使用数控系统提供的刀具半径补偿功能。刀具半径补偿分为左补偿 G41 和右补偿 G42，其中当刀具中心轨迹沿前进方向位于零件轮廓左边时称为左补偿，反之称为右补偿。当不需要进行刀具半径补偿时，使用 G40 取消刀具半径补偿。

2）对刀具长度补偿理解不到位。

刀具长度补偿可以使刀具在 Z 方向上的实际位移量大于或小于程序的给定值，这样在数控编程过程中就无需考虑刀具长度，避免加工运行过程中要经常换刀而每把刀具长度的不同会给工件坐标系的设定带来的困难。刀具长度补偿指令是 G43 和 G44，其中 G43 为刀具长度正补偿，G44 是刀具长度负补偿。指令 G49 用于取消刀具长度补偿。

（2）数控铣床操作不熟练。

1）数控铣床对刀不熟练。

数控铣床对刀的目的是把机床坐标系和工件编程坐标系统一起来，其对刀操作分为 X、Y 向对刀和 Z 向对刀。对刀的准确程度将直接影响加工精度。对刀方法一定要同零件加工精度要求相适应。根据使用的对刀工具的不同，常用的对刀方法分为以下几种：试切对刀法、百分表对刀法、采用寻边器和 Z 轴设定器等工具对刀法、顶尖对刀法、专用对刀器对刀法等。另外根据选择对刀点位置和数据计算方法的不同，又可分为单边对刀、双边对刀、转移间接对刀法、分中对刀法等。我系在实训中主要采用光电式寻边器和 Z 轴设定器进行分中对刀。步骤如下：

①开机，向右旋起急停按钮。在"回零"状态下使机床回到参考点。

②将工件在工作台上定位并夹紧，把光电式寻边器装到机床主轴上。在 MDI 方式下输入"M03 S500"，执行该指令使主轴以 500r/min 的速度正转。

③使用光电式分中棒进行 X、Y 向对刀。先对工件进行 X 向分中，将机床运动模式旋转到"手轮"，调整运动速率为 X100，使寻边器迅速移动到工件附近（离工件左侧 20mm 左右，寻边器的测头要低于工件的上表面），调整手轮运动速率为 X10，通过手轮缓慢地移动工作台，使寻边器测头和工件左侧接触，寻边器上的灯亮，表示寻边器已经和工件接触。反向稍微移动使灯熄灭，再将手轮的移动倍率降低到 X1，继续移动工作台，使寻边器的灯刚好亮起来，这时寻边器刚好和工件接触，在面板上输入 X，在屏幕下方点击"起源"按钮，把当前位置设置为相对零点。再向上抬高寻边器使之高于工件上表面，移动寻边器用同样的方法接触工件的右侧，这时 X 向的相对坐标会有一个读数 A，把 A 除以 2，向上移动寻边器使之高于工件上表面，移动机床使 X 向的相对坐标变为 A/2，这时就找到了工件 X 向的中心，在 G54 坐标系设定中移动光标到 X，通过面板输入"X0."，之后点击屏幕下方的测量键，把当前 X 向的位置设定为加工坐标系 X 向的零点。用同样的方法找到 Y 向的中心设置为 Y 向的坐标零点。

④使用 Z 轴设定器进行 Z 方向对刀。停止主轴，将寻边器取下，把要使用的刀具装到主轴上、Z 轴设定器放到工件上表面。向下移动刀具缓慢和 Z 轴设定器接触，当接触之后 Z 轴设定器的灯会亮起来，这时记下当前机床的 Z 坐标，再用此值减去 Z 轴设定器的高度，把计算后的值填到相应的长度补偿寄存器中即可。

2）由于不熟练导致的错误。

①在进行刀具长度补偿设置时，有些学生在把补偿值输入到机床的长度补偿寄存器时分不清[输入]键与[+输入]键的区别，错按[+输入]键，把要输入的数值与寄存器当前值进行叠加，导致在加工时很容易撞刀。

②在进行程序手动输入操作时，有些学生由于不认真，忘掉数字前面的负号或忘掉小数点，解决此种问题的办法就是在正式运行程序时先将机床锁住，通过数控机床的图形功能观察

走刀路线是否正确。

③不熟悉机床坐标系的设定规则。机床坐标系采用的是右手直角笛卡尔坐标系，是假定工作台不动，刀具相对于工作台运动的方向进行设定的。对于多数数控铣床来说其运动方式都是主轴旋转实现主运动并在 Z 方向升降，而 X、Y 方向的运动是通过工作台的移动实现的，所以机床在实际运动过程中，在 X、Y 方向的运动和我们习惯的方向正好相反，这样就使一些不熟练的学生由于走错方向导致机床超程报警或撞刀。

（3）编程错误。

在进行手动编程练习时，经常有学生省略整数数据后面的小数点。

如"X50."被写成"X50"，如果有小数点，表示的单位是 mm，而没有小数点的单位则是 μm。

例 12-2 加工图 12-12 的零件。

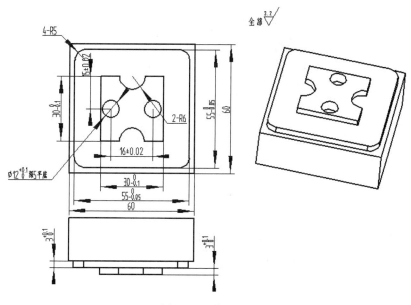

图 12-12　例 12-2 图

1．对图样的分析理解

（1）图样包括正方形带圆弧倒角的外轮廓，以及一个正方形带半圆弧的外轮廓凸台，在这个凸台上还有两个圆孔。

2．工艺分析及刀具选择

（1）铣削边长 55mm 带 R5 的圆弧倒角的外轮廓，深度为 6mm，选择刀具直径 $\phi8$ 的立铣刀。

（2）铣削 30mm×30mm 长方形轮廓（带两个 R6 半圆弧），深度为 3mm，（先用直径为 12 的刀加工 30mm×30mm 的外轮廓去余量。然后选用直径 $\phi8$ 的刀精铣外轮廓以及铣出 R6 圆弧。

（3）钻削直径 $\phi12$ 深 5mm 的孔，因为要求平底，所以直径选用立铣刀进行加工（利用 G02G03 指令圆弧插补进行加工）。

加工步骤如图 12-13 所示。

第一步：

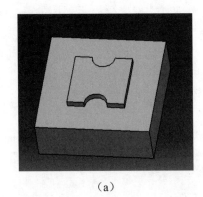

（a）

第二步：

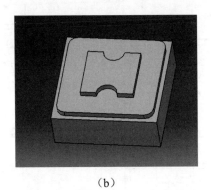

（b）

第三步：

（c）

图 12-13　加工步骤

3．工件的装夹方法（同上例）

4．零件程序的编制

```
%0006
G90G54G00X0Y-40
G00Z50M03S2000
Z5
X-70Y0
G01Z-4F200
```

```
G41X-27.5D01
M98P100
G01Z-6F200
M98P100
G40G00Z50M05
M30

子程序
%0100
G01Y27.5R5
X27.5R5
Y-27.5R5
X-27.5R5
Y0
G00X-70
M99


%0200
G90G54G00X0Y0
M03S2000
Z5
X-35Y0
G41X-30D01
G01Z-3F200
X-15
Y-15
X-6
G03I6
G01X15
Y-15
X6
G03I-6
G01X-15
Y0
G0X-30
Z-50
M05M30


%0300
G90G54G00X0Y0
M03S2000
Z5
M98P100
G24X0Y0
M98P100
G25G00Z50
M05
M30


%0100
```

G41X8D01
G01Z-5F200
X14
G03I-6J0
G00G40X8
Z5
M99

练习题

加工图 12-14 至图 12-16 的零件。

（1）

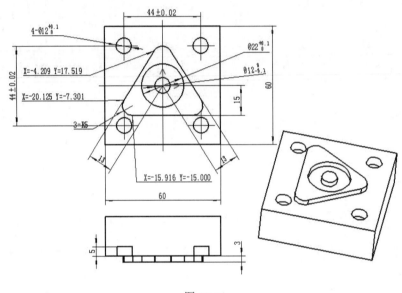

图 12-14

（2）

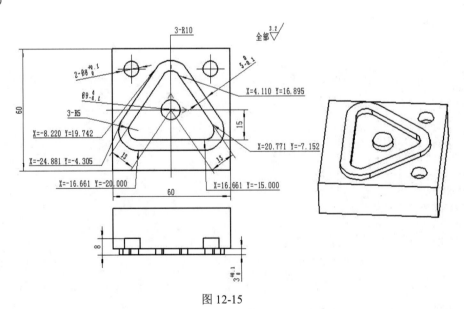

图 12-15

（3）

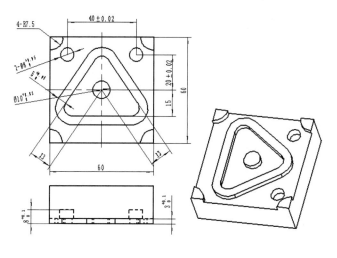

图 12-16

项目十三 数控铣/加工中心机床宏程序编程应用

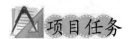项目任务

掌握宏程序指令

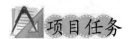知识及能力要求

掌握宏程序，并能进行简单的编程

知识及能力讲解

如图 13-1 所示，把由一组指令实现的某种功能像子程序一样事先存入存储器中，用一个指令调用这些功能。程序中只要写出该调用指令，就能实现这些功能。把这一组指令的集合称为"用户宏程序本体"，把调用该指令集合的指令称为"用户宏指令"。用户宏程序本体有时也简称宏程序。用户宏指令也称为宏程序调用指令。

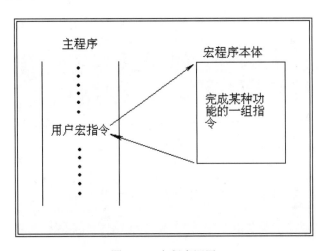

图 13-1 宏程序调用

编程人员不必记忆用户宏程序本体，只要记住调用该宏程序的宏指令就行了。

用户宏程序最大特点是在用户宏程序本体中，能使用变量。变量间可以运算，并且使用宏指令命令，可以给变量赋值。

下面的程序段为宏程序语句段：

（1）包含赋值运算符（=）的程序段。

（2）包含条件语句（IF）的程序段。

（3）包含循环语句（WHILE）的程序段。

（4）包含 G65 的程序段。

（5）包含变量引用（#）的程序段。

13.1 变量

普通加工程序之间用数值指定 G 代码和移动距离，例如 G01 和 X100.0。使用用户宏程序时，数值可以直接指定或用变量指定。当用变量时，变量值可以使用宏程序的赋值语句改变。

13.1.1 变量的引用

用户宏程序中使用符号"#"加变量名的方式来对变量进行引用，例如：G00X#201，即表示将变量 201 的值作为 X 轴的编程指令坐标。如果要改变引用变量的符号，应把负号放在"#"的前面，例如 G00X-#1。

注意：程序中引用变量时，变量号只能用常数而不能用表达式指定。如 G00X#(200+5) G00X#（#200+#201）都是错误的。

13.1.2 变量的类型

变量根据变量号可以分成三种类型：局部变量、公共变量和系统变量，如表 3-1 所示。

表 13-1　变量类型及说明

变量号	变量类型	说明
#0~#99	局部变量	局部变量只能用在宏程序中存储数据，例如运算结果。当断电时，局部变量的值将丢失。调用宏程序时，可用自变量对局部变量赋值
#200~#299 #300~#799	公共变量	公共变量在不同的宏程序中是可以共享的。当系统断电时，变量#200~#299 的值丢失，变量#300~#799 的值被保存，断电也不丢失
#1000~#1010	系统变量	系统变量用于读取 CNC 系统的内部数据。变量#1000 用于接收命令字；变量#1001~#1009 用于接收命令参数；变量#1010 用于输出读取的结果

13.1.3 系统变量

系统变量用于读取 CNC 系统的内部数据，读取数据通过设置命令字和命令参数来完成。命令字用于指定读取的内容，命令参数用以指定读取时的一些参数信息（例如地址等）。

若命令字是带参数的，由于在设置命令字的同时将读取命令参数，因此在编程时应先设置命令参数，后设置命令字，否则会读取不正确。参数根据具体命令字的不同，可以有也可以没有，最多只能设置 9 个命令参数。

变量#1000 用于设置命令字。

变量#1001~#1009 用于设置命令参数。

变量#1010 用于保存读取的结果。

表 13-2 是系统定义的命令字及其参数定义。

表 13-2　命令字

功能	命令字	命令参数	备注
读取 PLC 数据表的内容	9001	#1001：数据表的地址	读取由变量#1001 指定的数据表地址单元的内容，并将该内容存入变量#1010

续表

功能	命令字	命令参数	备注
读取系统日期	9050	无	例 2006 年 10 月 3 日，则#1010 保存的结果为 20061003
读取系统时间	9051	无	例如当前时间为 22:13:08，则#1010 保存的结果为 221308
读取当前 T 指令	9060	无	
读取当前 F 值	9080	无	
读取当前模态 G 指令	9090	#1001：G 指令组别	
设置模态 G 指令	9101	#1001：模态 G 指令	
读编程位置（绝对位置）	9101	#1001：轴索引 0-X;1-Y;2-Z	
读刀具长度补偿号	9111	无	
读刀具半径补偿号	9112	无	
读刀具长度补偿表	9115	#1001：补偿号	
设置刀具长度补偿表	9116	#1001：补偿号 #1002：长度值	
设置程序报警	9901	#1001：报警号	

例 13-1　以下程序读取数据表地址为 20 的存储单元的内容。

（1）#1001=20：设置命令参数。

（2）#1001=9001：设置命令字。本程序段执行后，读取的内容自动存入变量#1010。

13.2　条件表达式

条件表达式用于判断一个比较式是否成立，条件表达式通常用在 IF 和 WHILE 语句中作为执行的判断条件。

条件表达式的格式为：算式 1+运算符+算式 2。其中算式也可为常数。

运算符包括如下几种：

（1）等于（==）：判断算式 1 的值与算式 2 的值是否相等。

（2）大于（>）：判断算式 1 的值是否大于算式 2 的值。

（3）小于（<）：判断算式 1 的值是否小于算式 2 的值。

（4）不等于（! =）：判断算式 1 的值是否不等于算式 2 的值。

（5）大于或等于（>=）：判断算式 1 的值是否大于或等于算式 2 的值。

（6）小于或等于（<=）：判断算式 1 的值是否小于或等于算式 2 的值。

浮点数进行比较时，其比较的精度由 CNC 内部定位 0.000001，即两个浮点数的差值的绝对值小于 0.000001 时视为相等。浮点数的比较如图 13-2 所示。

条件表达式还可以进行连接，构成"与"和"或"运算。

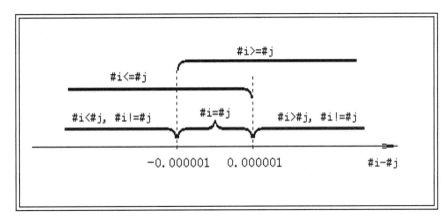

图 12-3 变量#i 和#j 的比较

"与"运算用符号"&"表示，"与"运算时，只有相连接的两个表达式均成立时，连接后的表达式才成立。

"或"运算用符号"|"表示，"或"运算时，相连接的两个表达式中，只要有一个成立，则连接后的表达式就成立。

在进行连接运算时，最多只能连接两个表达式，否则程序报错。

例如：

IF(#202>0 & #203>0)　;#202 和#203 都大于 0 时，才执行下面语句

{

G00 X50

X0

}

IF(#202>0 | #203>0)　;#202 和#203 中只要有一个大于 0，就执行下面语句

{

G00 X50

X0

}

13.3　赋值语句（算术运算）

1. 赋值语句表达式

赋值语句用于改变一个变量的值，下表列出了合法的赋值语句表达式。其中，运算符右边的表达式可包含常量、变量或函数运算等组成的表达式。表达式中的变量#j 和#k 可以用常数指定。

表 13-3　赋值语句

功能	格式	备注
加法运算	#i = #j + #k	
减法运算	#i = #j - #k	
乘法运算	#i = #j * #k	
除法运算	#i = #j / #k	

续表

功能	格式	备注
正弦	#i=SIN(#j)	角度以度为单位。
反正弦	#i=ASIN (#j)	如90°30′应指定为90.5°。
余弦	#i=COS (#j)	
反余弦	#i=A COS (#j)	
正切	#i=TAN(#j)	
反正切	#i=A TAN (#j)	
平方根	#i=SQRT(#j)	
绝对值	#i=ABS (#j)	
四舍五入取整	#i=ROUND (#j)	
上取整	#i=FUP(#j)	
下取整	#i=FIX (#j)	
自然对数	#i=LN (#j)	
指数函数	#i=EXP (#j)	

说明：

（1）函数 SIN(#j)和 ACOS (#j)中，#j 的取值范围应为 $-1 \leqslant \#j \leqslant 1$，否则程序报警。

（2）函数 ATAN (#j)中，#j 的取值不能为 90°的奇数倍，否则程序报警。

（3）所有三角函数的角度参数均以度为单位。

（4）函数 SQRT(#j)中，#j 的取值不能为负值，否则程序报警。

（5）函数 LN （#j）中，#j 的取值不能为零或负值，否则程序报警。

（6）函数 FIX （#j）和 FUP(#j)中，使绝对值大于原数的取整为上取整，使绝对值小于原数的取整为下取整，对于负数的取整应特别注意。

例如：FIX(-23.3)=-23，FUP(-23.3)=-24。

2. 运算次序

通常算术表达式的运算次序为函数→乘除运算→加减运算，但用圆括号嵌套可以改变这种次序。

如图 13-3 所示，其中①→②表示运算次序。

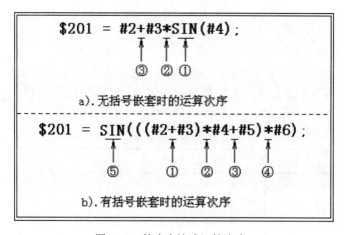

图 13-3 算术表达式运算次序

13.4 条件控制语句（IF）

条件控制语句用于控制一个程序块的执行与否。所谓程序块是指由符号"{"和"}"界定的一组程序语句系列。

IF 语句的格式为：

IF(条件表达式)

{

语句 1；

语句 2；

……

语句 n；

}

当 IF 后的条件表达式成立时，执行由符号"{"和"}"界定的语句序列（语句 1~语句 n）。若条件表达式不成立，则不执行该语句序列。

在 IF 语句后必须跟上由"{"和"}"界定的程序块（即使语句序列为空或只有一条语句），否则程序报警。

例如：

IF（#200<10） G00 X200;   ;错误，应有"{"和"}"

IF（#200<10） { G00 X200; }   ;正确

IF（#200<10） {   }   ;正确，语句序列为空

13.5 循环控制语句（WHILE）

循环控制语句用于控制程序块的循环执行。

WHILE 语句的格式为：

WHILE(条件表达式)

{

语句 1；

语句 2；

……

语句 n ；

}

当条件表达式成立时，循环执行由符号"{"和"}"界定的程序块（语句 1~语句 n）。否则，跳出循环，执行后续语句。

在 WHILE 语句后必须跟上由"{"和"}"界定的程序块（即使语句序列为空或只有一条语句），否则程序报警。

例如：

WHILE（#200<10） G00 X200;   ;错误，应有"{"和"}"

WHILE（#200<10） { G00 X200; } ;正确

WHILE（#200<10） {   } ;正确，语句序列为空

13.6 无条件跳转语句（GOTO）

跳转语句执行后，程序将转移到指定的程序段处执行。

跳转语句格式为：

GOTO L_;

其中 L_用于指定跳转目标段的段号。

当 GOTO 语句在程序块间跳转时，其跳转的方向只能是从程序块内部向外部跳转或平级跳转（既不向外也不向内），而不能从程序块外部向内部跳转。否则程序报警。例如：

```
GOTO  L100;      ;错误：目标段位于程序块之内，不能从程序块外部向内跳转
IF（#200=10）
{
N100 G00 X10 Y20 Z30;
GOTO L200;                ;正确，平级跳转
G00 Z150;
N200 G01 Z-50 F500;
GOTO L300;                ;正确，从程序块内部向外跳转
}
N300 G00 X0 Y0 Z0;
```

13.7 宏程序的调用

13.7.1 非模态调用 G65

宏程序用 G65 指令进行调用，该指令为非模态指令。

宏程序调用也是子程序调用，它与 M98 的区别在于：

（1）用 G65 调用时可以指定一组自变量，指定的自变量的值被传到被调用的宏程序中。而 M98 则没有该功能。

（2）用 G65 调用时会改变局部变量的嵌套级别，而 M98 不会。

G65 指令的格式为：

G65 P_ L_(……);

说明：

G65：宏程序调用指令。该指令必须在 P_、L_及自变量序列之前指定。

P_:指定调用的宏程序名。程序名为不超过四位数的整数。

L_:指定调用的次数。调用次数应大于或等于1，否则程序报警。调用次数为1时可省略。

……：指定自变量的序列。

13.7.2 自变量的指定

在进行宏程序调用 G65 时，可以指定自变量，指定的自变量通过局部变量被传入被调用的宏程序中。

有两种方法指定自变量：

（1）自变量指定 I

使用除了 G、L、O、N 以外的字母指定自变量，每个字母指定一次，用以代表某个固定的局部变量。

字母与局部变量的对应关系如表 13-4 所示。

表 13-4 字母与局部变量

字母	局部变量	字母	局部变量	字母	局部变量
A	#1	J	#5	T	#20
B	#2	K	#6	U	#21
C	#3	L	#12	V	#22
D	#7	M	#13	W	#23
E	#8	P	#15	X	#24
F	#9	Q	#17	Y	#25
H	#11	R	#18	Z	#26
I	#4	S	#19		

（2）自变量指定Ⅱ

使用 I、J、K 指定自变量，I、J、K 可重复指定 10 次，超过 10 次时程序报警。自变量指定Ⅱ用以传递诸如三维坐标值的变量。

I、J、K 与局部变量的对应关系如表 13-5 所示。表中 I、J、K 的下标用于确定 I、J、K 的重复次数，实际编程中不写。

表 13-5 自变量

字母	局部变量	字母	局部变量	字母	局部变量
I1	#4	J4	#14	K7	#24
J1	#5	K4	#15	I8	#25
K1	#6	I5	#16	J8	#26
I2	#7	J5	#17	K8	#27
J2	#8	K5	#18	I9	#28
K2	#9	I6	#19	J9	#29
I3	#10	J6	#20	K9	#30
J3	#11	K6	#21	I10	#31
K3	#12	I7	#22	J10	#32
I4	#13	J7	#23	K10	#33

自变量指定Ⅰ和Ⅱ可混合使用，CNC 内部自动识别。当自变量指定Ⅰ和自变量指定Ⅱ混合指定时，后制定的自变量将覆盖前面指定自变量（即后指定的自变量有效）。

13.7.3 局部变量的级别

13.7.3.1 栈概述

栈是一种只有一个出入口的数据存储空间，如图 13-4 所示，数据只能从栈顶进入，也只能从栈顶按顺序退出，因此，先进入的数据后退出，后进入的数据先退出（即先入后出）。图中所谓的"数据"不一定是单一数据，也可以是一组数据。

对栈的操作有两种：

（1）入栈：将数据存入栈的操作称为入栈。

（2）出栈：将数据从栈中读出（且从栈中删除）的操作称为出栈。

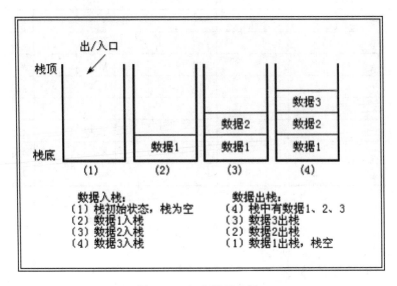

图 13-4　出/入栈示意图

1.3.3.2　局部变量的入栈与出栈

局部变量的存储分两块：

（1）局部变量的原始存储空间，程序中引用局部变量时都是从该空间中读取变量值。

（2）栈存储空间，是局部变量的备份存储空间，宏程序调用时将对该存储空间进行操作。

宏程序可以嵌套调用，可嵌套的级别仅受内存空间大小的限制，由于内存空间很大，对实际应用而言，可近似认为是没有限制的。

1）局部变量入栈：宏程序每嵌套调用一级，局部变量就入栈一次，局部变量入栈就是将局部变量原始存储空间的值备份到栈中。

2）局部变量出栈：宏程序每返回一级（M99），局部变量就出栈一次，局部变量出栈就是将局部变量原始存储空间中的变量恢复为最近一次备份的值。

注意：由于局部变量入栈时并没有清除局部变量原始存储空间的值，因此宏程序嵌套调用时，外层调用指定的局部变量值在内层调用时仍然有效，除非内层调用时重新指定了该变量的值。

13.8　宏程序编程的兼容格式

在进行宏程序编程时，可以使用不同的格式，表 13-6 表为编程时可以使用的兼容格式，在程序中使用左栏的字符时，其作用与使用右栏中的字符一样。

表 13-6　宏程序兼容格式

兼容格式	等效格式
GT	>
LT	<
EQ	==
GE	>=
LE	<=
NE	!=
[	(
]	)
BEGIN	{
END	}
AND	&
OR	|

例如：

#201=0

#202=5

#203=0

WHILE(#201<#202 & #203<#202)

{

G00 X50 Y20 Z30

X0 Y0 Z0

#201=#201+1

}

上述程序也可写成如下格式：

#201=0

#202=5

#203=0

WHILE[#201 LT #202 AND #203 LT #202]

BEGIN

G00 X50 Y20 Z30

X0 Y0 Z0

#201=#201+1

END

练习题

1. 椭圆加工（编程思路：以一小段直线代替曲线）。

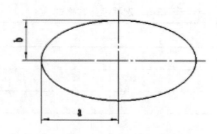

图 13-5

2．斜椭圆且椭心不在原点的轨迹线加工（假设加工深度为 2mm）。

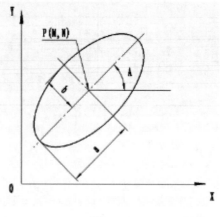

图 13-6

3．球面加工（编程思想：以若干个不等半径的整圆代替曲面）。

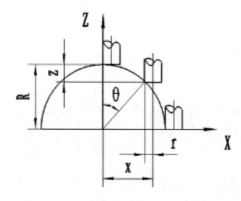

图 13-7

项目十四   数控铣/加工中心机床典型加工工艺案例

项目任务

二维、三维零件的编程与加工

1. 能够利用 CAD/CAM 软件完成二、三维零件的建模及程序编制
2. 能合理编制二、三维零件的加工工艺及加工方式和程序后置与机床通信
3. 能合理选用二、三维度零件的加工刀具，切削参数
4. 能和小组成员协作完成任务
5. 能够完成二、三维零件的加工及质量检测

项目描述

某公司委托我校加工一批外协零件共有四种类型（分别由学习情境一、二、三、四来展示），加工数量为 10 件，来料加工，工期为 1 天。现学校将该任务分配给数控铣教研组，由实习教师带领学生完成零件的加工。

知识及能力讲解

自动编程是指利用计算机专用软件来编制数控加工程序。随着现代加工技术的发展，实际生产过程中比较复杂的二维零件；具有曲线轮廓的零件和三维复杂零件越来越多，手工编程已满足不了实际生产的要求。为了解决此问题，数控自动编程得到了快速的发展。MasterCAM 软件是一种典型的 CAD/CAM 软件，它把 CAD 造型和 CAM 数控编程集成于一个系统环境中，具有较强的绘图功能和数控加工能力，可实现零件的几何造型、刀具路径生成、加工模拟仿真、数控加工程序生成和数据传输，最终完成零件加工。软件具有强大的 CAM 功能，支持 2～5 轴的加工方式，提供多种类型的曲面粗加工、精加工方式和最高级的自动清根加工方式。下面以 MasterCAM9.0 为例作一般阐述。

14.1   学习情境一：数控铣/加工中心机床典型加工工艺案例一

例 14-1   三维零件加工典型例子 1。

本工作任务试解

数控自动编程其操作步骤可归纳如下：

第一步，理解零件图纸或其他的模型数据，确定加工内容。

第二步，确定加工工艺（装卡、刀具、毛坯情况等），根据工艺确定刀具原点位置（即用户坐标系）。

　　第三步，利用 CAD 功能建立加工模型或通过数据接口读入已有的 CAD 模型数据文件，并根据编程需要，进行适当的删减与增补。

　　第四步，选择合适的加工策略，CAM 软件根据前面提供的信息，自动生成刀具轨迹。

　　第五步，进行加工仿真或刀具路径模拟，以确认加工结果和刀具路径与我们设想的一致。

　　第六步，通过与加工机床相对应的后置处理文件，CAM 软件将刀具路径转换成加工代码。

　　第七步，将加工代码（G 代码）传输到加工机床上，完成零件加工。

　　由于零件的难易程度各不相同，上述的操作步骤将会依据零件实际情况而有所删减和增补。前面介绍了自动编程的基础知识，下面通过一个具体实例来介绍二维零件的 CAD 建模和零件的 CAM 编程，零件如图 14-1 所示。

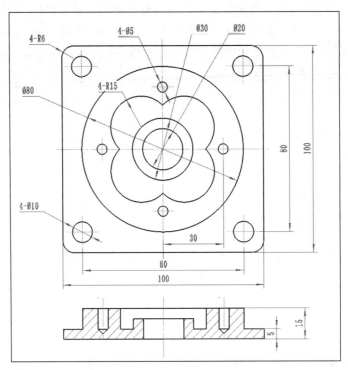

图 14-1　二维自动编程实例的零件图

14.1.1　零件的 CAD 建模

1. 设置辅助菜单

在辅助菜单中选择 Z 为 0.000（工作深度），构图平面为俯视图。

2. 绘制轮廓中心线

按键盘上的 F9 键，打开系统的坐标原点。

　　（1）选取辅助菜单中的"线型/线宽"，选择"中心线"，线宽默认"细线"。

　　（2）选取"绘图"—"直线"—"垂直线"，画垂直线，输入坐标值"0"，回车确认。

　　（3）返回上层菜单选取"水平线"，绘制水平线，输入坐标值"0"，回车确认。

　　（4）选取"绘图"—"直线"—"极坐标线"—"原点"，输入角度"45"，输入线长"50"，回车确认；选取"原点"，输入角度"135"，输入线长"50"，回车确认；选取"原点"，输入角度"225"，输入线长"50"，回车确认；选取"原点"，输入角度"315"，输入线长"50"，回车确认。完成轮廓中心线的绘制。

3．绘制中间部分

（1）选取辅助菜单中的"线型/线宽"—"线型中的实线"，线宽默认"细线"，如图14-2所示。

图14-2 绘制中心线

（2）选取"绘图"—"圆弧点直径圆"，输入直径"80"，单击"原点"。返回上层菜单选取"直径圆"，输入直径"30"，单击"原点"。返回上层菜单选取"点直径圆"，输入直径"20"，单击原点，如图14-3所示。

（3）选取"绘图"—"圆弧"—"点半径圆"，输入半径"15"，单击"交点"，选取ϕ30的圆和四条角平分线的交点，如图14-4所示。

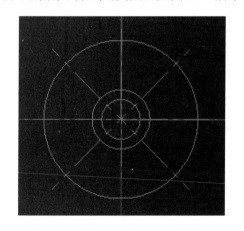

图14-3 绘制ϕ30圆（点直径圆）

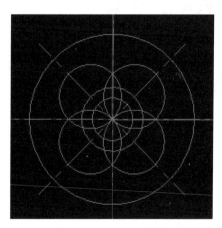

图14-4 绘制R15圆（点半径圆）

（4）返回主菜单，选取"修整"—"打断"—"在交点处"—"所有的"—"图素"—"执行"，删掉不要的图素，修整后的图形如图14-5所示。

（5）返回主菜单，选取"绘图"—"圆弧"—"点直径圆"，输入直径"5"，分别输入四个ϕ5的圆的圆心点(30,0)、(0,30)、(-30,0)、(0,-30)，构建四个ϕ5的圆，如图14-6所示。

4．绘制矩形和矩形上的四个圆

（1）返回主菜单，选取"绘图"—"矩形"—"一点"—"矩形之宽度"（输入"100"）—"矩形之高度"（输入"100"）—"确定"—"原点"，如图14-7所示。

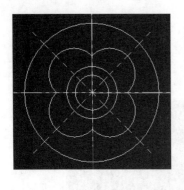 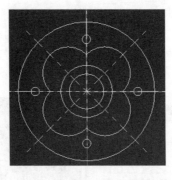 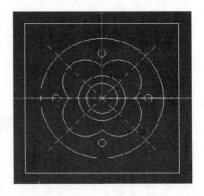

图 14-5　修整后的图形　　　图 14-6　绘制 $\phi5$ 圆（点直径圆）　　　图 14-7　绘制矩形

（2）返回主菜单，选取"绘图"—"倒圆角"—"半径"，输入半径 6，选取矩形四个角的相邻两边，倒四个角，如图 14-8 所示。

（3）返回主菜单，选取"绘图"—"圆弧"—"点直径圆"，输入直径"10"，分别输入四个 $\phi10$ 的圆的圆心点(40,40)、(-40，40)、(-40，-40)、(40,-40)，构建四个 $\phi10$ 的圆，如图 14-9 所示。

（4）删除中心线后的最终零件图，如图 14-10 所示（中心线在 MasterCAM 中只起到辅助构建图形的作用，在生成刀具路径和 NC 程序时只用零件轮廓线）。

 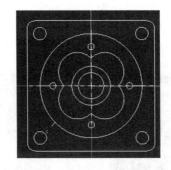 

图 14-8　倒圆角　　　图 14-9　绘制矩形上的四个圆　　　图 14-10　最终零件图

14.1.2　零件的 CAM 编程

1．设置工件的毛坯

返回主菜单，选取"刀具路径工作设定"，打开"工作设定"对话框。直接在对话框的 X、Y 和 Z 输入框中输入工件尺寸（105×105×17），将底面设置在 Z=0 的平面上，选取"显示工件"，参数设定后如图 14-11 所示。

在辅助菜单中选取"视角"—"等轴视角"，绘图区显示二维线框与毛坯，如图 14-12 所示。

2．粗、精加工上平面

（1）选择平面铣削加工方式及加工轮廓，定义刀具及刀具参数：返回主菜单，选取"刀具路径"—"平面铣削"—"串联"；选择轮廓线上的矩形线框，选取"执行"，打开面铣对话框；在对话框空白处单击右键，在显示的快捷菜单中，选取"构建新刀具"，进入"刀具参数"选项卡；选择 $\phi40mm$ 的面铣刀作为当前使用的刀具，在"刀具参数"选项卡中输入要用的刀具参数，完成刀具参数设置，如图 14-13 所示。

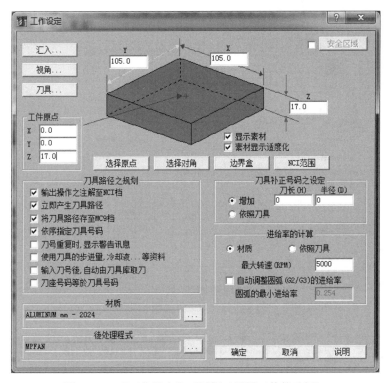

图 14-11 "工作设定"对话框（设置工件的毛坯）

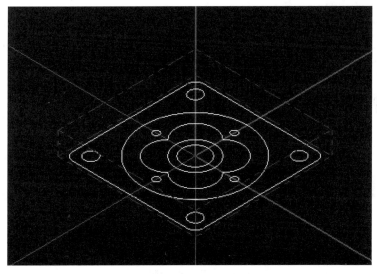

图 14-12 二维线框与毛坯

（2）定义平面铣削加工参数：选取"面铣加工参数"选项卡，设定参数，如图 14-14 所示；选取"Z 轴分层铣深"按钮并单击，打开"Z 轴分层铣深设定"对话框，设定参数，如图 14-15 所示；参数设定后，单击"确定"按钮，生成刀具路径，如图 14-16 所示。

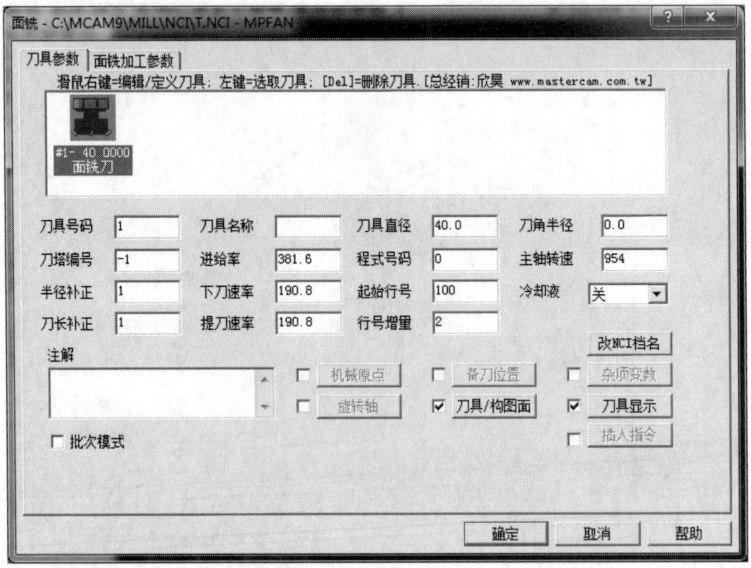

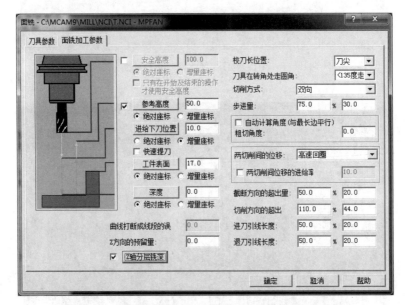

图 14-13　"刀具参数"对话框（粗、精加工上平面）

图 14-14　"面铣加工参数"对话框（粗、精加工上表面）

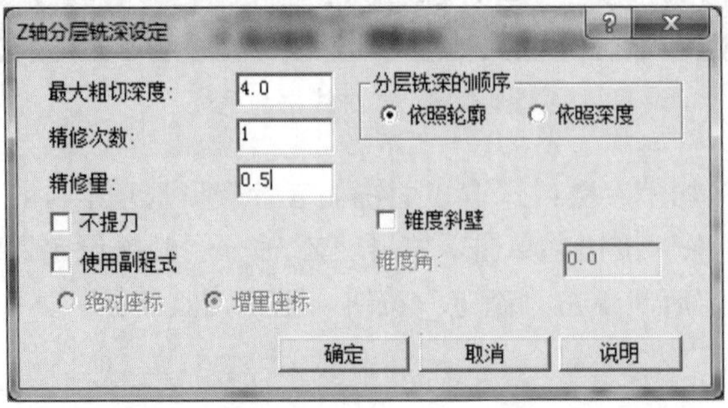

图 14-15　"Z 轴分层铣深度设定"对话框（粗精加工上平面）

图 14-16　刀具路径（粗、精加工上表面）

（3）隐藏刀具路径：在主菜单中选取"刀具路径操作管理"，打开"操作管理员"对话框，在对话框的空白处单击鼠标右键，选取"选项"－"刀具路径之显示"－"关"，可将刀具路径隐藏，如图 14-17 所示。

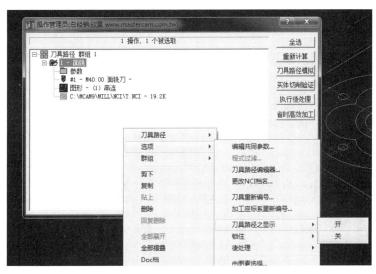

图 14-17　刀具路径隐藏

3．粗、精铣矩形侧面

（1）选取铣削加工方式及加工轮廓，定义刀具参数：返回主菜单，选取"刀具路径"－"外形铣削"－"串联"；选择轮廓线上的矩形线框，选取"执行"，打开"外形铣削"对话框。在刀具对话框空白处单击鼠标右键，在显示的快捷菜单中，从刀具库中选取刀具；选择 $\phi 12mm$ 的平刀作为当前使用的刀具，在"刀具参数"选项卡中输入要用的刀具参数，完成刀具参数设置，如图 14-18 所示。

（2）定义外形铣削参数：选取"外形铣削参数"，在选项卡中设定外形铣削参数，如图 14-19 所示；选取"平面多次铣削"，打开"平面多次铣削设定"对话框，参数设置如图 14-20 所示；选取"轴分层铣深"，打开"Z 轴分层铣深"设定项对话框，参数设置如图 14-21 所示；选取"进/退刀向量"，打开"进/退刀向量设定"对话框，参数设置如图 14-22 所示；设定参数后，单击"确定"按钮，在图上生成刀具路径，如图 14-23 所示。

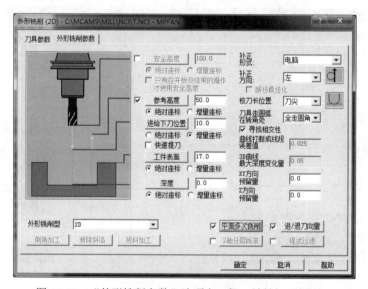

图 14-18 "刀具参数"选项卡（粗、精铣矩形侧面）

图 14-19 "外形铣削参数"选项卡（粗、精铣矩形侧面）

图 14-20 "XY 平面多次铣削设定"对话框（粗精铣矩形侧面）

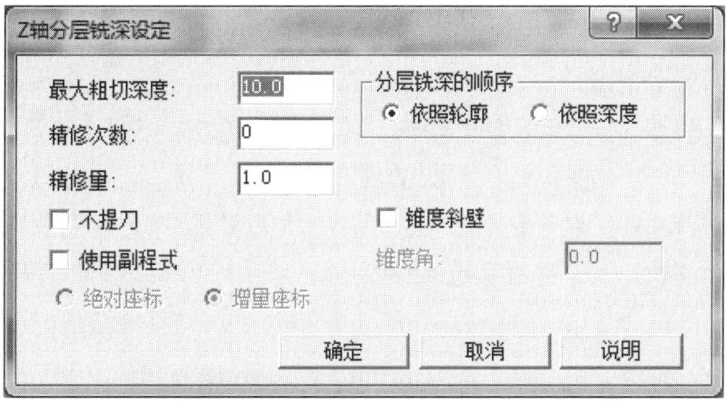

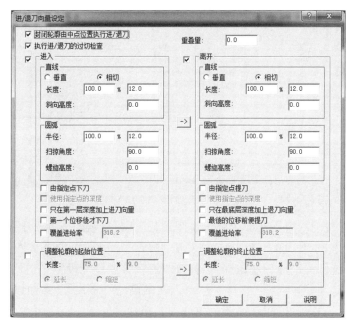

图 14-21　"Z 轴分层铣深设定"对话框（粗、精铣矩形侧面）

图 14-22　"进/退刀向量设定"对话框（粗、精铣矩形侧面）

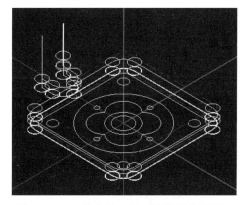

图 14-23　刀具路径（粗、精铣矩形侧面）

（3）隐藏刀具路径：在主菜单中选取"刀具路径操作管理"，在打开的对话框中选取"外形铣削参数"；在对话框的空白处单击右键，选取"选项"—"刀具路径之显示"—"关"，可将刀具路径隐藏。

4．加工凸起大圆的外轮廓

（1）选取外形铣削加工方式及加工轮廓，定义刀具参数：返回主菜单，选取"刀具路径"－"外形铣削"－"串联"；选择 $\phi80$ 大圆的线框，选取"执行"，打开"外形铣削"对话框；在对话框空白处单击右键，在显示的快捷菜单中，从刀具库中选取刀具；选择 $\phi20$ 的立铣刀作为当前使用的刀具，在"刀具参数"选项卡中输入要用的刀具参数，完成刀具参数设置，如图 14-24 所示。

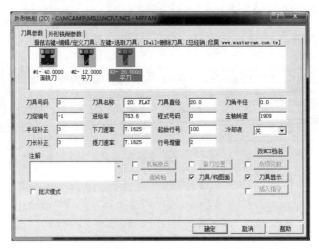

图 14-24　"刀具参数"选项卡（加工凸起大圆外轮廓）

（2）定义外形铣削参数：选取"外形铣削参数"，在显示的选项卡中设定外形铣削参数，如图 14-25 所示；选取"平面多次铣削"，打开"XY 平面多次铣削设定"对话框，参数设置如图 14-26 所示；选取"Z 轴分层铣深"，打开"Z 轴分层铣深设定"对话框，参数设置可参考图 14-21；选取"进/退刀向量"，打开"进/退刀向量设定"对话框，参数设置可参考图 14-22；设定参数后，单击"确定"按钮，在图上生成刀具路径，如图 14-27 所示。

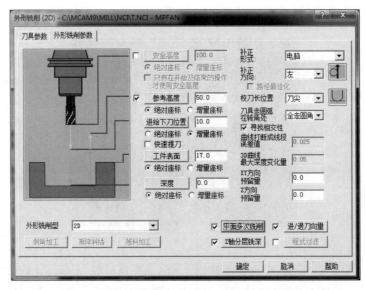

图 14-25　"外形铣削参数"选项卡（加工凸起大圆外轮廓）

图 14-26　"XY 平面多次铣削设定"对话框
（加工凸起大圆外轮廓）

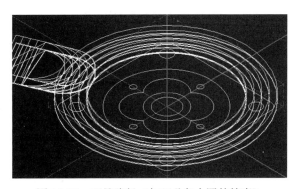

图 14-27　刀具路径（加工凸起大圆外轮廓）

（3）隐藏刀具路径：在主菜单中选取"刀具路径操作管理"，在打开的对话框中选取"外形铣削参数"；在此话框的空白处单击右键，选取"选项"—"刀具路径之显示"—"关"，可将刀具路径隐藏。

5. 用 ϕ16mm 的立铣刀进行挖槽加工

（1）选择挖槽加工方式，定义刀具参数：返回主菜单，选取"刀具路径"—"挖槽"—"串联"；选取"花朵型的线框"—"执行"，打开"挖槽"对话框；在对话框空白处单击右键，在显示的快捷菜单中，从刀具库中选取刀具；选择 ϕ16 的立铣刀作为当前使用的刀具，在"刀具参数"选项卡中输入要用的刀具参数，完成刀具参数设置，如图 14-28 所示。

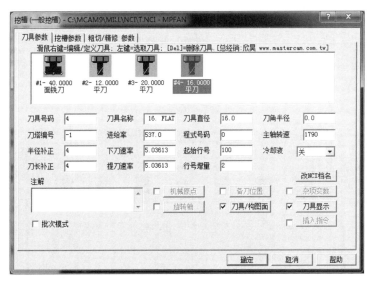

图 14-28　"刀具参数"选项卡（ϕ16 立铣刀挖槽加工）

（2）定义挖槽加工参数：选取"挖槽参数"，打开"挖槽参数"选项卡，设定参数，如图 14-29 所示；选取"分层铣深"，打开"Z 轴分层铣深设定"对话框，参数设置如图 14-30 所示。

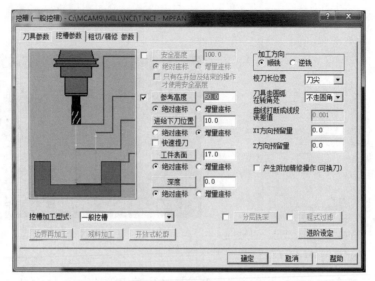

图 14-29 "挖槽参数"选项卡

图 14-30 "Z 轴分层铣深设定"对话框（ϕ16 立铣刀挖槽加工）

（3）定义粗切/精修参数：选取"粗切/精修 参数"，打开"粗切/精修 参数"选项卡，设定参数，如图 14-31 所示；设定参数后，单击"确定"按钮，在图上生成刀具路径，如图 14-32 所示。

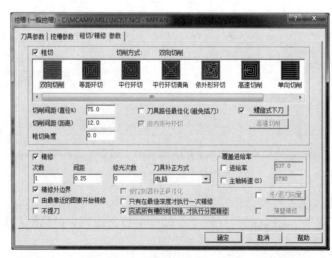

图 14-31 "粗切/精修参数"选项卡（ϕ16 立铣刀挖槽加工）

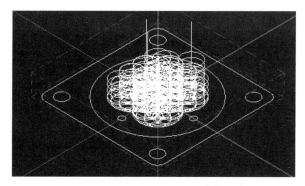

图 14-32　刀具路径（φ16 立铣刀挖槽加工）

（4）隐藏刀具路径：在主菜单中选取"刀具路径操作管理"后，在打开的对话框中选取"步骤 4 挖槽"；在对话框的空白处单击右键，选取"选项"－"刀具路径之显示"－"关"，可将刀具路径隐藏。

6．用 φ45mm 的平铣刀进行挖槽加工

（1）选择挖槽加工方式，定义刀具参数：返回主菜单，选取"刀具路径"－"挖槽"－"串联"；选取"花朵型的线框"及 φ30 的圆，串联方向应一致，选取"执行"，打开"挖槽"对话框；在对话框空白处单击右键，在显示的快捷菜单中，从刀具库中选取刀具；选择 φ5 的平铣刀作为当前使用的刀具，在"刀具参数"选项卡中输入要用的刀具参数，完成刀具参数设置，如图 14-33 所示。

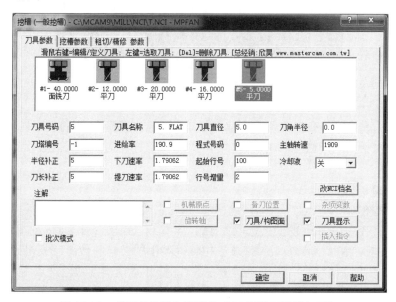

图 14-33　"刀具参数"选项卡（φ5 平铣刀挖槽加工）

（2）定义挖槽加工参数：选取"挖槽参数"，打开"挖槽参数"选项卡，设定参数，如图 14-34 所示；选取"分层铣深"，打开"Z 轴分层铣深设定"对话框，参数设置，可参考图 14-30。

（3）定义粗切/精修参数：选取"粗切/精修　参数"，打开"粗切/精修　参数"选项卡，设定参数，可参考图 14-31；设定参数后，单击"确定"按钮，在图上生成刀具路径，如图 14-35 所示。

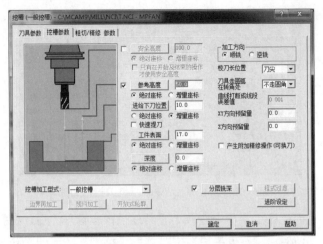

图 14-34 "挖槽参数"选项卡 (ϕ5 平铣刀挖槽加工)

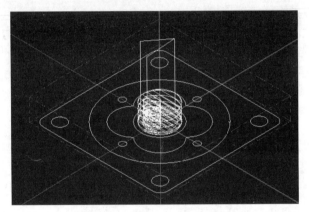

图 14-35 刀具路径 (ϕ5 平铣刀挖槽加工)

（4）隐藏刀具路径：在主菜单中选取"刀具路径操作管理"，在打开的对话框中选取"步骤 5 挖槽"；在对话框的空白处单击右键，选取"选项"－"刀具路径之显示"－"关"，可将刀具路径隐藏。

7．加工 ϕ20 的内孔

（1）选择挖槽加工方式，定义刀具参数：返回主菜单，选取"刀具路径"－"挖槽"－"串联"；选择直径为 20 mm 的圆，选取"执行"，打开"挖槽"对话框；选择 ϕ5 的平铣刀作为当前使用的刀具，在"刀具参数"选项卡中输入要用的刀具参数，完成刀具参数设置。

（2）定义挖槽加工参数：选取"挖槽参数"，打开"挖槽参数"选项卡，设定参数，如图 14-36 所示；选取"分层铣深"，打开"Z 轴分层铣深设定"对话框，参数设置可参照图 14-30。

（3）定义粗切/精修参数：选取"粗切/精修　参数"，打开"粗切/精修　参数"选项卡，设定参数；设定参数后，单击"确定"按钮，在图上生成刀具路径，如图 14-37 所示。

（4）隐藏刀具路径：在主菜单中选取"刀具路径操作管理"，在打开的对话框中选取"步骤 6 挖槽"；在对话框的空白处单击右键，选取"选项"－"刀具路径之显示"－"关"可将刀具路径隐藏。

8．用 ϕ5 的中心钻进行孔定位

（1）采用孔加工方式及加工元素定义刀具参数：返回主菜单，选取"刀具路径"－"钻

孔"—"图素"；依次选择圆台上需要加工的 $\phi 5$ 的四个孔，选取"执行"；在打开的对话框空白处单击右键，在显示的快捷菜单中，从刀具库中选取刀具；选择 $\phi 5$ 的中心钻作为当前使用刀具，设置刀具参数，如图 14-38 所示。

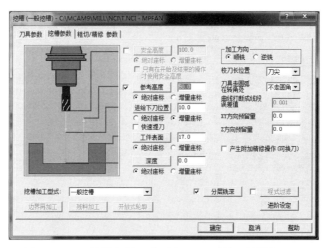

图 14-36　"挖槽参数"选项卡（$\phi 5$ 平铣刀挖槽加工）

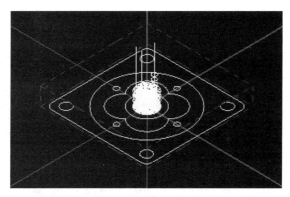

图 14-37　刀具路径（$\phi 5$ 平铣刀挖槽加工）

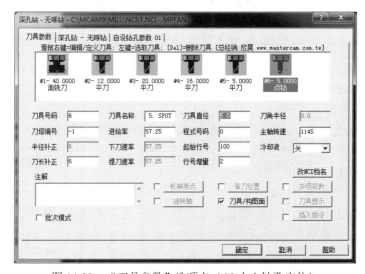

图 14-38　"刀具参数"选项卡（$\phi 5$ 中心钻孔定位）

（2）定义孔加工参数，选取"深孔钻-无啄钻"，打开"深孔钻-无啄钻"选项卡，设定孔加工参数，如图14-39所示；参数设定后，单击"确定"按钮，生成刀具路径，如图14-40所示。

图 14-39　"深孔钻-无啄钻"选项卡1（ϕ5中心钻孔定位）

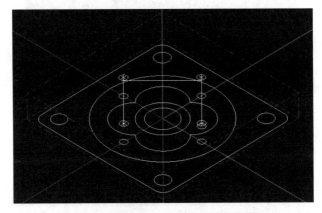

图 14-40　刀具路径（ϕ5中心钻孔定位）

（3）返回主菜单，选取"刀具路径"－"钻孔"－"图素"；依次选择矩形面上需要加工的四个直径为10mm的孔，选取"执行"；在打开的对话框中选择ϕ5的中心钻作为当前使用刀具，设置刀具参数。

（4）定义孔加工参数，选取"深孔钻-无啄钻"，打开"深孔钻-无啄钻"选项卡，设定参数，如图14-41所示；参数设定后，单击"确定"按钮，生成刀具路径。

（5）隐藏刀具路径。

9. 加工矩形面上的 4×ϕ10 的孔

（1）采用孔加工方式及加工轮廓，定义刀具参数：返回主菜单，选取"刀具路径"－"钻孔"－"图素"；依次选择矩形面上需要加工的ϕ10的四个孔，选取"执行"；在打开的对话框空白处单击右键，在显示的快捷菜单中，从刀具库中选取刀具；选择ϕ10的钻头作为当前使用刀具，设置刀具参数，如图14-42所示。

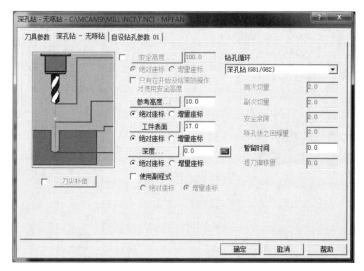

图 14-41　"深孔钻-无啄钻"选项卡 2（ϕ5 中心钻孔定位）

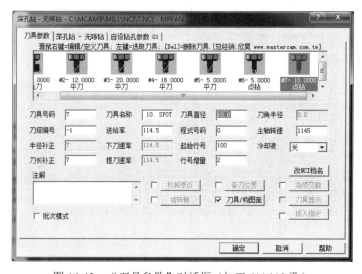

图 14-42　"刀具参数"对话框（加工 4×ϕ10 孔）

（2）定义孔加工参数，单击"深孔钻-无啄钻"，打开"深孔钻-无啄钻"选项卡，设定孔加工参数，如图 14-43 所示；参数设定后，单击"确定"按钮，生成刀具路径，如图 14-44 所示。

（3）隐藏刀具路径。

10. 加工圆台上的 4×ϕ5mm 孔

（1）采用孔加工方式及加工轮廓，定义刀具参数：返回主菜单，选取"刀具路径"－"钻孔"－"图素"；依次选择圆台面上需要加工的 ϕ5 的四个孔，选取"执行"；在打开的对话框空白处单击右键，在显示的快捷菜单中，从刀具库中选取刀具；选择 ϕ5 的钻头作为当前使用刀具，设置刀具参数，如图 14-45 所示。

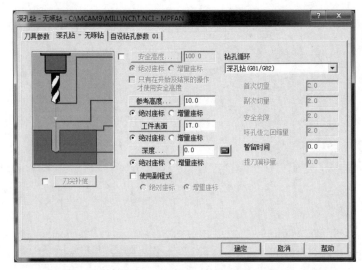

图 14-43 "深孔钻-无啄钻"选项卡（加工 4×ϕ10 孔）

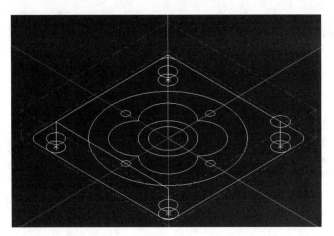

图 14-44 刀具路径（加工 4×ϕ10 孔）

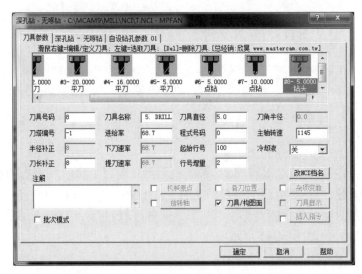

图 14-45 "刀具参数"对话框（加工 4×ϕ5 孔）

（2）定义孔加工参数，选取"深孔钻-无啄钻"，打开"深孔钻-无啄钻"选项卡，设定孔加工参数，如图 14-46 所示；参数设定后，单击"确定"按钮，生成刀具路径，如图 14-47 所示。

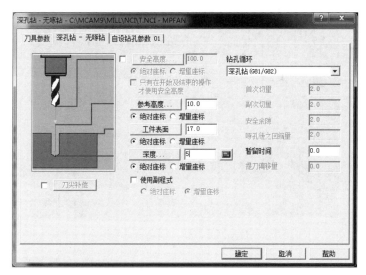

图 14-46　"深孔钻-无啄钻"选项卡（加工 $4 \times \phi 5$ 孔）

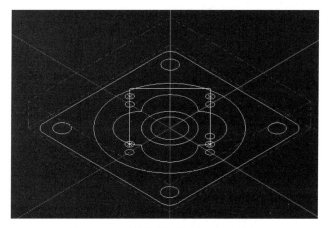

图 14-47　刀具路径（加工 $4 \times \phi 5$ 孔）

（3）隐藏刀具路径。

11．刀具路径模拟

返回主菜单，选取"刀具路径操作管理"，打开"操作管理"对话框；选取"全选"—"刀路模拟"，选取主菜单区显示的刀具路径模拟菜单中的"运行"，在绘图区显示上面生成的刀具路径，如图 14-48 所示。

12．实体切削验证

在操作管理器中，选取"全选"—"实体加工验证"，在绘图区显示出设置的工件外形和实体切削验证工具栏，单击"执行"按钮，进行仿真切削加工，如图 14-49 所示。

13．后处理

在操作管理器中选取"后处理"，打开"后处理程序"对话框，选取"NC 档"中的"存储 NC 档"与"编辑",单击"确定"按钮;在打开的"请输入要写出的 NC 档名"对话框中,选择或输入文件名,如图 14-50 所示;当显示"是否删除旧文件"时,选择"是",此时可生成并保存 NC 代码,打开的 NC 代码如图 14-51 所示。

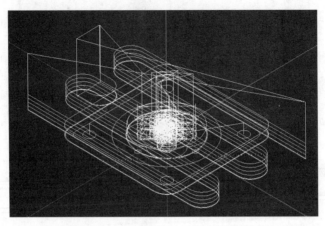

图 14-48 刀具路径(刀具路径模拟)

图 14-49 实体验证效果

图 14-50 "请输入要写出的 NC 档名"对话框

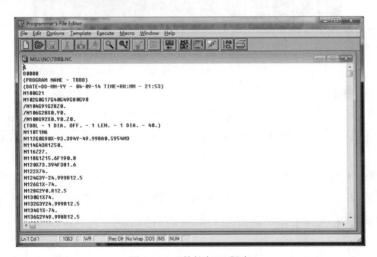

图 14-51 数控加工程序

学生练习指导

（1）用 MasterCAM 绘制二维轮廓图时修整工具你会用吗？

（2）MasterCAM 绘制二维轮廓图时为什么要构建构图平面和视角？

（3）MasterCAM 中加工模块你会用了吗，各加工方式你能正确选择吗，加工中的参数你能正确设定吗？

（4）钻孔模块中如果你的"实体验证"总是过切，可否考虑"安全高度"是否设置正确？

（5）MasterCAM 进行实体验证时过切是什么原因，怎么解决？

考核评价

评分标准：

（1）按给定零件图建好三维模型------------------40 分。

（2）后置生成程序机床加工-----------------------50 分。

（3）尺寸配合---10 分。

（4）对刀错误、违规操作--------------------倒扣 10 分。

练习题

1. 利用 CAD、CAM 建模并生成程序后置加工程序，完成图 14-52 所示零件的加工。

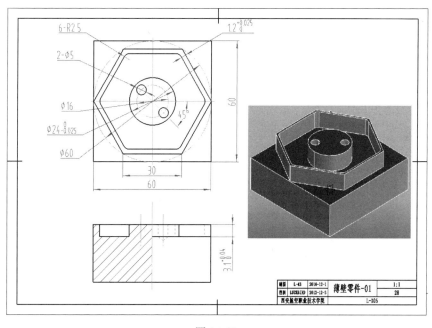

图 14-52

2. 利用 CAD、CAM 建模并生成程序后置加工程序，完成图 14-53 所示零件的加工。

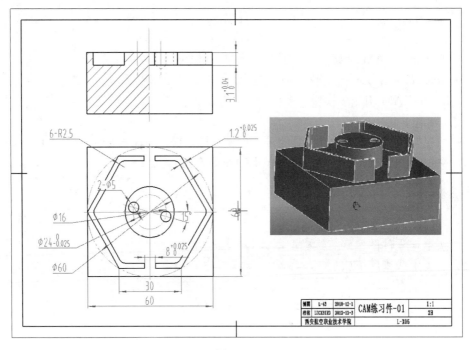

图 14-53

3. 利用 CAD、CAM 建模并生成程序后置加工程序，完成图 14-54 所示凹凸文字的加工。

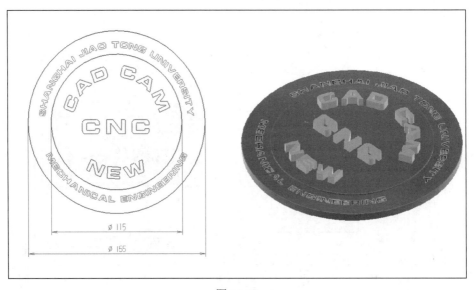

图 14-54

4. 利用 CAD、CAM 建模并生成程序后置加工程序，完成图 14-55 所示零件拨叉的加工（零件厚度为 20mm）。

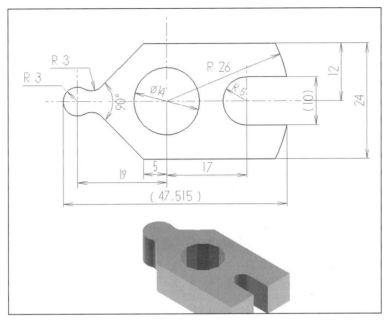

图 14-55

5. 利用 CAD、CAM 建模并生成程序后置加工程序，完成图 14-56 所示的零件轮毂的加工（零件厚度为 25mm）。

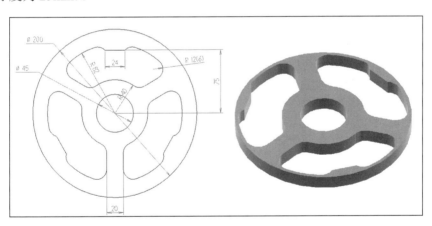

图 14-56

14.2　学习情境二：数控铣/加工中心机床典型加工工艺案例二

例 14-2　三维零件加工典型例子 2

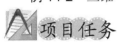项目任务

真实生产编程与加工实例

1. 能合理完成实际成产零件程序编制及后置处理
2. 能合理编制实际成产零件的加工工艺
3. 能合理选用实际成产零件的加工刀具

4. 能和小组成员协作完成任务

任务描述

某公司外协我校加工一批外协零件（由于涉及商业信息，不展示零件具体尺寸），零件具体参数为数模文件（一般数模文件为通用格式，通常是".STP"或".IGS"格式），加工数量为 1 件，来料加工，工期为 7 天。现学校将该任务分配给数控铣教研组，由实习教师带领学生完成图 14-57 所示零件的加工。

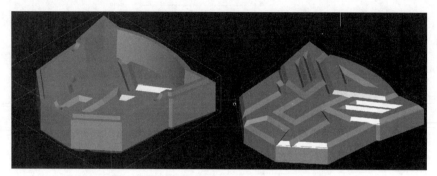

图 14-57 变形金刚 LOGO 工艺品零件（正反面）

本工作任务试解

前面已经较为详实的介绍了利用 MasterCAM 进行二、三维轮廓零件的绘制和自动编程，下面我们来学习三维实体零件实际生产过程（即工艺制定和加工过程）。数模零件如图 14-57 所示。

数控自动编程其操作步骤可归纳如下：

第一步，理解零件图纸或其他的模型数据，确定加工内容。

第二步，确定加工工艺（装卡、刀具、毛坯情况等），根据工艺确定刀具原点位置（即用户坐标系）。

第三步，利用 CAD 功能建立加工模型或通过数据接到读入已有的 CAD 模型数据文件，并根据编程需要，进行适当的删减与增补。

第四步，选择合适的加工策略，CAM 软件根据前面提到的信息，自动生成刀具轨迹。

第五步，进行加工仿真或刀具路径模拟，以确认加工结果和刀具路径与我们设想的一致。

第六步，通过与加工机床相对应的后置处理文件，CAM 软件将刀具路径转换成加工代码。

第七步，将加工代码（G 代码）传输到加工机床上，完成零件加工。

由于零件的难易程度各不相同，上述的操作步骤将会依据零件实际情况，而有所删减和增补。

1. 数模文件分析

根据用户需求，零件数模分析可知该产品为正反两面，零件多处带有型面、壁角，加工形式多为三维曲面。尖角角度较小，采用的刀具为小直径小刀。在加工中要进行翻面加工，所以要留有对刀基准，出程序时要注意干涉面。

2. 确定加工工艺

确定零件生产任务单、进度计划表、零件加工工艺卡、零件加工的切削刀具卡、零件数控加工的工艺卡、工量具清单，具体如表 14-1 至 14-5 所示。

表 14-1　生产任务单

单位名称		西安航院		完成时间		年　月　日	
序号	产品名称	材料	生产数量	技术要求、质量要求			
1	变形金刚LOGO工艺品	45#	1 件	配合达到要求	清角	表面光整	
生产批准时间		2012-09-19	批准人	教研室主任			
通知任务时间		2012-09-20	发单人	指导教师			
接单时间		2012-09-21	接单人	实训学生组长	生产班组	数控铣工组	

表 14-2　进度计划表

序号	工作内容	时间	成员	负责人
1	工艺分析	2012-09-21	实训学生 1 组	
2	程序编制	2012-09-21	实训学生 2 组	
3	铣削加工	2012-09-22	实训学生 3 组	
4	成品检验与质量分析	2012-09-25	实训学生 4 组	

表 14-3　零件加工工艺卡

单位	西安航院	产品名称		工艺品			图号		
		零件名称		变形金刚 LOGO			数量	1	第 1 页
材料	45#	材料牌号		毛坯尺寸		120×80			共 1 页
工序号	工序内容	车间	设备	工具			计划工时	实际工时	
				夹具	量具	刃具			
1	备料	数控铣	J1VMC40MB	虎钳	卡尺、直角尺	端铣刀	0.5H		
2	面加工（凹）	数控铣	J1VMC40MB	虎钳	卡尺	立铣刀、球头刀	3H		
3	留工艺基准（以备找正用）	数控铣	J1VMC40MB	虎钳	卡尺	钻头、立铣刀	0.5H		
4	翻面加工正面（凸）	数控铣	J1VMC40MB	虎钳	卡尺，磁力表座、百分表	立铣刀、球头刀	3H		
更改号		拟定		校正		审核		批准	
更改者									
日期									

表 14-4　零件加工的切削刀具卡

产品名称或代号	LOGO	零件名称	变形金刚 LOGO	零件图号	
刀具号	刀具名称	数量	加工内容	刀具规格	备注
1	端铣刀	1	工件平面	$\phi 60$	
2	立铣刀	1	轮廓及大岛屿	$\phi 12$	
3	立铣刀	1	内腔开粗	$\phi 6$	

续表

产品名称或代号	LOGO		零件名称	变形金刚 LOGO	零件图号	
刀具号	刀具名称		数量	加工内容	刀具规格	备注
4	立铣刀		1	清角	$\phi 2$	
5	球铣头刀		1	凹槽内腔	$\phi 6(R3)$	
6	钻头		1	工艺基准	$\phi 4$	
编制		审核		批准	第　页	共 1 页

表 14-5　零件数控加工的工艺卡

单位	西安航院	产品名称或代号	零件名称		零件图号	
		工艺品	变形金刚 LOGO			
工序号	程序编号	夹具名称	使用设备		车间	
1	%100	机用虎钳	立式数控铣床 J1VMC40MB		数控铣	
	%200					
	%300					
	%400					
	%500					

工步号	工序内容	刀号	规格	主轴转速（r/min）	进给速度（mm/min）	吃刀量（mm）	备注
1	备料铣平面	1	$\phi 60$	1500	200	2.5	手动
2	开粗反面凹槽	2	$\phi 12$	3500	3000	1	
3	半开粗反面凹槽	3	$\phi 6$	4000	3500	0.8	
4	精修凹槽曲面	4	$\phi 6$ (R3)	4000	3500	0.5	
5	清角精修	5	$\phi 2$	4000	3000	0.3	

续表

工步号	工序内容	刀号	规格	主轴转速（r/min）	进给速度（mm/min）	吃刀量（mm）	备注
6	工艺基准	6	φ4	3000	120		手动钻孔
7	翻面找正	打表找正工件平行于 X 轴的侧边，保证直线度跳动量≤0.025，找正内孔圆心确定工件坐标原点						
8	正面开粗（凸）	1	φ60	1500	200	2.5	
9	半开粗正面	2	φ12	3500	3000	1	
10	精修凹槽曲面	3	φ6	4000	3500	0.8	
11	清角精修	4	φ6R3	4000	3000	0.5	
12	手工修整	铜棒敲打工艺台，落料；倒角，去毛刺						
编制		审核		批准		第　页	共　页

3. 加工工艺分析

表 14-6　加工工艺

1. 备料铣平面：

备料时要保证相邻表面垂直度，分别精铣六个平面。采用机用虎钳装夹，毛坯伸出钳口 7mm，用 φ60 端面铣刀。铣削上下两面，保证厚度尺寸 20 mm。

2．开粗反面凹槽轮廓：
采用机用虎钳装夹，毛坯伸出钳口 12mm（因为程序中最低点为 Z-10），选择工件上表面中心为工件坐标系原点，采用 ϕ12 的立铣刀加工外轮廓。

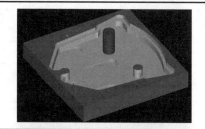

3．半开粗反面凹槽轮廓：
用 ϕ6 的立铣刀加工凹槽中大部分余量，为精加工做准备。

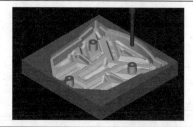

4．精修凹槽曲面轮廓：
用 ϕ6（R3）的球头铣刀修整 ϕ6 的立铣刀加工后得到残留部分，光顺零件轮廓。

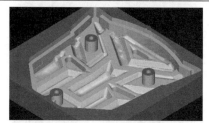

5．清角精修凹槽曲面轮廓轮廓：
用 ϕ2 的立铣刀加工凹槽内轮廓未能加工到的清角部分，完成反面轮廓的整体加工。

6．做出工艺基准：
用 ϕ12 立铣刀加工与 X 轴平行并靠近操作者一面的侧边，作为翻面加工找正坐标系用的基准之一，并钻出 ϕ4 的基准孔（通孔）作为找正基准之二（一定记录下此孔在 G54 下的坐标值）。

7．翻面找正：
用百分表拉侧边，保证直线度跳动量≤0.025，找正内孔。通过找正此孔圆心，利用前面记录的孔的坐标值（X_A，Y_A）回推 G54 的原点，来确定工件坐标原点。然后用 ϕ12 立铣刀进行零件正面轮廓开粗（凸）。

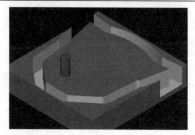

续表

8．半开粗正面： 用 $\phi6$ 的立铣刀加工轮廓槽中沟槽大部分余量，为后面的精加工做准备。	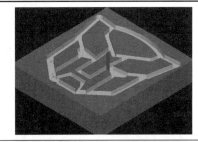
9．精修凹槽曲面： 用 $\phi6$（R3）的球头铣刀修整 $\phi6$ 的立铣刀加工后的残留部分，光顺零件轮廓。	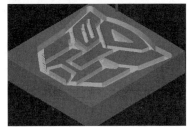
10．清角精修： 用 $\phi2$ 的立铣刀对凹槽内轮廓未能加工到的部分进行清角处理，完成正面轮廓的整体加工。	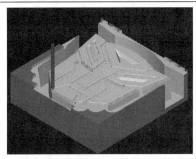
11．手工修整： 铜棒敲打工艺台，落料；倒角，去毛刺。	

4．程序校验，模拟仿真

一般程序后置生成后不能直接使用，要通过仿真软件进行仿真验证才能传输到机床使用，如图 14-58 所示，目前比较流行的是"The MetaCut Utilities"、"CIMCO Edit V5"、"VERICUT7.0"等。校验中注意检查刀具的干涉，装夹干涉，程序中是否含有"跳刀"部分。校验无误后方可进行下一步。下面是要将程序代码修改为与所使用机床系统相匹配的格式，否则传输到机床也无法实现加工。

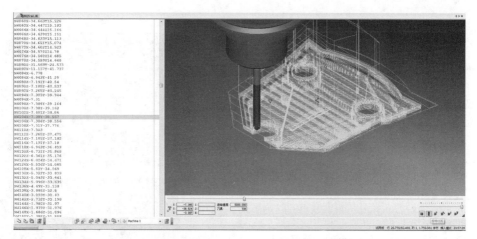

图 14-58　利用"CIMCO Edit V5"进行程序仿真截屏（部分）

5. 机床通讯

一切工作准备就绪后进行机床通讯，利用数据线 RSC232 或者 CF 卡、U 盘可以直接实现程序的传输。后面的工作如对刀，机床开机调试前面已详细论述过这里不再重述。

6. 加工完成情况

按照生产任务清单给定日期我们如期完成了零件的加工，加工产品如图 14-59 所示。

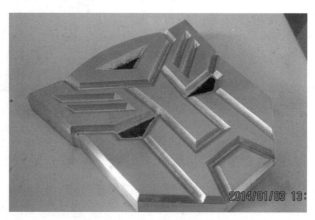

图 14-59　变形金刚 LOGO 最终产品图

学生练习指导

（1）对于初学者 CAM 类软件种类不要求掌握过于宽泛，应该针对某一种类学深入。

（2）加工方式选择上不应贪多求全，只要加工合理、路径最短、程序最优化即可。

（3）CAD/CAM 类软件自动编程中所生成的后置加工程序，切忌拿过来就用，一定要进行程序校验和仿真，检查修改无误后方可传输机床上使用，否则可能造成人机事故。

（4）在三维曲面加工中，最好采用曲面做程序，尽量不要用实体，这样可以减少运算量，提高效率。

（5）要做足功课，在制作程序前一定要制定合理的工艺及分析，加工中的工艺基准有什么作用你知道了吗？

14.3　学习情境三：数控铣/加工中心机床典型加工工艺案例三

例 4-3　三维零件加工典型例子 3

 项目任务

真实生产编程与加工实例

1. 能合理完成实际成产零件程序编制及后置处理
2. 能合理编制实际成产零件的加工工艺
3. 能合理选用实际成产零件的加工刀具
4. 能和小组成员协作完成任务

项目描述

某公司外协我校加工一批外协零件（由于涉及商业信息，不展示零件具体尺寸），零件具体参数为数模文件（一般数模文件为通用格式，通常是".STP"或".IGS"格式），加工数量为 1 件，来料加工，工期为 7 天。现学校将该任务分配给数控铣教研组，由实习教师带领学生完成图 14-60 所示零件的加工。

本工作任务试解

1. 数模文件分析

如图 14-60 根据用户需求，零件数模分析可知该产品为模具类零件，零件外形为三维曲面，且曲率较大，所以 Z 向切深大，余量也较大。加工时间周期较长对刀具耐用度要求较高，加工中要浇注冷却充分。加工结束时要留有后面工序找正用对刀基准，表面质量要求较高，测量时要使用三坐标测量机进行检测，另外 Z 向变化较大，在出程序时要注意刀具伸出长度及检查干涉面。

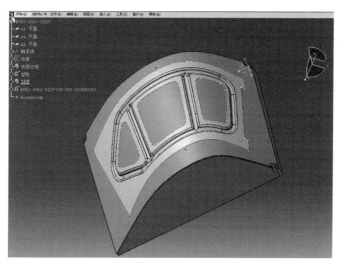

图 14-60　某型飞机机窗模具数模

2. 确定加工工艺

确定零件生产任务单、进度计划表、零件加工工艺卡、零件加工的切削刀具卡、零件数

控加工的工艺卡、工量具清单，具体如表 14-7 至表 14-10 所示。

表 14-7　生产任务单

单位名称	西安航院			完成时间		年　月　日	
序号	产品名称	材料	生产数量	技术要求、质量要求			
1	机窗模具	保密	1 件	表面光整，型面三坐标打点合格			
生产批准时间	2010-09-19		批准人	教研室主任			
通知任务时间	2010-09-20		发单人	指导教师			
接单时间	2010-09-21		接单人	实训学生组长		生产班组	数控铣工组

表 14-8　进度计划表

序号	工作内容	时间	成员	负责人
1	工艺分析	2010-09-21	实训学生 1 组	
2	程序编制	2010-09-21	实训学生 2 组	
3	铣削加工	2010-09-22	实训学生 3 组	
4	成品检验与质量分析	2010-09-25	实训学生 4 组	

表 14-9　机窗模具加工工艺卡

单位	西安航院	产品名称	机窗模具			图号			
		零件名称	机窗模具			数量		1	第 1 页
材料	保密		材料牌号		毛坯尺寸	1100×620×490			共 1 页
工序号	工序内容	车间	设备	工具			计划工时	实际工时	
				夹具	量具	刀具			
1	备料	数控铣	J1VMC40MB	压板	卡尺、磁力表座、百分表	端铣刀	1H		
2	粗加工外曲面轮廓,粗排余量	数控铣	J1VMC40MB			立铣刀	3H		
3	半精加工加工外曲面轮廓,半粗排	数控铣	J1VMC40MB			立铣刀	3H		
4	精加工外曲面轮廓	数控铣	J1VMC40MB			球头刀	3H		
5	精加工外曲面沟槽	数控铣	J1VMC40MB			球头刀	2H		
6	工艺基准(工艺台及定位孔)	数控铣	J1VMC40MB			立铣刀、麻花钻、铰刀	1H		
7	划线	数控铣	J1VMC40MB			划线刀	0.5H		
8	检测	测量室	三坐标测量机				3H		
更改号		拟定		校正		审核		批准	
更改者									
日期									

表 14-10 机窗模具加工的切削刀具卡

产品名称或代号		零件名称	机窗模具	零件图号	
刀具号	刀具名称	数量	加工内容	刀具规格	备注
1	端铣刀	1	工件平面	$\phi60$	
2	立铣刀	1	外轮廓曲面和工艺台	$\phi24$	
3	球铣头刀	1	外轮廓沟槽	$\phi18(R9)$	
4	钻头	1	工艺基准孔	$\phi9.8$	
5	铰刀	1	工艺基准孔	$\phi10H7$	
6	划线刀	1	曲面表面划线	$\phi0.2$	
编制		审核	批准	第 页	共 1 页

表 14-11 机窗模具数控加工的工艺卡

单位	西安航院	产品名称或代号	零件名称		零件图号	
		工艺品	机窗模具			
工序号	程序编号	夹具名称	使用设备		车间	
1	%11 %12 %13 %14 %15 %16	机用虎钳	立式数控铣床 J1VMC40MB		数控铣	

工步号	工序内容	刀号	规格	主轴转速（r/min）	进给速度（mm/min）	吃刀量（mm）	备注
1	开粗	2	$\phi24$	4000	2800	0.8	冷却充分
2	半开粗	2	$\phi24$	4500	3500	0.5	冷却充分
3	精铣	3	$\phi18(R9)$	4000	3500	0.3	冷却充分
4	跑槽	4	$\phi18(R9)$	4000	3500	0.5	冷却充分
5	划线	5	$\phi0.2$	4000	3500	0.0	手动更改 G54 中 Z 值
6	工艺台	6	$\phi24$	4000	3000	0.5	
7	钻孔	7	$\phi9.8$	2500	250		冷却充分
8	铰孔	8	$\phi10H7$	120	30		手动加油
编制		审核	批准		第 页 共 页		

3. 加工工艺分析

表 14-12　加工工艺

1．备料铣平面： 备料时只保证相邻表面垂直度，只精铣毛坯上表面和面向操作者的侧面。采用压板组合装夹，用 $\phi60$ 端面铣刀铣削，每面见平即可。如右图所示。	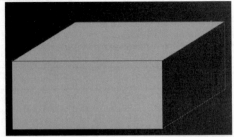
2．装夹形式： 采用压板组合装夹，对侧使用。	
3．开粗： 用 $\phi24$ 立铣刀粗外曲面轮廓，粗排余量。	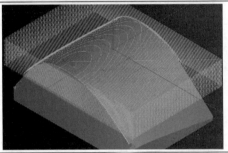
4．半开粗： $\phi24$ 立铣刀半精加工外曲面轮廓，半粗排。	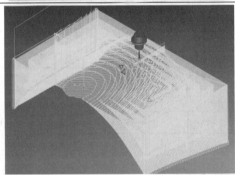
5．精铣： $\phi18(R9)$ 球头铣刀精加工外曲面轮廓。	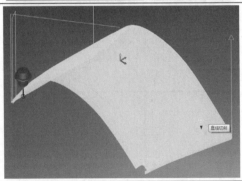

6. 划线： φ0.2 划线刀进行曲面表面划线（工件范围线）。	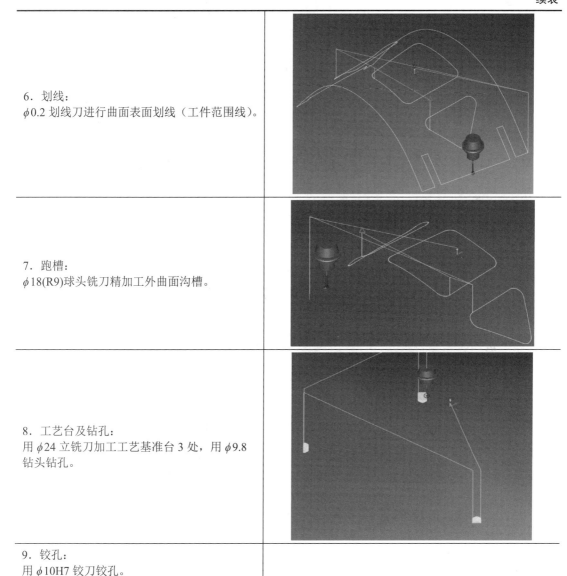
7. 跑槽： φ18(R9)球头铣刀精加工外曲面沟槽。	
8. 工艺台及钻孔： 用 φ24 立铣刀加工工艺基准台 3 处，用 φ9.8 钻头钻孔。	
9. 铰孔： 用 φ10H7 铰刀铰孔。	

4．程序校验，模拟仿真

一般程序后置生成后不能直接使用，要通过仿真软件进行仿真验证才能传输到机床使用，目前比较流行的是"The MetaCut Utilities"、"CIMCO Edit V5"、"vericut7.0"等。校验中注意检查刀具的干涉，装夹干涉，程序中是否含有"跳刀"部分；校验无误后方可进行下一步。下面是要修改程序代码与所使用机床系统相匹配的格式，否则传输到机床也无法实现加工。

5．机床通讯

一切工作准备就绪后进行机床通讯，利用数据线 RSC232 或者 CF 卡、U 盘可以直接实现程序的传输。后面的工作如对刀，机床开机调试前面已详细论述过这里不再重述。

6．加工完成情况

按照生产任务清单给定日期我们如期完成了零件的加工，加工产品如图 14-62 所示。

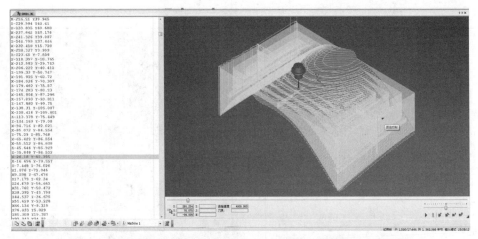

图 14-61　利用 "CIMCO Edit V5" 进行程序仿真截屏（部分）

图 14-62　机窗模具最终产品图

学生练习指导

（1）对于上述零件加工周期较长，中间刀具磨损或者折断，此时该怎么处理呢？可否考虑判断折断程序行（一般是前面 5～6 行左右开始寻找），然后重新更换刀具，重新设置 Z 值，再系统下重新给定 F、S、T 参数，待主轴重新运转后，在系统下选择 "断点执行" — "指定行号" — "单段执行"；待刀具切削符合刚才切削轨迹后，并顺利通过刚才折断处 5-8 句指令后，方可改为 "自动" 加工模式。

（2）CAD/CAM 类软件自动编程中所生成的后置加工程序，切忌拿过来就用，一定要进行程序校验和仿真，检查修改无误后方可传输机床上使用，否则可能造成人机事故；

（3）曲面检测使用什么工具你知道吗？

（4）为什么要编写数控加工工艺文件？数控加工工艺文件主要包括哪些内容？

14.4　学习情境四：数控铣加工中心机床典型加工工艺案例四

例 14-4　烟灰缸三维零件加工典型例子 4

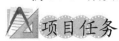 项目任务

真实生产编程与加工实例

1. 能合理完成实际成产零件程序编制及后置处理
2. 能合理编制实际成产零件的加工工艺
3. 能合理选用实际成产零件的加工刀具
4. 能和小组成员协作完成任务

项目描述

某公司外协我校加工一批外协零件（由于涉及商业信息，不展示零件具体尺寸），零件具体参数为数模文件（一般数模文件为通用格式，通常是".STP"或".IGS"格式），加工数量为 1 件，来料加工你，工期为 5 天。现学校将该任务分配给数控铣教研组，由实习教师带领学生完成图 14-63 所示零件的加工。

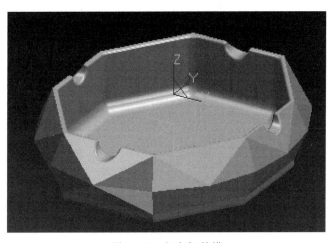

图 14-63　烟灰缸数模

本工作任务试解

1. 数模文件分析

根据用户需求，零件数模分析可知该产品为模具类零件，零件外形为三维曲面，正反两面都有加工，不好装夹，要合理安排加工工艺；正面内腔余量也较大，所以考虑冷却要充分；在出程序时要注意刀具伸出长度及检查干涉面。

2. 确定加工工艺

确定零件生产任务单、进度计划表、零件加工工艺卡、零件加工的切削刀具卡、零件数控加工的工艺卡、工量具清单，具体如表 14-13 至表 14-17 所示。

表 14-13　生产任务单

单位名称		西安航院		完成时间		年　月　日	
序号	产品名称	材料	生产数量	技术要求、质量要求			
1	烟灰缸	LY12 铝	1 件	表面光整，不能出现正反面接刀痕迹			
生产批准时间		2008-09-19	批准人	教研室主任			
通知任务时间		2008-09-20	发单人	指导教师			
接单时间		2008-09-21	接单人	实训学生组长	生产班组	数控铣工组	

表 14-14　进度计划表

序号	工作内容	时间	成员	负责人
1	工艺分析	2008-09-21	实训学生 1 组	
2	程序编制	2008-09-21	实训学生 2 组	
3	铣削加工	2008-09-22	实训学生 3 组	
4	成品检验与质量分析	2008-09-25	实训学生 4 组	

表 14-15　烟灰缸加工工艺卡

单位	西安航院	产品名称		烟灰缸			图号		
		零件名称		烟灰缸			数量	1	第 1 页
材料	LY12 铝		材料牌号		毛坯尺寸		120×80		共 1 页
工序号	工序内容	车间	设备	工具			计划工时	实际工时	
				夹具	量具	刃具			
1	备料	数控铣	J1VMC40MB	机用虎钳	卡尺、磁力表座、百分表	端铣刀	0.5H		
2	粗加工背面轮廓，粗排余量	数控铣	J1VMC40MB		卡尺	立铣刀	1H		
3	精加工背面轮廓	数控铣	J1VMC40MB		卡尺	球头铣刀	1.5H		
4	背面小凹台刻字	数控铣	J1VMC40MB		卡尺	刻字刀	0.5H		
5	粗加工正面（凹槽）轮廓，粗排余量	数控铣	J1VMC40MB		卡尺	立铣刀	1.5H		
6	精加工正面（凹槽）轮廓	数控铣	J1VMC40MB		卡尺	球头铣刀	2H		
7	倒角、打磨	数控铣	J1VMC40MB				0.5H		
更改号		拟定		校正		审核		批准	
更改者									
日期									

表 14-16　烟灰缸加工的切削刀具卡

产品名称或代号		零件名称	烟灰缸	零件图号	
刀具号	刀具名称	数量	加工内容	刀具规格	备注
1	端铣刀	1	工件平面	$\phi 60$	
2	立铣刀	1	外轮廓曲面和内凹槽轮廓曲面	$\phi 16$	
3	球铣头刀	1	外轮廓曲面和内凹槽轮廓曲面精修，正面圆弧窝 4 处	$\phi 10(R5)$	
4	划线刀	1	正面凹槽平面划线	$\phi 0.2$	
编制		审核	批准	第　页	共 1 页

表 14-17　烟灰缸数控加工的工艺卡

单位	西安航院	产品名称或代号		零件名称		零件图号	
		工艺品		烟灰缸			
工序号	程序编号	夹具名称		使用设备		车间	
1	%110	机用虎钳		立式数控铣床 J1VMC40MB		数控铣	
	%120						
	%130						
	%140						
	%150						

工步号	工序内容	刀号	规格	主轴转速（r/min）	进给速度（mm/min）	吃刀量（mm）	备注
1	开粗	2	$\phi 16$	4000	3000	0.8	冷却充分
2	精铣	3	$\phi 10(R5)$	4500	3500	0.5	冷却充分
3	划线	5	$\phi 0.2$	4000	3500	0.0	手动更改 G54 中 Z 值
4	开粗	3	$\phi 16$	4000	3000	0.5	冷却充分
5	精铣	4	$\phi 10(R5)$	4500	2500	0.2	冷却充分
编制		审核		批准		第　页	共　页

3．加工工艺分析

表 14-18　加工工艺

1．备料铣平面：
备料时要保证相邻表面垂直度，分别精铣六个平面。采用机用虎钳装夹，加垫垫铁保证毛坯伸出钳口 5mm，用 $\phi 60$ 端面铣刀。铣削上下两面，保证厚度尺寸 22.5mm。

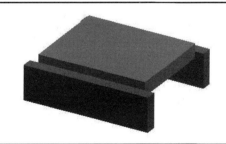

续表

2. 背面开粗:
采用机用虎钳装夹时加垫垫铁，保证毛坯伸出钳口 12.5mm，用 $\phi16$ 立铣刀粗加工烟灰缸背面轮廓，粗排余量。

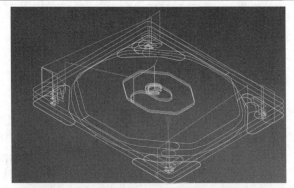

3. 背面精铣:
虎钳装夹位置保持不变，用 $\phi10$(R5)球头铣刀精加工烟灰缸背面轮廓，修光曲面。

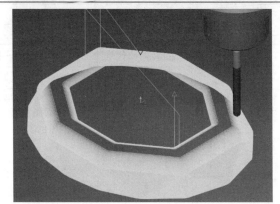

3. 划线:
$\phi0.2$ 划线刀进行曲面表面划线。

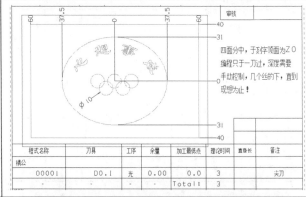

4. 开粗:
翻面找正（工件翻转后沿 Z 轴转动 90 度，所用垫铁高度不变，工件伸出高度是 12.5mm），用百分表测量侧边和上表面，保证直线度跳动量≤0.025。找正工件后，重新对刀确定工件坐标原点。然后用 $\phi16$ 立铣刀粗加工烟灰缸正面轮廓，粗排余量。

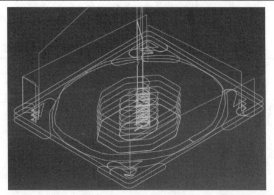

5. 精铣：
虎钳装夹位置保持不变，用 $\phi10(R5)$ 球头铣刀精加工烟灰缸正面轮廓，修光曲面。此时工件夹持部分较少，加工中切削参数应相对调小，以减小切削力的影响。

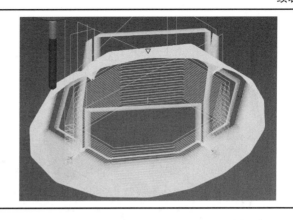

4. 程序校验，模拟仿真

一般程序后置生成后不能直接使用，要通过仿真软件进行仿真验证才能传输到机床使用，目前比较流行的是"The MetaCut Utilities"、"CIMCO Edit V5"、"vericut7.0"等。校验中注意检查刀具的干涉，装夹干涉，程序中是否含有"跳刀"部分；校验无误后方可进行下一步。下面是要修改程序代码与所使用机床系统相匹配的格式，否则传输到机床也无法实现加工，如图 14-64 所示。

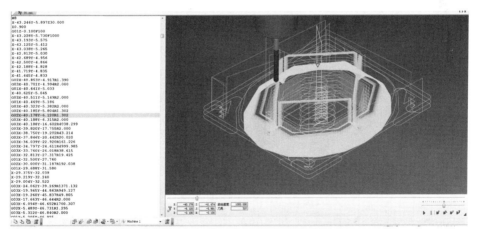

图 14-64 利用"CIMCO Edit V5"进行程序仿真截屏（部分）

5. 机床通讯

一切工作准备就绪后进行机床通讯，利用数据线 RSC232 或者 CF 卡、U 盘可以直接实现程序的传输。后面的工作如对刀，机床开机调试前面已详细论述过这里不再重述。

6. 加工完成情况

按照生产任务清单给定日期我们如期完成了零件的加工，加工产品图如 14-65 所示。

学生练习指导

（1）上述零件加工周期较长，中间刀具磨损或者折断，此时应判断折断程序行（一般是前面 5~6 行左右开始寻找），然后重新更换刀具，重新设置 Z 值，再系统下重新给定 F、S、T 参数，待主轴重新运转后，在系统下选择"断点执行"—"指定行号"—"单段执行"。待刀具切削符合刚才切削轨迹后，并顺利通过刚才折断处 5～8 句指令后，方可改为"自动"加工模式。

图 14-65　烟灰缸最终产品图

（2）CAD/CAM 类软件自动编程中所生成的后置加工程序，切忌拿过来就用，一定要进行程序校验和仿真，检查修改无误后方可传输机床上使用，否则可能造成人机事故。

（3）刀路轨迹优化你知道吗，它的作用是什么？

（4）为什么要编写数控加工工艺文件？数控加工工艺文件主要包括哪些内容？

练习题

1. 编制如图 14-66 所示外轮廓的加工工艺，并生做后置处理实际加工出来。

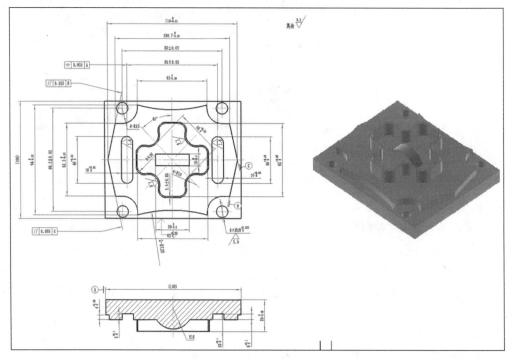

图 14-66

2. 编制如图 14-67 所示外轮廓的加工工艺，并生做后置处理实际加工出来。

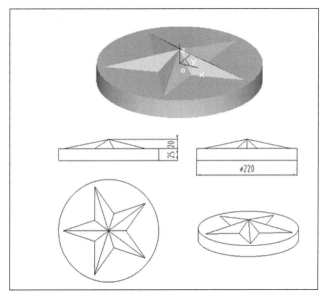

图 14-67

3．编制如图 14-68 所示外轮廓的加工工艺，并生做后置处理实际加工出来。

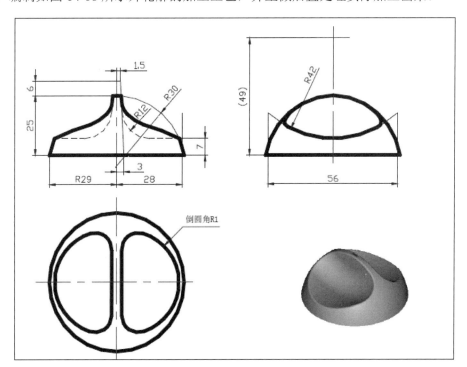

图 14-68

4．编制如图 14-69 所示外轮廓的加工工艺，并生做后置处理实际加工出来。

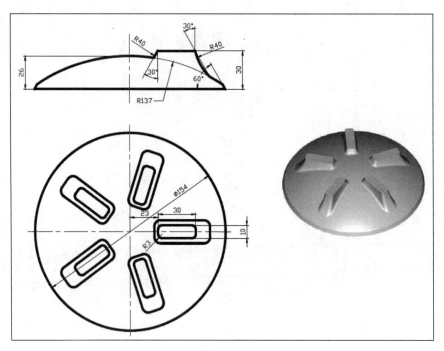

图 14-69